Teubner-Reihe UMWELT

R. Müller/W. Süß
Grundwissen Umweltrecht

Teubner-Reihe UMWELT

Herausgegeben von
Prof. Dr. mult. Dr. h.c. Müfit Bahadir, Braunschweig
Prof. Dr. Hans-Jürgen Collins, Braunschweig
Prof. Dr. Bertold Hock, Freising

Diese Buchreihe ist ein Forum für Veröffentlichungen zum gesamten Themenbereich Umwelt. Es erscheinen einführende Lehrbücher, Monographien und Forschungsberichte, die den aktuellen Stand der Wissenschaft wiedergeben.

Das inhaltliche Spektrum reicht von den naturwissenschaftlich-technischen Grundlagen über umwelttechnische Fragestellungen bis hin zu juristisch, sozial- und gesellschaftswissenschaftlich ausgerichteten Titeln. Besonderer Wert wird dabei auf eine allgemeinverständliche, dennoch exakte und präzise Darstellung gelegt. Jeder Band ist in sich abgeschlossen.

Die Autoren der Reihe wenden sich vorwiegend an Studierende, Lehrende sowie in der Praxis tätige Fachleute.

Grundwissen Umweltrecht

Ein Studienmaterial für
Naturwissenschaftler, Techniker
und für die Verwaltungspraxis

Von Prof. Dr. Reinhard Müller
und Dr. Wolfgang Süß
Bad Lauchstädt

 B. G. Teubner Stuttgart · Leipzig 1998

Prof. Dr. Reinhard Müller

Geboren 1952 in Calbe. Nach einem Studium der Rechtswissenschaften an der Martin-Luther-Universität Halle–Wittenberg (MLU) ab 1977 wissenschaftlicher Mitarbeiter im Fachbereich Internationale Rechtsbeziehungen der MLU. Promotion 1979 auf dem Gebiet des Internationalen Wasserrechts. Im Jahre 1981 Habilitation zum Luft- und Umweltrecht. Ab 1982 Inhaber des Lehrstuhls Völkerrecht an der MLU. Im Jahre 1991 Übernahme der Leitung der Max-Planck-Arbeitsgruppe Umweltrecht, die 1994 in das Umweltforschungszentrum Leipzig–Halle GmbH eingegliedert wurde. Seit 1991 auch als Rechtsanwalt mit umweltrechtlicher Schwerpunktsetzung tätig.

Dr. Wolfgang Süß

Geboren 1953 in Gera. Beendete 1979 Studium der Rechtswissenschaften an der Universität Leipzig; wissenschaftlicher Mitarbeiter am Institut für Internationale Beziehungen an der Akademie für Staat und Recht in Potsdam-Babelsberg. Im Jahre 1983 Promotion auf dem Gebiet des Rechts der internationalen Informations- und Kommunikationsbeziehungen. Seit 1991 freischaffender Dozent im Rahmen der Studentenausbildung und Erwachsenenqualifizierung, vorrangig auf umweltrechtlichem Gebiet.

Gedruckt auf chlorfrei gebleichtem Papier.

Die Deutsche Bibliothek – CIP-Einheitsaufnahme

Müller, Reinhard:
Grundwissen Umweltrecht : ein Studienmaterial für
Naturwissenschaftler, Techniker und für die Verwaltungspraxis /
von Reinhard Müller und Wolfgang Süß. –
Stuttgart ; Leipzig : Teubner, 1998
  (Teubner-Reihe Umwelt)
   ISBN-13: 978-3-519-00234-5   e-ISBN-13: 978-3-322-89120-4
   DOI: 10.1007/978-3-322-89120-4

Umschlaggestaltung: E. Kretschmer, Leipzig

Vorwort

Dieses Studienmaterial Umweltrecht entstand vor dem Hintergrund veränderter Anforderungen in der Praxis. In den letzten Jahren sind umweltrechtliche Kenntnisse in zunehmendem Maße zur unabdingbaren Arbeitsvoraussetzung in vielen Unternehmen und Behörden geworden.

Die traditionelle Trennung zwischen dem Aufgabenbereich des Juristen und dem des Technikers oder Naturwissenschaftlers entspricht - jedenfalls auf diesem Gebiet - längst nicht mehr den realen Gegebenheiten. Entsorgungsbetriebe, Landkreisverwaltungen oder Betreiber wassergefährdender Anlagen - um hier nur einige Beispiele zu nennen - verlangen regelmäßig eine umweltrechtliche Qualifikation ihrer (leitenden) Mitarbeiter.

Die deutschen Universitäten, Fachhochschulen, Berufsakademien und auch Weiterbildungseinrichtungen reagieren auf diese Entwicklung, indem sie verstärkt auch in naturwissenschaftlichen Fachrichtungen eine umweltrechtliche Grundausbildung anbieten. Dabei konnte bisher jedoch häufig nur auf spezielle juristische Fachliteratur zurückgegriffen werden, die grundsätzlich entsprechende Vorbildung voraussetzt.

Mit diesem Buch liegt ein umweltrechtliches Studien- und Arbeitsmaterial vor, welches vor allem auch den Nichtjuristen erreichen will.

Sowohl Studenten als auch interessierte Mitarbeiter von Unternehmen und Behörden werden in allgemeinverständlicher und praxisnaher Form an Gliederung und Wirkungsweise des umweltrechtlichen Instrumentariums herangeführt. Dem besseren Verständnis der Probleme dienen dabei Beispiele, Anwendungshilfen und zusätzliche Erläuterungen, welche in Kleindruck gehalten sind. Die zum Eindringen in die Materie unentbehrlichen Gesetzestexte kann sich der Leser bei allen Buchhandlungen in den seinen jeweiligen Bedürfnissen entsprechenden Ausgaben beschaffen.

Für kritische Hinweise und Anregungen sind die Autoren jederzeit dankbar.

Bad Lauchstädt, im Mai 1998   Reinhard Müller

                                                                Wolfgang Süß

Inhalt

1 Ziele, Geltungsebenen und Arten umweltrechtlicher Normen

Das Umweltrecht ist das mit hoheitlichem Befolgungsanspruch ausgestattete und durch staatliche Sanktionen bewehrte Gefüge sozialer Normen, welches den grundlegenden **Zielen des Umweltschutzes**

- Bewahrung der Umwelt gegenüber den nachteiligen Konsequenzen der Eingriffe des Menschen in ihr Existenz- und Wirkungsgefüge ,

- Beseitigung eingetretener ökologischer Schäden und

- Erhaltung einer lebenswerten Umwelt für den Menschen

verpflichtet ist und deren Durchsetzung dient. Es besteht aus einer Vielzahl von Rechtsnormen unterschiedlichen Charakters. Dies ist auch nicht weiter verwunderlich, da das Umweltrecht als ein weitausgreifendes „Querschnittsrecht" Berührungspunkte zu allen klassischen Rechtsgebieten aufweist - Privatrecht, Strafrecht, Polizei- und Ordnungsrecht, Gewerberecht etc. Dabei werden die Inhalte dieser Zielstellungen und der auf ihre Verwirklichung hin erlassenen normativen Verhaltensforderungen erfreulicherweise zunehmend nicht nur von anthropozentrischen Gesichtspunkten, sondern auch von den aus dem Selbstwert der gesamten Schöpfung erwachsenden Imperativen bestimmt. Hinzu kommt, daß das Umweltrecht sich aufgrund der Beschaffenheit seines Regelungsgegenstandes nicht in nationalstaatlicher Selbstgenügsamkeit ergehen kann. Alle größeren Umweltprobleme betreffen heutigentags stets mehr als nur einen Staat. Viele Konsequenzen von Einwirkungen auf die Umweltmedien und Eingriffen in die natürlichen Kreisläufe und Wirkungsgefüge innerhalb eines Landes können nicht an dessen Grenzen aufgehalten werden. Sobald sie jenseits derselben die Lebens- und Entwicklungsbedingungen der dort ansässigen Bevölkerung berühren, entsteht die Notwendigkeit zwischenstaatlicher Kooperation mit dem Ziel, einen Modus vivendi der Umweltnutzung bzw. -belastung zu finden, welcher nicht nur den beteiligten Seiten eine momentan sinnvolle Nutzung des „Rohstoffes" Umwelt ermöglicht, sondern sie auch nachfolgenden Generationen in einer deren Existenzbedürfnissen entsprechenden Qualität hinterläßt. Wie weit die internationale Gemeinschaft noch von diesem Ziel entfernt ist, zeigen die im Ganzen eher enttäuschenden Ergebnisse der bisher stattgefundenen Verhandlungen zur Regelung der genuin globalen Umweltprobleme, zuletzt in Kyoto, auf welchen sich so deutlich wie kaum in anderen Fragen sonst das Denken in den Kategorien nationalstaatlichen Eigennutzes bewährt.

Für das deutsche Umweltrechtsregime sind in zunehmendem Maße internationale, darunter vorwiegend EU-Umweltnormen, von maßgeblicher Bedeutung, so daß sich an hauptsächlichen Geltungsebenen unterscheiden lassen:

- **das nationale Umweltrecht,**
  im wesentlichen bestehend aus Umweltverfassungs-, Umweltverwaltungs-, Umweltprivat- und Umweltstrafrecht und

- **das internationale Umweltrecht,**
  bestehend aus Umweltvölkerrecht und EU-Umweltrecht.

1.1   Umweltrechtliche Grundsätze

Literaturhinweise: Bender, B.; Sparwasser, R.; Engel, R.(1995): Umweltrecht-Grundzüge des öffentlichen Umweltrechts. Heidelberg: C.F. Müller, S. 24 ff.; **Hoppe, W.; Beckmann, M.** (1989): Umweltrecht - Juristisches Kurzlehrbuch für Studium und Praxis. München: C.H. Beck, S. 17 ff.; **Kloepfer, M.** (1989): Umweltrecht. München: C.H. Beck, S. 71 ff.; **Prümm, H. P.** (1989): Umweltschutzrecht - Eine systematische Einführung. Frankfurt a.M.: Alfred Metzner, S. 64 ff.;

Neben den Zielen, welche durch die Gesamtheit der Umweltrechtsnormen verbindliche Gestalt erlangen, ist sowohl durch das Umweltrecht als auch die Umweltpolitik eine Reihe von Prinzipien entwickelt worden, welche, den Bedürfnissen der Entwicklung folgend, ergänzungsfähig und auch -bedürftig bleibt. Angesichts der vielfältigen Verflechtungen der Elemente ihres Regelungsgegenstandes ist es durchaus natürlich, daß diese sich nicht nur ergänzen, sondern auch teilweise überschneiden oder gar gegenseitig ausschließen können. Aus ihnen können nur dann und insoweit unmittelbar verbindliche Verhaltensanforderungen hergeleitet werden, als sie eine entsprechende normative Ausformung durch Rechtsakte der Bundes- und Landesgesetzgeber bzw. -verordnungsgeber erfahren haben. Als gegenwärtig zum gesicherten Bestand dieses Kodex zählend können aufgeführt werden:

- *das Gefahrenabwehr- und Schutzprinzip,*

- *das Vorsorgeprinzip,*

- *das Verursacherprinzip,*

- *das Gemeinlastprinzip,*

- *das Kooperationsprinzip.*

1.1.1 Das Gefahrenabwehr- und Schutzprinzip

Das Gefahrenabwehrprinzip ist zunächst auf die **Abwehr von Gefahren** im klassischen, polizeirechtlichen Sinne, also auf die Beseitigung bzw. Neutralisierung von Sachlagen gerichtet, welche bei ungehindertem Geschehnisablauf erkennbar zu einem Schaden, d.h. zu einer Verletzung der Rechte anderer in bezug auf Leben, Gesundheit, körperliche Unversehrtheit, Eigentum, Umwelt oder Freiheit bzw. einer anderweitigen Minderung von Rechtsgütern führen würde. Darüber hinaus wird von diesem Prinzip auch die Gesamtheit derjenigen Normen mitumfaßt, welche der Abwehr bloßer erheblicher Nachteile und Belästigungen dienen.

In diesem Sinne verlangt § 5 I Ziff. 1 BImSchG, daß genehmigungsbedürftige Anlagen so errichtet und betrieben werden, daß „schädliche Umwelteinwirkungen und sonstige Gefahren, erhebliche Nachteile und erhebliche Belästigungen für die Allgemeinheit und die Nachbarschaft nicht hervorgerufen werden können,...".
Gem. § 7 II Ziff.4 AtG darf eine Anlagengenehmigung nur erteilt werden, wenn der erforderliche Schutz gegen Störmaßnahmen oder sonstige Einwirkungen Dritter gewährleistet ist. Einen von konkret vorliegenden Gefahrensituationen unabhängigen Schutzzweck verfolgen auch die gem. § 10 ff. AtG erlassenen Rechtsverordnungen (Strahlenschutzverordnung, Röntgenverordnung).
Dem Schutz vor erheblichen Nachteilen und Belästigungen dienen auch Bestimmungen des Umweltprivatrechts, insbes. die §§ 906, 1004 BGB (s. u.1.3.2.1).

Soweit sich derartige Normen unmittelbar als Verhaltens- oder Ermächtigungsnormen auf Verwaltungsakte beziehen, wirken sie häufig drittschützend, d.h. als Schutznormen, welche neben der allgemeinen Öffentlichkeit auch jeden potentiell betroffenen Einzelnen i.S. § 823 BGB in dessen Rechten gegen Gefahren bzw. Beeinträchtigungen schützen.

Maßnahmen der Gefahrenabwehr und Risikovorsorge müssen, dem Betrachtungs- und Wertungsmaßstab der praktischen Vernunft zufolge, zwar um so umfassender, zuverlässiger und fortschrittlicher sein, je größer die drohenden Umweltgefahren und -belastungen sind oder zu sein versprechen. Jedoch braucht ein Schadensereignis nicht mehr in Betracht gezogen zu werden, wenn aufgrund der getroffenen Gefahrenabwehr- und Vorsorgemaßnahmen und des Erkenntnisstandes führender Naturwissenschaftler und Techniker der Eintritt einer Gefahrensituation oder eines Schadensfalles praktisch unvorstellbar ist. Die Inkaufnahme eines Restrisikos, welches der historisch permanenten Unvollkommenheit des menschlichen Wissens und Vorausschaubarkeit der Folgen menschlichen Handelns geschuldet ist, stellt keine Grundrechtsverletzung dar. Die Zulassung technischer Anlagen von der Gewährleistung absoluter Sicherheit gegenüber etwaigen mit deren Betrieb verbundenen Risiken abhängig machen zu wollen, so die Richter des Bundesverfassungsgerichts, „ hieße die Grenzen menschlichen Erkenntnisvermögens verkennen und würde weithin jede staatliche Zulassung der Nutzung von Technik verbannen" (BVerfGE 49, S. 143).

1.1.2 Das Vorsorgeprinzip

Das durch Art. 130r II EG-Vertrag als besonderes Umweltprinzip anerkannte Vorsorgeprinzip geht auf den nicht lediglich reaktiven, sondern vorausschauenden und vorsorgenden Umweltschutz aus. Eine Beeinträchtigung soll nicht erst dann bekämpft bzw. abgestellt werden, wenn sie zur Wirksamkeit gelangt ist, sondern es soll ihrem Entstehen soweit als möglich ab ovo entgegengewirkt werden. Dies wird zunächst durch Maßnahmen der **Gefahren- und Risikovorsorge** angestrebt, welche im öffentlichen Umweltrecht eine gewichtige Rolle spielen.

Hierher gehören z.B. die Genehmigungsvoraussetzungen für Anlagen bzw. Benutzungen betreffende Normen wie § 6 BImSchG, § 7 II AtG, § 13 GenTG, 7a, 8 WHG, oder 49, 50 KrW-/AbfG, ebenso die den Behörden gesetzlich eingeräumten Möglichkeiten, im Hinblick auf erteilte Genehmigungen nachträgliche Anordnungen (z.B. gem. § 17 BImSchG, 5 I WHG) zu treffen.
Gem. § 19 I WHG müssen Anlagen zum Lagern, Abfüllen, Herstellen und Behandeln wassergefährdender Stoffe sowie Anlagen zum Verwenden wassergefährdender Stoffe im Bereich der gewerblichen Wirtschaft und im Bereich öffentlicher Einrichtungen so beschaffen sein und so eingebaut, aufgestellt, unterhalten und betrieben werden, daß eine Verunreinigung der Gewässer oder eine sonstige nachteilige Veränderung ihrer Eigenschaften **nicht zu besorgen** ist.

Dem Vorsorgeprinzip zuzuordnen sind auch Normen, welche Anlagenbetreibern die dauernde oder turnusmäßige Kontrolle des sicheren Betriebs ihrer Anlagen bzw. Ordnungsmäßigkeit ihrer Benutzungen vorschreiben (§ 26 BImSchG, § 4 II Ziff. 2a WHG).

Der Gefahren- und Risikovorsorge im Rahmen des Vorsorgeprinzips eng verwandt ist das **Bestandsschutzprinzip,** welches nicht den eigentumsrechtlichen Bestandsschutz, sondern den Schutz der vorgefundenen Umweltbestände bezweckt oder, negativ ausgedrückt, die wesentliche Verschlechterung der gegebenen Umweltqualität verbietet.

Beispielhaft hierfür seien die §§ 1 und 2 des Bundesnaturschutzgesetzes genannt. Dem Bestandsschutz verpflichtet ist auch das durch § 1a I WHG statuierte öffentlich-rechtliche Bewirtschaftungsgebot für die Gewässer. Diese „sind als Bestandteil des Naturhaushaltes und als Lebensraum für Tiere und Pflanzen zu sichern. Sie sind so zu bewirtschaften, daß sie dem Wohl der Allgemeinheit und mit ihm auch dem Nutzen einzelner dienen und vermeidbare Beeinträchtigungen ihrer Funktionen unterbleiben."

Die vorhandenen Umweltbestände sollen somit sowohl durch die Gefahren- und Risikovorsorge als auch durch die Verwirklichung des Bestandsschutzprinzips geschützt werden als

- Tätigkeitsgrundlage eines auf nachhaltige Entwicklung (sustainable development i.S. des Brundtland-Reports) orientierten Wirtschaftens der Gesellschaft;

- Bestandteile ökologischer Kreisläufe, welche die grundlegenden Bedingungen der rein physischen Existenz des Menschen produzieren und reproduzieren.

Dazu gehört nicht nur die Minimierung der Wahrscheinlichkeit des Eintritts von Risiko- oder Gefahrensituationen, sondern auch das Offenhalten von Gestaltungsoptionen künftiger umweltbezogener Tätigkeit, einschließlich von Belastungsreserven der verschiedenen Umweltmedien. Demgemäß umfaßt die **gefahrenunabhängige Umweltvorsorge** auch zwei Systemvarianten, nämlich die

- **planerische Systemvariante,** welche sich dadurch auszeichnet, daß sie im Zuge der vor allem zukunftsgerichteten Bewirtschaftung, Pflege und gezielten Verteilung der nur begrenzt zur Verfügung stehenden Ressourcen kein generellabstraktes Gleichmaß (nach der Art rechtsnormativer Vorgaben), sondern in zweckrationaler dezisionistischer Folgerichtigkeit eine konkrete Selektion und Differenzierung unter verschiedenen möglichen Varianten umweltrelevanten Handelns vornimmt, und die

- **klassisch-gesetzliche Systemvariante,** welche nach dem generell-abstrakten Gleichmaß gesetzlicher Bestimmungen betrieben wird. Diese können z.B. festlegen, daß zur Vorsorge gegen bestimmte Umweltbelastungen im Rahmen rechtsstaatlich gebotener Verhältnismäßigkeit dem Stande der Technik entsprechende Maßnahmen allgemein - in stärker wie schwächer belasteten Gebieten gleichermaßen - zu ergreifen sind.

Ein derartiges typisches Postulat des gefahrenunabhängigen, überall gleichermaßen und generell-abstrakt gebotenen Umweltschutzes stellt der Vorsorgegrundsatz des § 5 Ziff. 2 BImSchG dar.

Die die Umweltvorsorge regelnden Normen tragen, im Unterschied zu den dem Gefahrenabwehr- und Schutzprinzip zuzurechnenden Normen, **keinen** drittschützenden Charakter, d.h., aus auch noch so pflichtwidrig unterlassenen Vorsorgemaßnahmen des Staates, welche nicht der Bekämpfung einer konkreten Gefahr dienen, kann der Einzelne im Falle eines Schadenseintritts auf seiner Seite keine Ersatz- oder Ausgleichsansprüche geltend machen. So können, m.a.W., Nachbarn einer den BImSchG unterfallenden Anlage gegen deren Betreiber oder die zuständige Immissionsschutzbehörde nicht schon wegen unterlassener Vorsorge gegen schädliche Umwelteinwirkungen gem. § 5 I Ziff. 2 BImSchG privatrechtliche Ansprüche erheben, sondern erst dann, wenn es infolge dieser Pflichtwidrigkeit zu einem Schaden gekommen ist.

1.1.3 Das Verursacherprinzip

Das Verursacherprinzip fungiert im Umweltrecht sowohl als **Kostenzurechnungsprinzip** als auch als **ökonomisches Effizienzkriterium**. Hiernach soll die **Kosten** für die Vermeidung bzw. Beseitigung von Umweltschäden derjenige tragen, der durch seine rechtmäßig oder rechtswidrig ausgeübten umweltbezogenen Handlungen die entsprechenden Gefahren heraufbeschwört bzw. Schäden verursacht. Die Geltendmachung der materiellen Verantwortlichkeit für verursachte Schäden und Aufwendungen nach dem Verursacherprinzip erfolgt auf der Grundlage der Normen des zivilen Haftungsrechts (BGB, Umwelthaftungsgesetz, Produkthaftungsgesetz) sowie des Straf- und Ordnungsstrafrechts. Zugleich werden anhand des Verursacherprinzips die unmittelbaren Adressaten für auf den Schutz vor Gefahren und Umweltvorsorge gerichtete Verwaltungsakte (Ge- und Verbote, Auflagen und Bedingungen, Gebühren- und Abgabenbescheide) ausfindig gemacht.

So kann die zuständige Behörde gem. § 29a I BImSchG anordnen, daß **der Betreiber** einer genehmigungsbedürftigen Anlage einen der von der zuständigen obersten Landesbehörde bekanntgegebenen Sachverständigen mit der Durchführung bestimmter sicherheitstechnischer Prüfungen sowie Prüfungen von sicherheitstechnischen Unterlagen beauftragt. Die Kosten hierfür fallen gem. §30 BImSchG dem Betreiber zur Last.
Gem. § 8 II BNatSchG ist der **Verursacher eines Eingriffs** zu verpflichten, vermeidbare Beeinträchtigungen von Natur und Landschaft zu unterlassen sowie unvermeidbare Beeinträchtigungen innerhalb einer zu bestimmenden Frist durch Maßnahmen des Naturschutzes und der Landschaftspflege auszugleichen.

Gem. § 19i III WHG kann die Behörde **dem Betreiber** von § 19g WHG unterfallenden Anlagen Maßnahmen zur Beobachtung der Gewässer und des Bodens auferlegen, soweit dies zur frühzeitigen Erkennung von durch diese Anlagen möglicherweise verursachten Verunreinigungen erforderlich ist.
Gem. § 9 AbwAG ist abgabepflichtig, wer Abwasser einleitet **(Einleiter).**

Während das Verursacherprinzip im dargestellten Sinne stets mit der **individuellen Zurechenbarkeit** einer Umweltrechts- bzw. Kostentragungspflicht für verursachte Schäden verbunden ist, geht das **kollektive Verursacherprinzip** darauf aus, Folgekosten für umweltbelastendes bzw. umweltschädigendes Handeln einer **Gruppe von Verursachern** aufzuerlegen welche, ungeachtet des von jedem einzelnen Mitglied derselben geleisteten oder nichtgeleisteten Tatbeitrages, die Umweltbelastung bzw. den Umweltschaden handlungstypisch verursacht hat.

Dies kommt z.B. im rechtspolitisch geforderten Ausgleich der Schäden des abgasemissionsbedingten Waldsterbens durch gewerbliche Industrie, Energiewirtschaft und Kfz-Benutzer zum Ausdruck. Praktisch umgesetzt wird dieses Prinzip durch die Bildung von Finanzierungsfonds wie die zur Altlastensanierung oder mittels Sonderabgaben.

1.1.4 Das Gemeinlastprinzip

Das Gemeinlastprinzip ergänzt das Verursacherprinzip insoweit, als es im Falle der Beseitigung von Umweltgefahren und -schäden dann und insoweit eingreifen soll, als diese einem bestimmten Verursacher nicht individuell zuzurechnen sind oder dieser nicht mehr in Anspruch genommen werden kann, sei es, weil er nicht mehr existiert, sei es, weil er durch auf gesetzlicher Grundlage ergehender behördlicher Entscheidung von der Haftung freigestellt worden ist. Die Kosten der erforderlichen Maßnahmen fallen dann der Allgemeinheit zur Last. Dabei besteht jedoch Einigkeit darüber, daß dem Verursacherprinzip stets der Vorrang vor dem Gemeinlastprinzip gebührt, die Möglichkeiten der Inanspruchnahme des oder der Verursacher von Umweltschäden oder -gefahren also voll ausgeschöpft sein müssen, bevor zu einer derartigen Überwälzung geschritten werden darf.

So legte Art. 1 § 4 III des Umweltrahmengesetzes der DDR vom 29.06.1990 in seiner Neufassung durch Art. 12 des Gesetzes zur Beseitigung von Hemmnissen bei der Privatisierung von Unternehmen und zur Förderung von Investitionen - Hemmnisbeseitigungsgesetz - vom 22.03.1991 bezüglich der Unternehmen im Bereich der Treuhandanstalt fest, daß „Eigentümer, Besitzer oder Erwerber von Anlagen oder Grundstücken, die gewerblichen Zwecken dienen oder im Rahmen wirtschaftlicher Unternehmungen Verwendung finden, ... für die durch den Betrieb der Anlage oder die Benutzung des Grundstücks vor dem 1. Juli 1990 verursachten Schäden nicht verantwortlich (sind), soweit die zuständige Behörde im Einvernehmen mit der obersten Landesbehörde sie von der Verantwortung freistellt. Eine Freistellung kann erfolgen, wenn dies unter Abwägung der Interessen des Eigentümers, des Besitzers oder des Erwerbers, der durch den Betrieb der Anlage oder die Benutzung des Grundstücks möglicherweise Geschädigten, der Allgemeinheit oder des Umweltschutzes geboten ist."

Die Finanzierung der Freistellungskosten erfolgt aufgrund des Verwaltungsabkommens zwischen dem Bund einerseits und den Ländern Berlin, Brandenburg, Mecklenburg-Vorpommern, Sachsen, Sachsen-Anhalt und Thüringen andererseits vom 01.12.1992 in der Fassung des Änderungsabkommens vom 10.01.1995, welchem zufolge sich diese Kosten im Verhältnis 60 (Treuhandanstalt) : 40 (Länder) teilen. Für Großprojekte (etwa Unternehmen der Braunkohleförderung oder der Großchemie) gilt ein entsprechend veränderter Beteiligungsschlüssel von 75 (Treuhandanstalt) : 25 (Länder).

1.1.5   Das Kooperationsprinzip

Diesem Prinzip zufolge ist der Staat angehalten, zur Gewährleistung eines effektiven auf möglichst breiter Beteiligung beruhenden Umweltschutzes mit allen betroffenen und interessierten gesellschaftlichen Kräften zusammenzuarbeiten. Dies ist allein schon dem Umstand geschuldet, daß der hierfür erforderliche technische Sachverstand primär im gesellschaftlich-wirtschaftlichen Bereich konzentriert ist. Zudem fehlt dem Rechtsstaat in seiner gegenwärtigen Gestalt die Möglichkeit, die Belange des Umweltschutzes in allen umweltrelevanten Bereichen sozialen und individuellen Handelns umfassend und gleichmäßig zu normieren und durchzusetzen.

Das Kooperationsprinzip dient angesichts dieser Sachlage dem Ziel, im Wege der Mitwirkung der Betroffenen am umweltpolitischen Willensbildungs- und Entscheidungsprozeß das Verhältnis zwischen individuellen Freiheiten und gesamtgesellschaftlichen Notwendigkeiten im Bereich der Erhaltung der Umwelt und einer gerechten Verteilung ihrer Ressourcen ausgewogen zu gestalten, ohne dabei den Grundsatz der staatlichen Verantwortung hierfür in Frage zu stellen. Es wird durch eine relativ große Zahl von Rechtsnormen institutionalisiert, so durch

- die Anhörung beteiligter Kreise im Zuge des Erlasses von Rechtsverordnungen und Verwaltungsvorschriften (etwa gem. §§ 48, 51 BImSchG, §§ 23, 24, 25, 60 KrW-/AbfG, §§ 17, 19 ChemG, § 6 WaschmG),

- die Beratung der Politik durch unabhängige Expertengremien, wie der Kommission für Reaktorsicherheit, der Strahlenschutzkommission, des Wissenschaftlichen Beirats nach dem Düngemittelgesetz, der Zentralen Kommission für die biologische Sicherheit oder des Rates von Sachverständigen für Umweltfragen,

- die Beteiligung von Betroffenen in Plangenehmigungs-, Genehmigungs- und Planungsverfahren,

- die Erstellung technischer Regelwerke durch privat- oder öffentlich-rechtlich organisierte Fachausschüsse (s.u. 1.2.5),

- die Selbstüberwachung der Unternehmen durch die von ihnen nach gesetzlicher Vorschrift zu bestellenden Umweltbeauftragten für Gewässerschutz, Abfall, Strahlenschutz, Immissionsschutz oder biologische Sicherheit, oder

- die Mitwirkung von rechtsfähigen Verbänden bei der Vorbereitung von Rechtsvorschriften oder Programmen, Plänen oder Planfeststellungen gem. § 29 BNatSchG.

Diese Kooperation, namentlich zwischen staatlichen Behörden und den Wirtschaftsverbänden, kann auch relativ wenig institutionalisiert und informell stattfinden. Die wesentlichen Ergebnisse sind hier dann Absprachen, branchenbezogene Zusagen und die sog. Selbstbeschränkungsübereinkommen.

1.2 Das Umweltrecht des Bundes und der Länder

Literaturhinweise: Bender, B., Sparwasser, R., Engel, R. (1995): Umweltrecht - Grundzüge des öffentlichen Umweltrechts. Heidelberg: C.F. Müller, S. 20 ff.; **Hoppe, W., Beckmann, M.** (1989): Umweltrecht - Juristisches Kurzlehrbuch für Studium und Praxis. München: C.H. Beck; **Kloepfer, M.**(1989): Umweltrecht. München: C.H. Beck, S. 47 ff.; **Prümm, H. P.** (1989): Umweltschutzrecht - Eine systematische Einführung. Frankfurt a.M.: Alfred Metzner, S. 103 ff.; **Ketteler, G., Kippels, K.** (1988): Umweltrecht. Köln: W. Kohlhammer, S. 1 ff.

Das Umweltrecht der Bundesrepublik Deutschland und ihrer Bundesländer ergibt sich aus:

- den Verfassungen von Bund (Grundgesetz) und Ländern;

- den Bundes- oder Landesgesetzen, welche in dem im GG oder einer Landesverfassung festgelegten förmlichen Verfahren erlassen werden;

- den Rechtsverordnungen des Bundes oder der Länder, die aufgrund gesetzlicher Ermächtigungen von der Bundesregierung bzw. ihren Ministerien, den Landesregierungen bzw. ihren Ministerien oder anderen staatlichen (Bundes- oder Landes-) Behörden erlassen werden;

- Satzungen, welche von juristischen Personen des öffentlichen Rechts für deren Verantwortungsbereich autonom gesetzt werden.

Hinsichtlich des Rangverhältnisses dieser Rechtsquellen untereinander (Normenhierarchie) ist zu beachten, daß

- das Bundesrecht dem Recht der Länder (Art. 31 GG) übergeordnet ist und

- beide wiederum dem autonomen Satzungsrecht vorgehen.

Ebenso bilden die Normen des Verfassungsrechts den verbindlichen Maßstab für die Rechtmäßigkeit der Gesetze, und nur auf der Grundlage und im Rahmen letzterer können Rechtsverordnungen ergehen.

1.2.1   Das Umweltverfassungsrecht

Mit dem Inkrafttreten des Art. 20a GG zum 15.11.1994 sind die natürlichen Lebensgrundlagen der Gesellschaft erstmals ausdrücklich unter den Schutz der Verfassung gestellt worden.

Art. 20a (Umweltschutz) Der Staat schützt auch in Verantwortung für die künftigen Generationen die natürlichen Lebensgrundlagen im Rahmen der verfassungsmäßigen Ordnung durch die Gesetzgebung und nach Maßgabe von Gesetz und Recht durch die vollziehende Gewalt und die Rechtsprechung.

Mit diesem Verfassungszusatz wird die Umwelt expressis verbis in den Kreis jener sozialen und politischen Höchstwerte erhoben, zu deren Schutz und Erhaltung alle Organe des Staates und alle Bürger verpflichtet sind.

Dem folgen auch die entsprechenden Verfassungsbestimmungen der einzelnen Bundesländer. So legt Art. 141 der **Verfassung des Freistaates Bayern** (Schutz der natürlichen Lebensgrundlagen und kulturellen Überlieferung) fest:

„(1) Der Schutz der natürlichen Lebensgrundlagen ist, auch eingedenk der Verantwortung für die kommenden Generationen, der besonderen Fürsorge jedes einzelnen und der staatlichen Gemeinschaft anvertraut. Mit Naturgütern ist schonend und sparsam umzugehen. Es gehört auch zu den vorrangigen Aufgaben von Staat, Gemeinden und Körperschaften des öffentlichen Rechts,

Boden, Wasser und Luft als natürliche Lebensgrundlagen zu schützen, eingetretene Schäden möglichst zu beheben oder auszugleichen und auf möglichst sparsamen Umgang mit Energie zu achten,

die Leistungsfähigkeit des Naturhaushaltes zu erhalten und dauerhaft zu verbessern,

den Wald wegen seiner besonderen Bedeutung für den Naturhaushalt zu schützen und eingetretene Schäden möglichst zu beheben oder auszugleichen,

die heimischen Tier- und Pflanzenarten und ihre notwendigen Lebensräume sowie kennzeichnende Orts- und Landschaftsbilder zu schonen und zu erhalten.

(2) Staat, Gemeinden und Körperschaften des öffentlichen Rechts haben die Aufgabe,

die Denkmäler der Kunst, der Geschichte und der Natur sowie die Landschaft zu schützen und zu pflegen,
....

(3) Der Genuß der Naturschönheiten und die Erholung in der freien Natur, insbesondere das Betreten von Wald und Bergweide, das Befahren der Gewässer und die Aneignung wildwachsender Waldfrüchte in ortsüblichem Umfang ist jedermann gestattet. Dabei ist

jedermann verpflichtet, mit Natur und Landschaft pfleglich umzugehen. Staat und Gemeinde sind berechtigt und verpflichtet, der Allgemeinheit die Zugänge zu Bergen, Seen, Flüssen und sonstigen landschaftlichen Schönheiten freizuhalten und allenfalls durch Einschränkungen des Eigentumsrechts freizumachen sowie Wanderwege und Erholungsparks anzulegen."[1]

Der aus dem Art. 59a bestehende 6. Abschnitt der **Verfassung des Saarlandes** (Schutz der natürlichen Lebensgrundlagen) legt fest:

„Der Schutz der natürlichen Lebensgrundlagen ist der besonderen Fürsorge des Staates und jedes einzelnen anvertraut. Es gehört deshalb zu den erstrangigen Aufgaben des Staates

- Boden, Wasser und Luft als natürliche Lebensgrundlagen zu schützen, eingetretene Schäden zu beheben oder auszugleichen,

- mit Energie sparsam umzugehen,

- die Leistungsfähigkeit des Naturhaushaltes zu erhalten und dauerhaft zu verbessern,

- den Wald zu schützen und eingetretene Schäden zu beheben und auszugleichen,

- die heimischen Tier- und Pflanzenarten zu schonen und zu erhalten.

Das Gesetz bestimmt die notwendigen Bindungen und Pflichten, es ordnet den Ausgleich der betroffenen öffentlichen und privaten Belange und regelt die staatlichen und kommunalen Aufgaben."[2]

Gem. Art. 11a der **Landesverfassung der Freien Hansestadt Bremen** (Schutz der natürlichen Lebensgrundlagen) tragen

„Staat, Gemeinden und Körperschaften des öffentlichen Rechts ... Verantwortung für die natürlichen Lebensgrundlagen. Daher gehört es auch zu ihren vorrangigen Aufgaben, Boden, Wasser und Luft zu schützen, mit Naturgütern und Energie sparsam umzugehen sowie die heimischen Tier- und Pflanzenarten und ihre natürliche Umgebung zu schonen und zu erhalten.

Schäden im Naturhaushalt sind zu beheben oder auszugleichen."[3]

Andere Landesverfassungen der alten Bundesländer fassen sich zum Thema Umwelt kürzer, so die **Verfassung für das Land Nordrhein-Westfalen** in ihrem Artikel 29a (Umweltschutz):

---

[1] BayRS 100-1-S, zul. geänd. dch. G. v. 20. 06. 1984, GVBl. S. 223.
[2] BS Saar 100-1, i.d.F. d. G. Nr. 1310 v. 09.06. 1993, Abl. S. 626.
[3] Sa BremR 100-a-1, zul.geänd. dch. G. v. 01.11. 1994, Gbl. S.289.

„ (1) Die natürlichen Lebensgrundlagen stehen unter dem Schutz des Landes, der Gemeinden und Gemeindeverbände.

(2) Die notwendigen Bindungen und Pflichten bestimmen sich unter Ausgleich der betroffenen öffentlichen und privaten Belange. Das Nähere regelt das Gesetz "[4] ;

die **Verfassung für Rheinland-Pfalz** im VII. Abschnitt (Schutz der natürlichen Lebensgrundlagen), Art 69:

„ Der Staat, die Gemeinden und die Gemeindeverbände haben die Aufgabe, die natürlichen Lebensgrundlagen des Menschen zu schützen"[5] ;

die **Verfassung des Landes Schleswig-Holstein** im Art. 7 (Schutz der natürlichen Grundlagen des Lebens):

„ Die natürlichen Grundlagen des Lebens stehen unter dem besonderen Schutz des Landes, der Gemeinden und Gemeindeverbände sowie der anderen Träger der öffentlichen Verwaltung"[6] ;

die **Verfassung von Berlin** in Art. 21a (Umweltschutz):

„Die Umwelt und die natürlichen Lebensgrundlagen stehen unter dem besonderen Schutz des Landes"[7] ;

die **Verfassung des Landes Baden-Württemberg** in Art. 86 (Umwelt-, Landschafts- und Denkmalschutz):

„Die natürlichen Lebensgrundlagen, die Landschaft sowie die Denkmale der Kunst, der Geschichte und der Natur genießen öffentlichen Schutz und die Pflege des Staates und der Gemeinden"[8] ;

oder die **Verfassung des Landes Hessen** in ihrem Abschnitt IIa (Staatsziel Umweltschutz), Art. 26a (Natürliche Lebensgrundlagen):

„ Die natürlichen Lebensgrundlagen des Menschen stehen unter dem Schutz des Staates und der Gemeinden."[9]

In der **Verfassung der Freien und Hansestadt Hamburg** wird des Umweltschutzes in deren Vorspruch mit den Worten: „Die natürlichen Lebensgrundlagen stehen unter dem

---

[4] GS NW 100 S. 3, zul. geänd. dch. G. v. 24. 11. 1992, GV NW S. 488.
[5] GVBl. 1947, S. 209, zul. geänd. dch. G. v. 13. 12. 1993, GVBl. S. 471.
[6] GVBl. 1950, S. 3, i.d.F. d. Bek. v. 13. 06. 1990, GVBl. S. 391.
[7] VOBl. 1950 Tl. I S. 433, zul.geänd. dch. 28. ÄnderungsG. v. 06.07. 1994, GVBl. S. 217.
[8] Gbl. 1953, S. 173, zul. geänd. dch. G. v. 12. 02. 1991, Gbl. S. 81.
[9] GVBl. 1946, S. 229, zul. geänd. dch. G. v. 20. 03. 1991, GVBl. S. 102.

besonderen Schutz des Staates"[10] gedacht und gem. Art. 1 II der **Niedersächsischen Verfassung** versteht sich das Land Niedersachsen als

„ein freiheitlicher, republikanischer, demokratischer, sozialer *und dem Schutz der natürlichen Lebensgrundlagen verpflichteter* Rechtsstaat in der Bundesrepublik Deutschland und Teil der europäischen Völkergemeinschaft."[11]

Auch die Verfassungen der neuen Bundesländer enthalten eine entsprechende, durchweg sehr detailliert ausgestaltete Staatszielbestimmung, so die:

Verfassung des Landes Sachsen-Anhalt[12]

Art. 35 (Schutz der natürlichen Lebensgrundlagen)

(1) Das Land und die Kommunen schützen und pflegen die natürlichen Grundlagen jetzigen und künftigen Lebens. Sie wirken darauf hin, daß mit Rohstoffen sparsam umgegangen und Abfall vermieden wird.

(2) Jeder einzelne ist verpflichtet, hierzu nach seinen Kräften beizutragen.

(3) Eingetretene Schäden an der natürlichen Umwelt sollen, soweit dies möglich ist, behoben oder anderenfalls ausgeglichen werden.

(4) Das Nähere regeln die Gesetze.

Verfassung des Landes Brandenburg[13]

Art. 39 (Schutz der natürlichen Lebensgrundlagen)

(1) Der Schutz der Natur, der Umwelt und der gewachsenen Kulturlandschaft als Grundlage gegenwärtigen und künftigen Lebens ist Pflicht des Landes und aller Menschen.

(2) Jeder hat das Recht auf Schutz seiner Unversehrtheit vor Verletzungen und unzumutbaren Gefährdungen, die aus Veränderungen der natürlichen Lebensgrundlagen entstehen.

(3) Tier und Pflanze werden als Lebewesen geachtet. Art und artgerechter Lebensraum sind zu erhalten und zu schützen.

---

[10] Sammlung des bereinigten hamburgischen Landesrechts 100-a, zul. geänd. dch. G. v. 27. 06. 1986, GVBl. S. 167.
[11] Niders. GVBl. 1993 S. 107, zul. geänd. dch. G. v. 06. 06. 1994, GVBl. S. 229.
[12] GVBl. LSA 1992 S. 600.
[13] GV BB 1992 S. 2006.

(4) Die staatliche Umweltpolitik hat auf den sparsamen Gebrauch und die Wiederverwendung von Rohstoffen sowie auf sparsame Nutzung von Energie hinzuwirken.

(5) Land, Gemeinden, Gemeindeverbände und sonstige Körperschaften des öffentlichen Rechts haben die Pflicht, die Umwelt vor Schäden oder Belastungen zu bewahren und dafür Sorge zu tragen, daß Umweltschäden beseitigt oder ausgeglichen werden. Öffentliche und private Vorhaben bedürfen nach Maßgabe der Gesetze des Nachweises ihrer Umweltverträglichkeit. Eigentum kann eingeschränkt werden, wenn durch seinen Gebrauch rechtswidrig die Umwelt schwer geschädigt oder gefährdet wird.

(6) Die Entsorgung von Abfällen, die nicht im Gebiet des Landes entstanden sind, ist unter der Berücksichtigung der Besonderheiten Berlins nur in Ausnahmefällen zulässig und auszuschließen, sofern sie nach ihrer Beschaffenheit in besonderem Maße gesundheits- oder umweltgefährdend sind. Das Nähere regelt ein Gesetz.

(7) Das Land, die Gemeinden und Gemeindeverbände sind verpflichtet, Informationen über gegenwärtige und zu erwartende Belastungen der natürlichen Umwelt zu erheben und zu dokumentieren; Eigentümer und Betreiber von Anlagen haben eine entsprechende Offenbarungspflicht. Jeder hat ein Recht auf diese Informationen, soweit nicht überwiegende öffentliche oder private Interessen entgegenstehen. Das Nähere regelt ein Gesetz.

(8) Die Verbandsklage ist zulässig. Anerkannte Umweltverbände haben das Recht auf Beteiligung an Verwaltungsverfahren, die die natürlichen Lebensgrundlagen betreffen. Das Nähere regelt ein Gesetz.

(9) Das Land wirkt darauf hin, daß auf dem Landesgebiet keine atomaren, biologischen oder chemischen Waffen entwickelt, hergestellt oder gelagert werden.

Verfassung des Freistaats Thüringen[14]

Vierter Abschnitt
Natur und Umwelt

Art. 31

(1) Der Schutz der natürlichen Lebensgrundlagen des Menschen ist Aufgabe des Freistaats und seiner Bewohner.

(2) Der Naturhaushalt und seine Funktionstüchtigkeit sind zu schützen. Die heimischen Tier- und Pflanzenarten sowie besonders wertvolle Landschaften und Flächen sind zu erhalten und unter Schutz zu stellen. Das Land und seine Gebietskörperschaften wirken darauf hin, daß von Menschen verursachte Umweltschäden im Rahmen des Möglichen beseitigt oder ausgeglichen werden.

---

[14] Thür. GVBl. 1993, S. 625.

(3) Mit Naturgütern und Energie ist sparsam umzugehen. Das Land und seine Gebietskörperschaften fördern eine umweltgerechte Energieversorgung.

Art. 32

Tiere werden als Lebewesen und Mitgeschöpfe geachtet. Sie werden vor nicht artgemäßer Haltung und vermeidbarem Leiden geschützt.

Art. 33

Jeder hat das Recht auf Auskunft über Daten, welche die natürliche Umwelt in seinem Lebensraum betreffen und die durch den Freistaat erhoben worden sind, soweit gesetzliche Regelungen oder Rechte Dritter nicht entgegenstehen.

Verfassung des Landes Mecklenburg-Vorpommern[15]

Artikel 12 (Umweltschutz)

(1) Land, Gemeinden und Kreise sowie die anderen Träger der öffentlichen Verwaltung schützen und pflegen im Rahmen ihrer Zuständigkeiten die natürlichen Grundlagen jetzigen und künftigen Lebens. Sie wirken auf den sparsamen Umgang mit Naturgütern hin.

(2) Land, Gemeinden und Kreise schützen und pflegen die Landschaft mit ihren Naturschönheiten, Wäldern, Fluren und Alleen, die Binnengewässer und die Küste mit den Haff- und Boddengewässern. Der freie Zugang zu ihnen wird gewährleistet.

(3) Jeder ist gehalten, zur Verwirklichung der Ziele der Absätze 1 und 2 beizutragen. Dies gilt insbesondere für die Land-, Forst- und Gewässerwirtschaft in ihrer Bedeutung für die Landschaftspflege.

(4) Eingriffe in Natur und Landschaft sollen vermieden, Schäden aus unvermeidbaren Eingriffen ausgeglichen und bereits eingetretene Schäden, soweit es möglich ist, behoben werden.

(5) Das Nähere regelt das Gesetz.

Verfassung des Freistaates Sachsen[16]

Art. 10 (Umweltschutz)

(1) Der Schutz der Umwelt als Lebensgrundlage ist, auch in Verantwortung für kommende Generationen, Pflicht des Landes und die Verpflichtung aller im Land. Das Land hat

---

[15] GVOBl. M.-V. 1993, S.372.
[16] GVBl. 1992 S. 243.

insbesondere den Boden, die Luft und das Wasser, Tiere und Pflanzen sowie die Landschaft als Ganzes einschließlich ihrer gewachsenen Siedlungsräume zu schützen. Es hat auf den sparsamen Gebrauch und die Rückgewinnung von Rohstoffen und die sparsame Nutzung von Energie und Wasser hinzuwirken.

(2) Anerkannte Naturschutzverbände haben das Recht, nach Maßgabe der Gesetze an umweltbedeutsamen Verwaltungsverfahren mitzuwirken. Ihnen ist Klagebefugnis in Umweltbelangen einzuräumen; das Nähere bestimmt ein Gesetz.

(3) Das Land erkennt das Recht auf Genuß der Naturschönheiten und Erholung in der freien Natur an, soweit dem nicht die Ziele nach Abs. 1 entgegenstehen. Der Allgemeinheit ist in diesem Rahmen der Zugang zu Bergen, Wäldern, Feldern, Seen und Flüssen zu ermöglichen.

Aus dem Wortlaut des Art. 20a GG wie auch aus den entsprechenden Bestimmungen der Länderverfassungen ergibt sich allerdings eindeutig, daß der einzelne Bürger hieraus **keine individualrechtlichen Ansprüche** herleiten kann. Ein einklagbares und zwangsweise gegen andere durchsetzbares Recht auf einen seinen rein persönlichen Bedürfnissen oder Vorstellungen entsprechenden Zustand der Umwelt ist damit nicht geschaffen worden. Auch können Verwaltungsorgane sich beim Erlaß von belastenden Verwaltungsakten (Bußgeldbescheide, Abriß-, Baustopp- oder Stillegungsverfügungen) **nicht** auf Art. 20a GG bzw. die entsprechenden Bestimmungen der Landesverfassungen als eigenständige Rechtsgrundlage stützen. **Umweltschutz ist ein objektivrechtliches Staatsziel und keine Anspruchsnorm**, aus welcher für den jeweiligen konkreten Sachverhalt Rechte und Pflichten des Einzelnen hergeleitet werden könnten. Letzteres ist nur insoweit möglich, als die drei Staatsgewalten Gesetzgebung, Verwaltung und Rechtsprechung diesen Auftrag der Verfassung in den ihrerseits ergehenden Rechtshandlungen, also durch den Erlaß von Gesetzen und Verordnungen sowie - auf deren Grundlage - von Verwaltungsakten oder gerichtlichen Urteilen entsprechend konkretisieren. Jedoch bietet diese Staatszielbestimmung eine unentbehrliche Auslegungshilfe für die Konkretisierung des Inhalts unbestimmter Rechtsbegriffe angesichts eines konkreten Sachverhalts („öffentliche Interessen", „Wohl der Allgemeinheit" etc.).

Individuelle Ansprüche hinsichtlich einer zu gewährleistenden Umweltqualität, des Schutzes vor schädlichen Einwirkungen durch andere oder der Teilhabe an ihren Ressourcen können nur aus den Individualrechtsschutz verbürgenden Grundrechtsbestimmungen des GG und der Landesverfassungen hergeleitet werden. Dies beträfe das Grundrecht eines jeden auf Leben, körperliche Unversehrtheit und Freiheit gem. Art. 2 II GG (nicht aber das Recht auf freie Entfaltung der Persönlichkeit gem. Art. 2 I GG!), das Recht auf Freizügigkeit gem. Art. 11 GG oder das Recht auf Garantie des Eigentums gem. Art. 14 I und II GG.

Weiterhin von Bedeutung für den Umweltschutz sind die Bestimmungen des GG über die Gesetzgebungskompetenzen von Bund und Ländern, namentlich in den Art. 73-75 GG, auf welche hier näher eingegangen sei.

1.2.2   Die Gesetzgebungskompetenzen des Bundes

Gem. Art. 70 I i.V.m. Art. 30 GG haben die Länder das Recht der Gesetzgebung, soweit das GG nicht dem Bunde Gesetzgebungsbefugnisse verleiht. Die Abgrenzung der Zuständigkeit von Bund und Ländern bemißt sich gem. Art. 70 II GG nach den Vorschriften des GG über die **ausschließliche (Art. 71, 73 GG) und** die **konkurrierende Gesetzgebung (Art. 72, 74 GG).**

1.2.2.1   Die ausschließliche Gesetzgebung

Im Bereich der ausschließlichen Gesetzgebung des Bundes haben die Länder nur dann und insofern die Gesetzgebungsbefugnis, wann und inwiefern sie hierzu durch ein Bundesgesetz ermächtigt werden. Der diesbezügliche Katalog der Gesetzgebungsgegenstände im Art. 73 enthält zwar keine umweltrechtsspezifischen Sachzuständigkeiten, jedoch sind von den daselbst aufgeführten die Angelegenheiten der Bundesbahnen und des Luftverkehrs (Art. 73 Ziff. 6 und 6a GG) sowie die Handelsverträge und der Warenverkehr mit dem Ausland (Art. 73 Ziff. 5 GG) zu nennen. Gerade letztere Zuweisung bildet die Rechtsgrundlage für den Erlaß bundesgesetzlicher Verbote zur Einfuhr lebender Tiere, Tierleichen, Teilen derselben etc. in Ausführung internationaler Übereinkommen (z.B. § 20f II BNatSchG).

1.2.2.2   Die konkurrierende Gesetzgebung

Im Gegensatz zur ausschließlichen Gesetzgebung des Bundes haben die Länder in bezug auf die Materien des Art. 74 GG die Gesetzgebungsbefugnis, solange und soweit der Bund von seinem Gesetzgebungsrecht keinen Gebrauch macht. Gem. Art. 72 II GG hat der Bund dann ein Gesetzgebungsrecht in diesen Bereichen, sofern ein Bedürfnis nach bundesgesetzlicher Regelung besteht, weil eine gesetzlich zu regelnde Angelegenheit durch die Gesetzgebung einzelner Länder nicht wirksam genug geregelt werden kann oder sich aus deren separater Regelung durch jedes einzelne Land Konflikte zwischen den Interessen der Länder bzw. zwischen Landes- und Bundesinteressen ergeben könnten. Dies betrifft insbesondere Angelegenheiten, die mit der Herstellung gleicher Lebensverhältnisse im Bundesgebiet im Zusammenhang stehen oder in einer die Rechts- und Wirtschaftseinheit wahrenden Art und Weise geregelt werden müssen.

Hiernach erstrecken sich die umweltrelevanten Gesetzgebungskompetenzen des Bundes auf

- das bürgerliche Recht und das Strafrecht (Art. 74 I Ziff. 1 GG),
auf dieser Grundlage hat der Bundesgesetzgeber z.B. das Nachbarrecht in den §§ 903 ff. BGB zum Schutz vor Immissionen und im 28. Teil des StGB die Straftaten gegen die Umwelt (§§ 324-330d) geregelt,

- die Bundeseisenbahnen und den Luftverkehr (Art. 74 I Ziff. 6 GG),

- das Recht der Wirtschaft (Bergbau, Industrie, Energiewirtschaft, Handwerk, Gewerbe, Handel, Bank- und Börsenwesen, privatrechtliches Versicherungs-
wesen)
(Art. 74 I Ziff. 11 GG),

 - die Erzeugung und Nutzung der Kernenergie zu friedlichen Zwecken, die Errichtung und den Betrieb von Anlagen, die diesen Zwecken dienen, den Schutz gegen Gefahren, die bei Freiwerden von Kernenergie oder durch ionisierende Strahlung entstehen und die Beseitigung radioaktiver Stoffe (Art. 74 I Ziff. 11a GG),

- die Förderung der land- und forstwirtschaftlichen Erzeugung, die Sicherung der Ernährung, die Ein- und Ausfuhr land- und forstwirtschaftlicher Erzeugnisse, die Hochsee- und Küstenfischerei und den Küstenschutz (Art. 74 Ziff. 17 GG),

- den Grundstücksverkehr, das Bodenrecht (ohne das Recht der Erschließungsbeiträge) und das landwirtschaftliche Pachtwesen, das Wohnungswesen, das Siedlungs- und Heimstättenwesen (Art. 74 I Ziff. 18 GG),

- die Maßnahmen gegen gemeingefährliche und übertragbare Krankheiten bei Menschen und Tieren, ..., den Verkehr mit .... Giften (Art. 74 I Ziff. 19),

- den Schutz beim Verkehr mit Lebens- und Genußmitteln, Bedarfsgegenständen, Futtermitteln und land- und forstwirtschaftlichem Saat- und Pflanzgut, den Schutz der Pflanzen gegen Krankheiten und Schädlinge sowie den Tierschutz (Art. 74 Ziff. 20 GG),

- die Hochsee- und Küstenschiffahrt sowie die Seezeichen, die Binnenschiffahrt, den Wetterdienst, die Seewasserstraßen und die dem allgemeinen Verkehr dienenden Binnenwasserstraßen (Art. 74 Ziff. 21 GG),

- den Straßenverkehr, das Kraftfahrwesen, den Bau und die Unterhaltung von Landstraßen für den Fernverkehr sowie die Erhebung und Verteilung von Gebühren für die Benutzung öffentlicher Straßen mit Fahrzeugen (Art. 74 Ziff. 22 GG),

- die Schienenbahnen, die nicht Eisenbahnen des Bundes sind, mit Ausnahme der Bergbahnen (Art. 74 Ziff. 23),

- die Abfallbeseitigung, die Luftreinhaltung und die Lärmbekämpfung (Art. 74 Ziff. 24).

Die Ermächtigung zu gesetzgeberischen Aktivitäten bezüglich des Umweltschutzes überschneiden sich hierbei unvermeidlicherweise bei den meisten Gelegenheiten. So kann sich der Bundesgesetzgeber im Falle seiner Zuständigkeit für die **Immissionsschutzgesetzgebung** nicht nur auf die letztgenannte Ziff.24 des Art. 74 IGG, sondern ebenso auf Art. 74 I Ziff. 11 und 21-23 sowie auf Art. 73 Ziff. 6 und 6a GG berufen. Auf einen regelrechten „Kompetenznormencocktail" stützte sich der Bundesgesetzgeber beim Erlaß des **Gentechnikgesetzes** vom 20.06.1990. Als Ermächtigungsgrundlage kommen hier die Ziffn. 1, 11, 12, 13, 19, 20 und 24 des Art. 74 I und Art. 75 Ziff. 3 in Betracht. Das **Chemikaliengesetz** vom 16.09.1980 beruht auf der konkurrierenden Gesetzgebungszuständigkeit des Bundes für die Strafgesetzgebung (Art. 74 I Ziff. 1 GG), das Recht der Wirtschaft (Art. 74 I Ziff. 11 GG), für den Arbeitsschutz (Art. 74 I Ziff. 12 GG) für den Verkehr mit Giften (Art. 74 I Ziff. 19 GG). Auch im Falle des **Kreislaufwirtschafts-/Abfallgesetzes** vom 27.09.1994 stützt der Bundesgesetzgeber seine Zuständigkeit nicht nur auf Art. 74 I Ziff. 24, sondern ebenso auf Art.74 I Ziff. 11 und Art. 75 Ziff. 4 GG.

Schließlich steht dem Bund unter den in Art. 72 GG genannten Voraussetzungen gemäß Art. 75 GG das **Recht zum Erlaß von Rahmenvorschriften** zu. Die umweltrechtlich erheblichen Materien sind hier

- das Jagdwesen, der Naturschutz und die Landschaftspflege (Art. 75 I Ziff. 3) und

- die Bodenverteilung, die Raumordnung und den Wasserhaushalt (Art. 75 I Ziff. 4).

Die Rahmengesetzgebungskompetenz bildet einen besonderen Fall konkurrierender Gesetzgebungstätigkeit. Sie besteht in einer inhaltlich begrenzten Gesetzgebungsbefugnis, kraft derer der Bundesgesetzgeber bezüglich der ihr unterfallenden Gegenstände **lediglich einen Regelungsrahmen** bestimmen darf. D.h., er hat sich der „Durchnormierung" der zu regelnden Materie zu enthalten und statt dessen den Ländern die Ausfüllung des von ihm bundesgesetzlich vorgegebenen Rahmens durch Landesgesetze zu überlassen. „Rahmen" bedeutet, daß das Bundesgesetz nicht für sich allein bestehen kann, sondern darauf angelegt sein muß, durch Landesgesetze ausgefüllt zu werden. Dabei muß dasjenige, was den Ländern zu regeln verbleibt, von substantiellem Gewicht sein.

Auf der Grundlage der o.g. Bestimmungen sind z.B. ergangen:

- das Bundesnaturschutzgesetz vom 20.12 1976;

- das Bundesjagdgesetz vom 29.11.1952;

- das Tierschutzgesetz vom 17.02.1993;

- das Bundeswaldgesetz vom 02.05.1975;

- das Pflanzenschutzgesetz vom 15.09.1986;

- das Wasserhaushaltsgesetz vom 16.11.1996.

1.2.2.3   Die Gesetzgebung der Länder

Wenngleich das Umweltrecht in seinen Grundzügen durch die Entscheidungen des Bundesgesetzgebers bestimmt wird, verbleiben den Ländern dennoch wesentliche Gesetzgebungskompetenzen sowohl ausschließlicher als auch konkurrierender Art.

1.2.2.3.1 Die ausschließliche Gesetzgebung

Von Bedeutung ist hier zunächst die ausschließliche Zuständigkeit der Länder für den **Aufbau ihrer eigenen Verwaltungsorganisation**, welche die ganze Vielfalt bundes- und landesrechtlicher Rechtsnormen zu exekutieren hat sowie ihre Gesetzgebungskompetenz für das **Polizei- und Ordnungsrecht**, dessen Normen subsidiär Anwendung finden, wenn zur Behebung polizeiwidriger, die öffentliche Ordnung und Sicherheit gefährdender Zustände keine speziellen Umweltrechtsnormen herangezogen werden können. Dies ist z.B. bei der Haftung für Altlasten der Fall.

1.2.2.3.2 Die konkurrierende Gesetzgebung

Soweit der Bund keine eigene Regelung erläßt, verbleibt den Ländern eine eigene Regelungskompetenz bezüglich der Materien des Art. 74 I GG. Zum Länderumweltrecht gehören hier v.a. die Landesimmissionsschutz- und Landesabfallgesetze.

1.2.2.3.3 Die ausfüllende Gesetzgebung

Betreffs der der Rahmengesetzgebungskompetenz des Bundes unterliegenden Gegenstände sind die Länder zum Erlaß eigener ausfüllender Gesetze nicht nur berechtigt, sondern auch verpflichtet, da man bei einem rechtsstaatlichen Begriffen entsprechenden Rahmengesetz davon ausgeht, daß es in etlichen Fällen für sich allein genommen nicht ausreichend vollzugsfähig ist. Von Bedeutung sind hier die **Landesplanungsgesetze, Landesnaturschutzgesetze und Landeswassergesetze.**

1.2.3 Die Rechtsverordnungen auf dem Gebiet des Umweltrechts

Die Rechtsverordnung stellt einen von einem Exekutivorgan erlassene Normativakt dar. Ihre rechtlichen Voraussetzungen beurteilen sich nach verschiedenen Gesetzen, welche jedoch sachlich weitgehend übereinstimmen.
Der Erlaß von Rechtsverordnungen steht unter dem Vorbehalt des Gesetzes. D.h., die Ermächtigung zum Erlaß von Rechtsverordnungen muß in einem **Gesetz** ausgesprochen worden sein. Dabei wäre aber eine lapidare Formulierung wie „Näheres wird durch Rechtsverordnungen bestimmt" **(Prinzip der Generalermächtigung)** unter rechtsstaatlichem Gesichtspunkt unzureichend. Notwendig ist vielmehr, daß das betreffende Gesetz die Ermächtigung zum Verordnungserlaß **nach Inhalt, Zweck und Ausmaß bestimmt und begrenzt (Prinzip der Spezialermächtigung).** Es ist also Sache des Gesetzgebers, den Rahmen und die allgemeine Tendenz festzulegen, innerhalb derer dem Verordnungsgeber die Konkretisierung und die Weiterentwicklung der gesetzgeberischen Vorgaben überlassen bleiben. Das zum Verordnungserlaß ermächtigende Gesetz muß zum Zeitpunkt des Erlasses einer in Ausführung seiner Bestimmungen ergehenden Rechtsverordnung schon in Kraft getreten sein. Allerdings berührt ein späterer Wegfall der gesetzlichen Ermächtigungsgrundlage die Gültigkeit einer auf ihrer Grundlage erlassenen Rechtsverordnung prinzipiell nicht mehr, es sei denn, daß sie in einzelnen ihrer Bestimmungen oder im Ganzen durch die neue Ermächtigungsgrundlage nicht mehr gedeckt ist.

Die Rechtsverordnung muß inhaltlich mit allen höherrangigen Rechtsvorschriften (insbes. GG und Gesetzen) in Übereinstimmung stehen (Vorrang des Gesetzes).

Und schließlich muß die Rechtsverordnung bestimmten formellen Anforderungen genügen, um Rechtmäßigkeit beanspruchen zu können **(formelle Rechtmäßigkeit)**. Dazu gehört, daß

- das zum Erlaß einer Rechtsverordnung zuständige Organ durch das ermächtigende Gesetz eindeutig und in Übereinstimmung mit den grundgesetzlichen Bestimmungen bezeichnet wird. Gem. Art. 80 I 4 GG kommen nur die Bundesregierung, die Bundesminister oder eine Landesregierung als Verordnungsgeber in Betracht. Diese sind ihrerseits unter zwei Voraussetzungen zur Weiterermächtigung **(Subdelegation)** befugt:

> a) der Gesetzgeber muß die Weiterermächtigung ausdrücklich für zulässig erklärt haben;

> b) die Weiterermächtigung selbst muß durch Rechtsverordnung erfolgen;

- die Rechtsverordnung die zu ihrem Erlaß ermächtigende gesetzliche Vorschrift gem. Art 80 I 3 GG korrekt angibt;

- in den in Art. 80 II GG genannten Fällen vom Verordnungsgeber die Zustimmung des Bundesrates, sowie, falls im ermächtigenden Gesetz ausdrücklich vorbehalten, auch diejenige des Bundestages eingeholt wird;

- die Rechtsverordnung gem. 82 I 2 GG ausgefertigt und verkündet wurde. Dies erfolgt gem. Gesetz über die Verkündung von Rechtsverordnungen vom 30.01.1950 im Bundesgesetzblatt oder im Bundesanzeiger.

1.2.4   Die Satzungen

Bei Satzungen handelt es sich um Rechtsnormen, die von einer juristischen Person des öffentlichen Rechts erlassen werden. Als Satzungsgeber kommen vor allem die Gemeinden und Landkreise, die Universitäten, Ärztekammern, Sozialversicherungsträger, Industrie- und Handelskammern oder öffentlich-rechtliche Rundfunkanstalten in Betracht. Satzungen unterscheiden sich vom Gesetz und der Rechtsverordnung dadurch, daß sie nicht von den sonst zur Rechtsetzung befugten staatlichen Gremien, sondern von rechtlich selbständigen, wenn auch in den Staat integrierten Organisationen gesetzt werden. Von Bedeutung, gerade für den Umwelt-

bereich, sind die durch die Gemeinden ergehenden **Bebauungspläne, Baum-schutzsatzungen, Müllabfuhrsatzungen oder Abwassersatzungen**.
Auch die Befugnis zum Erlaß von Satzungen beruht auf staatlicher Delegation. Satzungen sind daher, gleich den Rechtsverordnungen, abgeleitete Rechtsquellen. Jedoch bedarf der Satzungsgeber keiner speziellen Ermächtigung; Art. 80 I 2 gilt weder ausdrücklich noch analog für Satzungen. Bei ihrem Erlaß handelt es sich um **autonome Rechtsetzung**, welche als wichtiger Bestandteil der Selbstverwaltung von denjenigen demokratisch gewählten Organen einer jeden Selbstverwaltungskörperschaft ausgeübt wird, denen dem für die jeweilige Körperschaft geltenden Recht zufolge die Rolle des „Gesetzgebers" zukommt. Beim Erlaß von Satzungen ist zu beachten, daß:

a) die Satzungsbefugnis **sachlich** auf den jeweils durch Gesetz bestimmten Aufgaben- und Zuständigkeitsbereich der juristischen Personen des öffentlichen Rechts beschränkt ist;

b) die Satzungsbefugnis sich **personell** nur auf die Mitglieder der Körperschaft (bzw. die Benutzer einer öffentlich-rechtlichen Anstalt) erstreckt;

c) zum **Erlaß der wesentlichen**, insbesondere grundrechtsbeschränkenden **Regelungen** nur **der Gesetzgeber** befugt ist.

1.2.5   Verwaltungsvorschriften und technische Regelwerke

Verwaltungsvorschriften nehmen eine Sonderstellung im Gefüge der Rechtsnormen ein, da sich ihr Geltungsbereich nur auf die interne Behördentätigkeit beschränkt. Gegenüber dem Adressaten der behördlichen Entscheidung entfalten sie prinzipiell keine Außenwirkung; man spricht hier auch bisweilen von „Innenrechtsnormen". Zu diesen Regelwerken gehören die TA Luft, die TA Lärm, die TA Abfall oder die Rahmen-Abwasserverwaltungsvorschrift gem. § 7a Wasserhaushaltsgesetz.

Jedoch besitzen die Verwaltungsvorschriften via Art. 3 GG (Gleichheit vor dem Gesetz) im Zusammenhang mit der Selbstbindung der Verwaltung eine mittelbare Außenwirkung, da die Behörden nicht ohne sachlich gerechtfertigten Grund von ihrer ständig geübten Verwaltungspraxis oder einer erlassenen Verwaltungsvorschrift abzuweichen berechtigt sind. Ihnen kommt eine ermessensbindende und norminterpretierende Funktion zu, d.h., die Behörde hat in Anwendung der für ihre vollziehend-verfügenden Tätigkeit maßgeblichen Gesetze die in diesen nicht geregelten Details ihrer Entscheidungstätigkeit, insbes. Umweltstandards (Schutz- und Vorsorgestandards), den Verwaltungsvorschriften zu entnehmen.

Die Verwaltungsvorschriften, insbesondere die Technischen Anleitungen, **sind** somit **auf einen gleichmäßigen und damit berechenbaren Gesetzesvollzug durch die Verwaltung gerichtet. Ihre Anwendung unterliegt uneingeschränkter gerichtlicher Kontrolle. Technische Regelwerke** bringen vor allem die Auffassung privatrechtlicher Normierungsverbände über den „Stand der Technik", die „allgemein anerkannten Regeln der Technik" oder „den Stand von Wissenschaft und Technik" zum Ausdruck.

Als dergestalt tätige Einrichtungen sind zu nennen: das Deutsche Institut für Normung (DIN), der Verein Deutscher Ingenieure (VDI), der Verband Deutscher Elektrotechniker (VDE), der Deutsche Verein des Gas- und Wasserfachs (DVGW), der Kerntechnische Ausschuß (KTA) oder die Abwassertechnische Vereinigung (ATV). In den von ihnen erstellten und herausgegebenen Regelwerken bemühen sich diese Verbände auch um die Ausarbeitung von Umweltstandards, welche eine z.T. schon beachtliche Relevanz gewonnen haben, sei es als DIN-Normen, Regeln des KTA, VDI-Richtlinien, Arbeitsblätter der ATV oder - auf internationaler Ebene - die ISO-Standards (d.h. Standards der Internationalen Organisation für Standardisierung).

Derartige Regelwerke werden - wie etwa im Immissionsschutzrecht oder im Kreislaufwirtschafts-/Abfallrecht - inhaltlich von Rechtsnormen übernommen. Dies ist **verfassungsrechtlich nicht zu beanstanden**, wenn dieser Verweis sich auf **ein zeitlich fixiertes Regelwerk** unter Angabe der Fundstelle bezieht **(sog. statische Verweisung)**. Als **verfassungswidrig** abzulehnen wäre eine „**dynamische Verweisung",** d.h. **eine gesetzliche Bezugnahme auf ein solches Regelwerk in dessen jeweils aktueller Fassung.**

Höchstrichterlicher Verwaltungsrechtsprechung zufolge sind an die rechtswirksame Einbeziehung solcher privaten Regelungen folgende Mindestanforderungen zu stellen:

„ Die Rechtsnorm muß erkennbar zum Ausdruck bringen, daß sie die außenstehende Anordnung zu ihrem Bestandteil macht; in der ergänzten Rechtsnorm muß die ergänzende Anordnung hinreichend bestimmt bezeichnet sein; die Verlautbarung der ergänzenden Anordnung muß für den Betroffenen zugänglich und ihrer Art nach für amtliche Anordnungen geeignet sein."[17]

---

[17] BVerwG, Urt. v. 29.08.1961 - 1 C 14/61.

1.3   Die Zuordnung des Umweltrechts

1.3.1   Das öffentliche Umweltrecht

Literaturhinweise: Bender, B., Sparwasser, R., Engel, R. (1995): Umweltrecht - Grundzüge des öffentlichen Umweltrechts. Heidelberg: C.F. Müller, S. 9 ff.; **Hoppe, W., Beckmann, M.** (1989): Umweltrecht - Juristisches Kurzlehrbuch für Studium und Praxis. München: C.H. Beck, S. 27 ff.; **Kloepfer, M.** (1989): Umweltrecht. München: C.H. Beck, S. 97 ff.; **Prümm, H. P.** (1989): Umweltschutzrecht - Eine systematische Einführung. Frankfurt a.M.: Alfred Metzner, S. 137 ff.; **Ketteler, G., Kippels, K.** (1988): Umweltrecht. Köln: W. Kohlhammer, S. 55 ff.

Wenngleich auch jeder einzelne Staatsbürger zum Umweltschutz verpflichtet ist, ist der Umweltschutz dennoch in allererster Linie Staatsaufgabe. Die Umwelt stellt einen Organismus dar, in welchem die harmonische Wechselwirkung der Funktionen aller seiner Elemente die unverzichtbare Voraussetzung für das normale Leben des einzelnen wie auch des Gesellschaftsganzen gleichermaßen bildet. Die Erdoberfläche mag in ihren durch Flächenmaße quantifizierbaren Teilen privatisierbar sein; die Umwelt als Gesamtheit ihrer Lebens- und Entwicklungsprozesse ist etwas dem Gesellschaftsganzen Zustehendes. Die Verteilung der Umwelt, genauer, der Einwirkungsmöglichkeiten auf ihre Medien und der Nutzung ihrer Ressourcen, kann daher nicht den blindlings wirkenden Marktkräften nach rein ökonomischen Effizienzkriterien überlassen bleiben. Wo es um die Verteilung fundamentaler Lebensbedingungen, um die Ausübung distributiver (austeilender) Gerechtigkeit in der menschlichen Gesellschaft geht, muß der Staat als ihre machtvollkommenste Verkörperung in Tätigkeit treten.
Umweltrecht ist daher primär öffentliches Recht. Zu diesem gehört neben den völker-, europa- und verfassungsrechtlichen Regelungen vor allem das Umweltverwaltungsrecht, welches seinerseits einen Teilbereich des Besonderen Verwaltungsrechts darstellt. Zu seinem wesentlichen Normenbestand gehören insbesondere :

- Bundesimmissionsschutzgesetz
- Chemikaliengesetz
- Atomgesetz
- Kreislaufwirtschafts-/Abfallgesetz
- Bundesnaturschutzgesetz
- Bundeswaldgesetz
- Wasserhaushaltsgesetz
- Düngemittelgesetz
- Lebensmittel- und Bedarfsgegenständegesetz
- Gentechnikgesetz
- Tierschutzgesetz

- Tierkörperbeseitigungsgesetz
- Futtermittelgesetz
- Pflanzenschutzgesetz
- Fluglärmgesetz

sowie eine große Zahl von entsprechenden Rechtsvorschriften der Länder.

Bei ihrer Tätigkeit zum Schutze der Umwelt und der gerechten Verteilung ihrer Ressourcen ist die Verwaltung vor allem an das **Rechtsstaatsprinzip** gebunden. Aus diesem ergeben sich auch für den Bereich der Umwelt die **Grundsätze des Gesetzesvorbehalts, der Bestimmtheit des Gesetzes und der Verhältnismäßigkeit.**

Der **Grundsatz des Gesetzesvorbehalts** besagt, daß die Verwaltung nur in denjenigen Fällen verfügend und vollziehend tätig werden darf, in denen sie durch Gesetz dazu ermächtigt ist. Dem entspricht die Pflicht des Gesetzgebers, in den wichtigsten normativ zu regelnden Bereichen, insbesondere im Bereich der Grundrechtsausübung, alle wesentlichen Entscheidungen selbst zu treffen. So können gemäß der vom Bundesverfassungsgericht v.a. mit Blick auf den Bereich des Umweltschutzes entwickelten Wesentlichkeitstheorie Grundsatzentscheidungen wie für oder gegen die Zulässigkeit der friedlichen Nutzung der Kernenergie oder der Nutzung der Ergebnisse von Genforschung und -technik wegen ihrer weitreichenden Konsequenzen für die allgemeinen Lebensverhältnisse der Bürger nur dem Gesetzgeber vorbehalten bleiben.
Als Ermächtigungsgrundlage für das Tätigwerden der Verwaltung kommt nicht ein Gesetz schlechthin, sondern nur ein seinem Inhalt nach **hinreichend bestimmtes Gesetz** in Betracht. Der **Bestimmtheitsgrundsatz** geht darauf aus, die Verwaltungstätigkeit, insbesondere die der Eingriffsverwaltung, hinreichend transparent und damit berechenbar zu machen. Sowohl die Voraussetzungen, angesichts derer die Verwaltung zum Tätigwerden verpflichtet ist, als auch der Inhalt ihrer Reaktion auf das Vorliegen bestimmter Tatbestände muß hinreichend klar aus der betreffenden Rechtsvorschrift hervorgehen. Jedoch müssen, um den Erfordernissen eines dynamischen Grundrechtsschutzes entsprechen zu können, auch „entwicklungsoffene" Normenbegriffe wie „Stand der Technik" oder „Stand von Wissenschaft und Technik" dort notwendig einfließen, wo eine Nichtberücksichtigung der auf dem zu regelnden Lebensgebiet sich vollziehenden aktuellen Entwicklung zu dem Anliegen des Gesetzes widersprechenden Konsequenzen führen würde.

Der **Verhältnismäßigkeitsgrundsatz** schließlich ist u.a. auch Grundlage des namentlich auch für den Umweltschutz relevanten planerischen Abwägungsgebots. Diesem zufolge sind die umweltschützenden Belange **bei allen staatlichen Pla-**

nungen gebührend zu berücksichtigen. Insbesondere hat die Verwaltung bei Eingriffen in die fremde Eigentums- und Freiheitssphäre darauf Bedacht zu nehmen, daß sowohl die Art der Maßnahme als auch ihrer Durchführung zur Erreichung des gesetzlich vorgegebenen Zweckes erforderlich sind.

1.3.2   Das Umweltprivatrecht

Das Umweltprivatrecht bildet die Summe derjenigen Rechtssätze, welche sich auf die „Umweltkomponente" der gesetzlich geschützten Privatsphäre des einzelnen beziehen. In seinem Mittelpunkt steht nicht primär der Umweltschutz als solcher, sondern der Schutz der gleichen bzw. gleichberechtigten Teilhabe aller Privatpersonen an der Umwelt, insbesondere ihrer Medien, als grundlegende Bedingung der Verwirklichung ihrer Persönlichkeits- und Eigentumsrechte. Dabei sind zwei grundlegende Normenbereiche zu unterscheiden:

1. der des **Nachbarrechts** und

2. derjenige der **Haftung für Schadenszufügung aus unerlaubten Handlungen**.

1.3.2.1   Das Nachbarrecht

Literaturhinweise: Bender, B., Sparwasser, R., Engel, R. (1995): Umweltrecht - Grundzüge des öffentlichen Umweltrechts. Heidelberg: C.F. Müller, S. 9 ff.; **Hoppe, W., Beckmann, M.** (1989): Umweltrecht - Juristisches Kurzlehrbuch für Studium und Praxis. München: C.H. Beck. S. 173 ff.; **Kloepfer, M.** (1989): Umweltrecht. München: C.H. Beck, S. 231 ff. **Prümm, H. P.** (1989): Umweltschutzrecht - Eine systematische Einführung. Frankfurt a.M.: Alfred Metzner, S. 368 ff.; **Ketteler, G., Kippels, K.** (1988): Umweltrecht. Köln: W. Kohlhammer, S. 69 ff.; **Palandt** (1992): Bürgerliches Gesetzbuch - Kommentar. 52. Aufl. München: C.H.Beck, S. 1086 ff.; **Raeschke - Kessler, H., Hamm, R., Grüter, K.** (1990): Aktuelle Rechtsfragen und Rechtsprechung zum Umwelthaftungsrecht der Unternehmen. 3. Aufl. Köln: Kommunikationsforum, S. 2 ff.; **Wolf, M.** (1990): Sachenrecht. München: C.H. Beck, S. 129 ff.

906. (Zuführung unwägbarer Stoffe) *(1) Der Eigentümer eines Grundstücks kann die Zuführung von Gasen, Dämpfen, Gerüchen, Rauch, Ruß, Wärme, Geräusch, Erschütterungen und ähnliche von einem anderen Grundstück ausgehende Einwirkungen insoweit nicht verbieten, als die Einwirkung die Benutzung seines Grundstücks nicht oder nur unwesentlich beeinträchtigt.*

(2) Das gleiche gilt insoweit, als eine wesentliche Beeinträchtigung durch eine ortsübliche Benutzung des anderen Grundstücks herbeigeführt wird und nicht

durch Maßnahmen verhindert werden kann, die Benutzern dieser Art wirtschaftlich zumutbar sind. Hat der Eigentümer hiernach eine Einwirkung zu dulden, so kann er von dem Benutzer des anderen Grundstücks einen angemessenen Ausgleich in Geld verlangen, wenn die Einwirkung eine ortsübliche Benutzung seines Grundstücks oder dessen Ertrag über das zumutbare Maß hinaus beeinträchtigt.

(3) Die Zuführung durch eine besondere Leitung ist unzulässig.

Jeder Eigentümer benutzt sein bewegliches und unbewegliches Eigentum innerhalb menschlicher Gemeinschaft. Er ist zwar prinzipiell berechtigt, mit den ihm gehörenden Sachen nach Belieben zu verfahren, andere von jeder Einwirkung auf dieselben auszuschließen (§ 903 BGB) und von etwaigen Störern die Beseitigung der durch sie bewirkten Beeinträchtigungen seines Rechts zu verlangen (§ 1004 I 1 BGB). Jedoch ist er zugleich gehalten, solche Einwirkungen hinzunehmen, die mit dem menschlichen Gemeinschaftsleben unvermeidlicherweise verbunden sind (s. § 1004 II BGB). Die Abgrenzung seines geschützten Eigentümerbereichs vom Spektrum der zu duldenden Einwirkungen wird primär durch die die Schranken des Eigentums umschreibenden Gesetze und die auf ihnen beruhende Rechtsprechung bestimmt. Im umweltrelevanten Bereich ergeben sich Duldungspflichten vor allem aus öffentlich-rechtlichen bzw. privatrechtlichen Vorschriften, welche ein bestimmtes beeinträchtigendes Verhalten gestatten bzw. Beseitigungshandlungen untersagen.

Vor allem zwischen Grundstücksnachbarn entstehen hier vielfältige Konflikte. Bei deren Lösung spielt der § 906 BGB (s. oben), welcher die Zulässigkeit der mit Immissionen verbundenen Grundstücksnutzung regelt, eine besonders wichtige Rolle. Für deren Zulässigkeit bzw. Unzulässigkeit ist zu beachten:

1. **Unwesentliche Einwirkungen**, welche die Benutzung des anderen Grundstücks nicht oder nicht wesentlich beeinträchtigen, sind entschädigungslos zu dulden und können nicht verboten werden (§ 906 I letzter HS). Dabei beurteilt die Rechtsprechung die Wesentlichkeit einer Immission nach einem **differenziertobjektiven Maßstab**. Entscheidendes Kriterium ist hier vor allem **das Empfinden des normalen Durchschnittsmenschen**, nicht das des überempfindlichen oder besonders dickfelligen Zeitgenossen. Dabei sind jedoch die **tatsächlichen Verhältnisse** des belasteten Grundstücks zu berücksichtigen, also seine Lage, Verwendung und Zweckbestimmung. Verständlicherweise gelten demnach in einem primär Wohnzwecken vorbehaltenen Villenviertel andere Maßstäbe als etwa in einem Industrie- oder Ballungszentrum, da in letzterem a priori intensivere und vielfältigere Immissionen hingenommen werden müssen als in ersterem. Bei der Berücksichtigung der tatsächlichen Verhältnisse findet keine Interessenabwägung

zwischen Emittent und gestörtem Nachbarn an der jeweiligen Grundstücksnutzung statt. Unbeachtlich ist auch die zeitliche Priorität ihrer jeweiligen Grundstücksnutzung. Allein maßgeblich ist der Umfang, in welchem die Nutzung des immissionsbetroffenen Grundstücks beeinträchtigt wird.

Angesichts der konkreten Zweckbestimmung des Grundstücks kann somit eine Beeinträchtigung wesentlich sein, welche darauf zurückzuführen ist, daß das Grundstück wegen seiner **besonderen Nutzungsart** gegenüber bestimmten Immissionsarten eine gesteigerte Anfälligkeit aufweist.

Die Felder eines für einen Kindernahrungshersteller biologischen Gemüseanbau betreibenden Bauern werden durch sturzbachartig abfließendes Regenwasser von den oberhalb gelegenen Feldern seines Nachbarn überschwemmt. Dieser hat seine Kulturen mit Herbiziden gespritzt, deren Rückstände sich nun über die Früchte des Ökobauern ergießen und sie damit für den vorgesehenen Zweck untauglich machen. Bei dem so verursachten Ernteausfall handelt es sich durchaus um eine wesentliche Beeinträchtigung; die besondere Empfindlichkeit des ökologischen Landbaus selbst gegenüber allgemein gebräuchlichen und sonst keine Schäden hervorrufenden Herbiziden spielt hierbei keine Rolle. Auch muß sich der Ökobauer nicht auf eine Anbauweise verlegen, angesichts derer die Einwirkung der Herbizide unerheblich bliebe.

Immissionsrichtwerte, wie sie etwa in den TAen Luft bzw. Lärm enthalten sind, **bilden** bei der Feststellung der Wesentlichkeit einer Beeinträchtigung **nur einen Anhaltspunkt.** Im allgemeinen darf zwar davon ausgegangen werden, daß bei Einhaltung dieser Kennziffern eine schädliche Umwelteinwirkung mit ziemlicher Sicherheit nicht vorliegt. Jedoch sind die Gerichte im Einzelfalle nicht gehindert, **selbst bei deutlicher Unterschreitung von Immissionsrichtwerten eine wesentliche Immission zu konstatieren.**

Wenn also besonders empfindliche Pflanzen durch Abgasemissionen des Nachbargrundstücks Wachstumsstörungen erleiden oder für vorgesehene wissenschaftliche Zwecke unbrauchbar werden, dürfte ein angerufenes Gericht die Wesentlichkeit der schädlichen Einwirkung nicht mit der Begründung verneinen, daß sich die Immissionen unterhalb der in der TA Luft angegebenen Richtwerten bewegt hätten und sie folglich im allgemeinen unschädlich seien. Vielmehr hätte das Gericht nunmehr im Wege eines Sachverständigengutachtens darüber Beweis zu erheben, ob die Abgaseinwirkung trotz dieser Unterschreitung die Pflanzen geschädigt habe und - im Falle des Bejahens - eine Wesentlichkeit der Beeinträchtigung festzustellen.

Bei Einwirkungen, welche nicht unmittelbar die Gesundheit oder den Bestand von Sachgütern beeinträchtigen, kommt es neben deren Umfang auch auf die **subjektive Lästigkeit** an. Die Rechtsprechung hat dies in einer Reihe von Fällen von Geräuschimmissionen bejaht. Wenngleich sich der Begriff der Lästigkeit nur schwerlich quantifizieren läßt, ist eine wesentliche weil besonders lästige Geräuschimmission dann gegeben, wenn sich die ausgesandten Geräusche aufgrund ihrer spektralen Zusammensetzung deutlich aus dem Kreis der anderen Umgebungsgeräusche herausheben und besonders „durchschlagend" auf das Gehör wirken, etwa beim „impulsartigen Rumpeln" einer Straßenbahn beim Passieren einer Weiche, hochfrequenten Musikgeräuschen, welche auch bei vergleichsweise niedriger Lautstärke die normalen Geräusche der Umgebung in einer das subjektive Wohlbefinden störenden Weise übertönen oder die von Sportanlagen, etwa Tennisplätzen, ausgehenden Geräusche, welche wegen ihres „Impulscharakters" besonders auffällig sind.

Ob **wesentliche Einwirkungen** als **erlaubt** hinzunehmen sind, ist von zwei Voraussetzungen abhängig:

1. ihrer Ortsüblichkeit und

2. der Möglichkeit, sie durch wirtschaftlich zumutbare Maßnahmen verhindern zu können.

Ortsüblichkeit ist zu bejahen, wenn eine bestimmte Benutzung in dem für die Beurteilung maßgeblichen Bereich tatsächlich häufiger vorkommt, wobei auf die Benutzung **des störenden, nicht des gestörten** Grundstücks abgestellt und ersteres mit der Nutzung der Mehrheit der Grundstücke im fraglichen Raum verglichen wird. Zu beachten ist dabei indessen, daß für die Charakterisierung einer bestimmten Nutzung als ortsüblich eine einzelne den Charakter der ganzen näheren Umgebung prägende Anlage ausschlaggebend sein kann, etwa eine größere Fabrikanlage, ein Flugplatz oder ein Klärwerk. Deren Emissionen allein können u.U. als ortsüblich angesehen werden. Zu beachten ist aber auch die Dynamik des Begriffes der Ortsüblichkeit. Ändert sich der Gebietscharakter im Laufe der Zeit, so kann sich auch sein konkreter Inhalt ändern. Dann kann auch der jahrelang hinzunehmende Betrieb einer moralisch verschlissenen „Dreckschleuder" ortsunüblich werden.

Wesentliche Beeinträchtigungen, die **nicht ortsüblich** sind, sind unerlaubt und **können** vom beeinträchtigten Nachbarn prinzipiell ohne weiteres **verboten** werden. Stets als unzulässig kann auch die gezielte Zuführung von Emissionen, etwa durch ein Gebläse oder Leitungsrohr, auf ein benachbartes Grundstück untersagt werden (§ 906 III BGB).

Handelt es sich dagegen um ortsübliche, aber wesentliche Beeinträchtigungen, so wären sie dennoch nicht zu dulden, wenn sie durch zumutbare Maßnahmen verhindert bzw. auf ein erträgliches Maß reduziert werden könnten. In diesem Falle kann aber der gestörte Nachbar nicht die Beseitigung der Immissionen verlangen.

Ihm verbleibt lediglich ein Anspruch auf solche Abwehrmaßnahmen, welche dem Emittenten wirtschaftlich zuzumuten sind.

Wenn ein Bäcker in seiner Bäckerei eine Knetmaschine betreibt, welche den morgendlichen Schlaf der näheren Nachbarschaft stört, so handelt es sich hierbei zunächst um eine dem Charakter eines normalen Wohngebietes nach ortsübliche Nutzung. Sie ist jedoch insofern nicht hinzunehmen, als sie durch relativ einfach zu bewerkstelligende Schalldämmungsmaßnahmen im Werte von ca. 2.500,- DM wesentlich gemindert werden könnte. Diese Maßnahme ist durchaus wirtschaftlich zumutbar. Unmaßgeblich ist dabei, ob gerade dieser Bäcker diese Maßnahme finanzieren kann. Es kommt allein darauf an, ob sie von Bäckereien wie der von ihm betriebenen (**"Benutzern dieser Art"**, § 906 II) verlangt werden kann.

Lassen sich die Immissionen trotz solcher Maßnahmen nicht vermeiden, so müssen sie hingenommen werden. **Die Einstellung eines ortsüblichen Betriebes kann prinzipiell nicht verlangt werden.** Der gestörte Nachbar ist in diesem Falle lediglich auf einen angemessenen finanziellen Ausgleich der ihm erwachsenden Nachteile verwiesen. Der Ausgleichsanspruch gem. § 906 II 2 BGB, welcher auf dem Grundstückseigentum beruht, stellt jedoch keinen Schadensersatzanspruch dar, welcher auf Totalrestitution gem. §§ 249 ff. BGB, also die vollständige Wiederherstellung des Zustandes vor der Schadenszufügung, gerichtet ist. Durch ihn wird lediglich ein **gewisser Ausgleich** für die infolge der Duldungspflicht gegenüber nachbarlichen Emissionen geminderte Grundstücksnutzung gewährt, **welcher nicht die gesamte Beeinträchtigung, sondern lediglich das die Zumutbarkeitsschwelle überschreitende Maß abgilt.** Er steht in erster Linie dem Grundstückseigentümer, dem ihm gleichgestellten Inhaber dinglicher Rechte und den zur Abwehrklage gem. § 862 BGB befugten Besitzern (Mieter, Pächter) zu.

Verursachen **mehrere Störer** zusammen eine wesentliche Immission, (Fall der summierten Immission), so gilt - je nach Sachlage - folgendes:

a) Ist die Immission jedes einzelnen Störers **für sich allein wesentlich**, so haftet jeder Störer so lange, bis seine Immission unter die Wesentlichkeitsschwelle sinkt oder ortsübliches Ausmaß erreicht.

b) Ist die Immission jedes einzelnen Störers **für sich allein genommen unwesentlich,** erlangen aber die Immissionen aller Störer durch ihre Kumulation Wesentlichkeitscharakter, so kann jeder Störer als Gesamtschuldner wahlweise auf Unterlassung in Anspruch genommen werden, bis die Wesentlichkeitsgrenze unterschritten bzw. Ortsüblichkeit erreicht ist.

Für **Beeinträchtigungen durch hoheitliche Tätigkeit** (sog. **Immissionen von hoher Hand**) gilt zunächst, daß all das, was ein Nachbar bei einer Beeinträchtigung durch Private gem. 906 BGB entschädigungslos hinnehmen muß, er auch von hoher Hand entschädigungslos zu dulden hat.

Gängige Beispiele solcher Tätigkeit von hoher Hand sind u.a. der Betrieb einer gemeindlichen Kläranlage, einer Mülldeponie, eines Sportplatzes, einer Feuersirene, Kirchenglocken, einer gemeindlichen Operettenfreilichtbühne, der Betrieb eines Militär- oder Zivilflughafens durch dessen Start- und Landelärm oder Militärübungen.

Führen derartige Immissionen zu **wesentlichen**, die Grenze des Hinzunehmenden übersteigenden **Beeinträchtigungen** und **können sie nicht untersagt werden**, so steht dem beeinträchtigten Nachbarn ein im Verwaltungsrechtsweg geltendzumachender **eingeschränkter Abwehranspruch auf Schutzmaßnahmen** zu, soweit diese ohne unzumutbaren Aufwand und ohne wesentliche Beschränkung oder Änderung des Betriebs möglich sind.

Nicht untersagbare Einwirkungen sind solche, die z.B. auf Planfeststellungen, Widmungen oder militärischen Maßnahmen beruhen oder mit der Tätigkeit von Betrieben der Daseinsvorsorge (Mülldeponie, Kläranlagen) verbunden sind.

Sollten diese Schutzmaßnahmen einen unvertretbaren Aufwand erfordern oder mit einer wesentlichen Beschränkung oder Änderung des Betriebs verbunden sein, so ist der Abwehranspruch ausgeschlossen. An seine Stelle tritt ein öffentlich-rechtlicher Entschädigungsanspruch des beeinträchtigten Nachbarn aus enteignendem Eingriff in sein Eigentum.

Bei der Bestimmung der Zumutbarkeitsschwelle muß **die Vorbelastung** des beeinträchtigten Grundstücks berücksichtigt werden. Darunter sind die situationsgebundenen Einwirkungen zu verstehen, welchen das Grundstück seitens seiner Umgebung ohnehin schon ausgesetzt war und auch weiterhin sein wird. Diese Vorbelastung ist gleichfalls entschädigungslos hinzunehmen und erhöht damit die Zumutbarkeitsschwelle.

So ist z.B. im Falle des Ausbaus einer öffentlichen Straße, deren bisherige Immissionslast entschädigungslos hinzunehmen war, auch das sich nach dem Ausbau ergebende gesteigerte Verkehrsaufkommen wegen der faktischen Vorbelastung dann ebenfalls entschädigungslos zu dulden, wenn sich die neue Belastung gegenüber dem alten Stand **nicht wesentlich** erhöht hat. Anders wäre die Lage, wenn bereits die Vorbelastung die Grenze dessen überschritten hätte, was ein Nachbar entschädigungslos hinnehmen müßte. Denn dann wäre dieser berechtigt gewesen, für sie bereits Entschädigung zu fordern.

Neben dieser faktischen Vorbelastung ist auch die plangegebene Vorbelastung eines Grundstücks zu berücksichtigen. Die **plangegebene Vorbelastung** ist die **aufgrund einer verfestigten Planung zu erwartende Immissionsbelastung**. Sie ruht auf einem Grundstück aufgrund seiner situativen Gebundenheit und ist vom jeweiligen Eigentümer - unbeschadet des Erwerbszeitpunktes - hinzunehmen. Die plangegebene Vorbelastung wirkt sich rechtlich sowohl auf die Emissionsquelle als auch auf die von ihr beeinflußten Grundstücke aus.

Wird eine bereits vorhandene Straße aufgrund eines ergangenen Planfeststellungbeschlusses ausgebaut, so ist die von der ausgebauten Straße ausgehende Geräuschbelastung von den Anliegern als plangegebene Vorbelastung zu tolerieren. Wird andererseits ein noch nicht bebautes und erschlossenes Gelände in einem gem. § 30 BauGB erstellten Bebauungsplan als reines Wohngebiet ausgewiesen, so dürfen die Eigentümer der im Plangebiet gelegenen Grundstücke darauf vertrauen, daß ein zeitlich später liegendes emissionsgeneigtes Vorhaben die Nutzung ihrer Grundstücke in der durch den Bebauungsplan ausgewiesenen Weise berücksichtigt und nicht ohne entsprechende Vorkehrungen gegen die möglicherweise mit dem Projekt verbundenen Beeinträchtigungen realisiert wird.
Im Falle des Aufeinandertreffens kollidierender Pläne, etwa Bebauungspläne für Wohngebiete mit Straßenplanungen, kommt es darauf an, welche dieser Planung der jeweils anderen vorausging. D.h., ist durch die Errichtung eines Wohngebiets eine bebauungsrechtlich verfestigte Situation entstanden, so können die Grundstücke dieses Gebietes durch eine nachfolgende Straßenplanung nicht mehr als vorbelastet behandelt werden.

1.3.2.2   Die Haftung für schädliche Umwelteinwirkungen infolge unerlaubter Handlungen gem. § 823 BGB

Literaturhinweise: Bender, B.; Sparwasser, R.; Engel, R. (1995): Umweltrecht - Grundzüge des öffentlichen Umweltrechts. Heidelberg: C.F. Müller, S. 9 ff.; **Hoppe, W.; Beckmann, M.** (1989): Umweltrecht - Juristisches Kurzlehrbuch für Studium und Praxis. München: C.H. Beck, S. 260 ff.; **Kloepfer, M.** (1989): Umweltrecht. München: C.H. Beck, S. 231 ff.; **Prümm, H. P.** (1989): Umweltschutzrecht - Eine systematische Einführung. Frankfurt a.M.: Alfred Metzner, S. 373 ff.; **Ketteler, G.; Kippels, K.**(1988): Umweltrecht. Köln: W. Kohlhammer, S. 71 ff.; **Palandt** (1992): Bürgerliches Gesetzbuch - Kommentar. 52. Aufl. München: C.H.Beck, S. 908 ff.; **Raeschke - Kessler, H.; Hamm, R.; Grüter, K.** (1990): Aktuelle Rechtsfragen und Rechtsprechung zum Umwelthaftungsrecht der Unternehmen. Köln: Kommunikationsforum, S. 58 ff.

Die obenbeschriebene Haftung aus dem Nachbarrecht wird durch die Haftung aus unerlaubter Handlung (deliktische Haftung) gem. § 823 BGB ergänzt.

§ 823. (Schadensersatzpflicht) *(1) Wer vorsätzlich oder fahrlässig das Leben, den Körper, die Gesundheit, die Freiheit, das Eigentum oder ein sonstiges Recht* *eines anderen widerrechtlich verletzt, ist dem anderen zum Ersatze des daraus entstehenden Schadens verpflichtet.*

(2) Die gleiche Verpflichtung trifft denjenigen, welcher gegen ein den Schutz eines anderen bezweckendes Gesetz verstößt. Ist nach dem Inhalte des Gesetzes ein Verstoß gegen dieses auch ohne Verschulden möglich, so tritt die Ersatzpflicht nur im Falle des Verschuldens ein.

Während also die Regelung des § 906 BGB den Nachbarn nur in seiner Eigenschaft als Eigentümer, dinglich Berechtigten oder Mieter und im Falle der Grundstücksbezogenheit ihres Anspruchs schützt, tritt eine Haftung für auf dem Umweltpfad verursachte Schäden an Leben, Körper, Gesundheit oder an anderen gehörender Sachen die Haftung gem. § 823 I BGB ein. Zu beachten ist dabei, daß die Haftung aus § 823 I BGB nur für die Verletzung eines der dort aufgeführten Rechtsgüter eintritt. Eine Umweltbeeinträchtigung, welche keine individualrechtliche Rechtsposition verletzt, ist nicht ersatzfähig.

Zentraler Gesichtspunkt der Anwendung des § 823 I BGB auf Umweltschadensfälle ist die Frage der **Verkehrssicherungspflicht** bzw. ihrer Verletzung. Hier treten Schäden zumeist nicht als direkte Folge eines Tuns oder Unterlassens auf. Vielmehr führt das menschliche Handeln in den meisten Fällen erst über eine Verkettung ungünstiger Umstände zum Eintritt eines Umweltschadens. Die allgemeine Rechtspflicht, im Verkehr Rücksicht auf die Gefährdung anderer zu nehmen, beruht auf dem Gedanken, daß jeder, der eine Gefahrenquelle ins Dasein ruft, die notwendigen Vorkehrungen zum Schutze anderer zu treffen hat. Als solche kommen z.B. die in § 6 III UmweltHG erwähnten besonderen Betriebspflichten in Betracht, welche darauf gerichtet sind, die Wahrscheinlichkeit des Eintritts schädlicher Umwelteinwirkungen so weit als möglich geringzuhalten. Für das Gros der Gewerbebetriebe allerdings wird die Verkehrssicherungspflicht durch die für ihr Tätigkeitsgebiet relevanten Unfallverhütungsvorschriften konkretisiert.

Von besonderer Bedeutung für die Haftung für Umweltschadensfälle nach der Maßgabe des § 823 I BGB ist die Frage der Außerachtlassung des Standes von Wissenschaft und Technik. Hiernach liegt eine Verletzung der Verkehrssicherungspflicht regelmäßig dann vor, wenn der Sicherungspflichtige die nach dem Stand von Wissenschaft und Technik möglichen und notwendigen Sorgfaltsmaßnahmen nicht ergriffen hat. Ebenso ist sie in den Fällen ausgeschlossen, sofern dem Stand von Wissenschaft und Technik genügende Sicherheitsmaßregeln ergriffen worden sind. Als Maßstab kommen hierbei nur solche Regeln der Technik in Betracht, die der Sicherheit anderer dienen sollen.

Der sicherungspflichtige Betreiber von Anlagen muß die Wirksamkeit seiner Sicherheitsvorkehrungen ständig kontrollieren. Auch kann er sich im Falle eines eingetretenen Schadens nicht blindlings darauf berufen, behördliche Auflagen bzw. technische Sicherheitsvorschriften eingehalten zu haben, wenn es trotz der Einhaltung dieser Vorgaben Anhaltspunkte für schädliche Umwelteinwirkungen gibt. Insbesondere muß er durch eine entsprechende Arbeits- und Dienstorganisation sicherstellen, daß seine Mitarbeiter in den Stand versetzt werden, die dem Betrieb obliegenden Verkehrssicherungspflichten konkret tätigkeitsbezogen einzuhalten. Wichtig ist hier die Ausgabe konkreter, auf die jeweils ausgeübte Funktion bezogener Weisungen, möglichst schriftlicher, um dem Vorwurf des Organisations- und Aufsichtsverschuldens zu entgehen.

Die Verkehrssicherungspflicht ist auf Dritte übertragbar, jedoch wird der übertragende Betrieb dadurch nicht vollständig von ihr befreit. Bei dieser Gelegenheit treffen ihn vielmehr **Auswahl-, Kontroll- und Überwachungspflichten.** Der Umfang und der konkrete Inhalt dieser Pflichten richten sich dabei nach den Umständen des Einzelfalles, insbesondere nach dem Grad der abzuwendenden Gefahren.

So werden im Bereich der Abfallentsorgung von Unternehmen besonders strenge Anforderungen hinsichtlich der Übertragung von Verkehrssicherungspflichten gestellt, da das Gefahrenpotential für die Umwelt hier besonders groß ist. Gewiß sind im Falle der Kontrolle eines ausgewiesenermaßen fachkundigen Unternehmens keine überhöhten Sorgfaltsanforderungen an den Auftraggeber zu stellen. Dieser kann nicht verpflichtet werden, die Entsorgungstätigkeit seines Auftragnehmers auf Schritt und Tritt zu beobachten. Auch besondere Anweisungen betreffs der durchzuführenden Arbeiten dürften hier eher zur Ausnahme gehören. Wären jedoch im Falle einer fehlerhaften Entsorgung außergewöhnlich große Gefahren zu gewärtigen, so empfehlen sich Stichproben bezüglich eines ordnungsgemäßen Tätigkeitsablaufs, um Organisationsverschulden so weit als möglich auszuschließen.

Ist das beauftragte Unternehmen schon durch Fehlleistungen in Erscheinung getreten, so sind eine energischere Aufsicht und häufigere Kontrollen geboten. Besondere Gründe, die zu Zweifeln an der generellen Zuverlässigkeit des beauftragten Unternehmens Anlaß geben, machen Nachforschungen über dessen betriebliche Verhältnisse dringend erforderlich.

Wurde der Schaden durch eine von einer gewerblichen Zwecken dienenden Anlage ausgehenden umweltschädlichen Einwirkung hervorgerufen, so haftet der Betreiber außer im Falle der Verletzung ihm obliegender Verkehrssicherungspflichten dann, wenn er ein **Schutzgesetz** verletzt hat (§ 823 II BGB). Als Schutzgesetz kommt **jede materiellrechtliche Norm** in Betracht, die ihrem Inhalt nach u.a. gezielt einem individuellen Zweck dient und gegen eine im Gesetz näher beschriebene Art der Schädigung eines bestimmten Rechtsgutes oder individuellen Interesses gerichtet ist, also auch Rechtsverordnungen und ggf. auch behördliche Einzelfallregelungen i.V. mit der ihnen zugrundeliegenden Ermächtigungsnorm.

Schutzgesetze sind somit z.B. das BImSchG (§ 5 I 1), das ChemG (§ 1), das PflSchG (§ 1), das GenTG (§ 1) oder die Normen des Umweltstrafrechts.

Nicht hierunter fallen die TAen Luft oder Lärm, da sie lediglich Verwaltungsvorschriften sind und für sich allein genommen noch keine Haftung des Emittenten zu begründen vermögen. Normen, welche unmittelbar den Schutz eines anderen bezwecken, finden sich in der Mehrzahl der umweltrechtlichen Rechtsvorschriften, so auf dem Gebiet des Immissions- und Gewässerschutzes, des Gesundheitsschutzes oder des Lebensmittel- und Bedarfsgegenständerechts.

Der haftbare Schädiger ist gem. §§ 249 ff. BGB zum Ersatz des von ihm verursachten Schadens ohne Begrenzung auf eine gesetzlich von vornherein festgelegte Höhe verpflichtet (anders § 15 UmweltHG).

§ 249. (Art und Umfang des Schadensersatzes) *Wer zum Schadensersatz verpflichtet ist, hat den Zustand wiederherzustellen, der bestehen würde, wenn der zum Ersatz verpflichtende Umstand nicht eingetreten wäre. Ist wegen Verletzung einer Person oder wegen Beschädigung einer Sache Schadensersatz zu leisten, so kann der Gläubiger statt der Herstellung den dazu erforderlichen Geldbetrag verlangen.*

Dabei erfaßt der zu ersetzende Schaden auch den **entgangenen Gewinn**, als welcher derjenige gilt, „welcher nach dem gewöhnlichen Laufe der Dinge oder nach den besonderen Umständen, insbesondere nach den getroffenen Anstalten und Vorkehrungen, mit Wahrscheinlichkeit erwartet werden konnte" (§ 252 BGB). Wegen eines Schadens, der nicht Vermögensschaden ist, kann Entschädigung in Geld nur in den gesetzlich vorgesehenen Fällen gefordert werden (§ 253 BGB; Fall des immateriellen Schadens). Ein solcher besteht z.B. gem. § 53 III LuftVG.

Die Ansprüche des Geschädigten auf Ersatz eines ihm entstandenen Schadens können sich jedoch unter gewissen Bedingungen mindern. Dies geschieht vor allem dann, wenn bei der Entstehung des Schadens sein Verschulden mitgewirkt hat. In diesem Falle hängt die Verpflichtung zum Ersatze sowie der Umfang des zu leistenden Ersatzes von den Umständen, insbesondere davon ab, inwieweit der Schaden von dem einen oder anderen Teile verursacht worden ist (§ 254 I BGB). Dies gilt auch dann, wenn das Verschulden des Geschädigten sich darauf beschränkt, daß er es unterlassen hat, den Schuldner auf die Gefahr eines ungewöhnlich hohen Schadens aufmerksam zu machen, die der Schuldner weder kannte noch kennen mußte, oder daß er es unterlassen hat, den Schaden abzuwenden oder zu mindern (§ 254 II BGB). Die genannten Regelungen finden prinzipiell auf alle Arten von Schadensersatzansprüchen Anwendung, egal auf welchem Rechtsgrund sie beruhen mögen, also auch auf Schadensersatzansprüche aus Gefährdungshaftung.

1.3.2.3   Das Umwelthaftungsgesetz

Literaturhinweise : Bender, B.; Sparwasser, R.; Engel, R. (1995): Umweltrecht - Grundzüge des öffentlichen Umweltrechts. 3. Aufl., Heidelberg: C.F. Müller, S. 9 ff.; **Landsberg, G.; Lülling, W.** (1991): Umwelthaftungsrecht - Kommentar. Köln: Bundesanzeiger/Schäffer, S.23 ff.

Das UmweltHG[1] legt für bestimmte in seinem Anhang I genannte Anlagen eine **Gefährdungshaftung** fest. D.h., die Haftung tritt unabhängig vom Verschulden des Anlagenbetreibers dann ein, wenn **„durch eine Umwelteinwirkung, die von einer im Anhang 1 genannten Anlage ausgeht, jemand getötet, sein Körper oder seine Gesundheit verletzt oder eine Sache beschädigt (wird) ...".**
Dabei trägt die Aufzählung der Anlagen im Anhang 1 **ausschließlichen Charakter**. Verursacht eine dort **nicht** aufgeführte Anlage eine schädigende Umwelteinwirkung, so verbleibt dem Geschädigten nur eine Geltendmachung seiner Ersatzforderungen gem. § 823 BGB.
Gem. § 3 UmweltHG entsteht ein Schaden dann durch eine Umwelteinwirkung, **„wenn er durch Stoffe, Erschütterungen, Geräusche, Druck, Strahlen, Gase, Dämpfe, Wärme oder sonstige Erscheinungen verursacht wird, die sich in Boden, Luft oder Wasser ausgebreitet haben".**
Die Beweislast für die Verursachung bzw. Nichtverursachung des Schadens ist, ähnlich den Grundsätzen der Beweislastverteilung bei der Produzentenhaftung, zu Lasten des Anlagenbetreibers verschoben. Wenn die Anlage nach den Gegebenheiten des Einzelfalles geeignet ist, einen bestimmten Schaden zu verursachen, so wird auch vermutet, daß ein eingetretener Schaden durch diese Anlage verursacht worden ist. Die Eignung einer Anlage beurteilt sich im Einzelfall nach dem Betriebsablauf, den verwendeten Einrichtungen, der Art und der Konzentration der eingesetzten und freigesetzten Stoffe, den meteorologischen Gegebenheiten, nach Zeit und Ort des Schadenseintritts und nach dem Schadensbild sowie allen sonstigen Gegebenheiten, die im Einzelfall für oder gegen die Schadensverursachung sprechen (§ 6 I 2 UmweltHG).

Der Kläger, sobald er die Eignung der Anlage zur Schadensverursachung im Falle einer Betriebspflichtverletzung oder eines Störfalls belegt hat, ist nur noch für die Verletzungen seiner Rechtsgüter darlegungs- und beweispflichtig. Hat er das Vor-

---

[1] BGBl. 1990 Tl. I S.2634.

liegen eines Gesundheits- oder Vermögensschadens schlüssig dargetan, so liegt es beim Inhaber bzw. Betreiber der verdächtigen Anlage, sich zu entlasten.

Weist allerdings der Inhaber bzw. Betreiber der Anlage nach, daß er die Bedingungen des Normalbetriebs eingehalten hat, so ist dies ein zu seinen Gunsten sprechendes Indiz dafür, daß eine Schädigung Dritter unwahrscheinlich ist. In diesem Fall hätte dann der Geschädigte den Beweis zu führen, daß die Anlage dennoch den Schaden verursacht hat (§ 6 II UmweltHG).

Sind mehrere Anlagen geeignet, den Schaden zu verursachen, so gilt die Vermutung des § 6 I nicht, wenn ein anderer Umstand nach den Gegebenheiten des Einzelfalles geeignet ist, den Schaden zu verursachen (§7 I 1 UmweltHG). Unter derartigen „anderen Umständen" sind solche zu verstehen, die mit der fraglichen Anlage nichts zu tun haben, z.B. Anlagen, für die das UmweltHG nicht gilt, umweltschädliche Handlungen Dritter oder solche, die nach Lage der Dinge niemandem zuzurechnen sind (etwa herkunftsmäßig ungeklärte Schadstoffbelastungen der Luft). Fehlen hingegen solche anderen Umstände als geeignete Schadensursachen, so sind die Inhaber dieser Anlagenmehrheit gemeinsam von der Ursachenvermutung betroffen und haben gemeinsam, also gesamtschuldnerisch einzustehen. Damit soll vermieden werden, daß sich diese Betreiber bzw. Inhaber gegenüber den Geschädigten dadurch entlasten, indem sie sich die Verantwortung wechselseitig zuschieben. § 7 II UmweltHG regelt, analog zu Abs. I, den Fall, daß **nur eine** der im Anhang 1 zu § 1 UmweltHG genannten Anlagen geeignet ist, einen Schaden zu verursachen. Auch hier ist die Beweisvermutung für den Fall ausgeschlossen, wenn irgendein anderer Umstand gleichfalls als schadensverursachend in Betracht gezogen werden muß.

Um seinen Anspruch auf Schadensersatz feststellen zu können, hat der Geschädigte gem. § 8 UmweltHG gegenüber dem Inhaber bzw. Betreiber einer Anlage dann einen Anspruch auf Auskunft, wenn Tatsachen vorliegen, welche die Annahme begründen, daß die von ihm betriebene Anlage einen Schaden verursacht hat. Jedoch dürfen nur Angaben verlangt werden, die sich auf die verwendeten Einrichtungen, die Art und Konzentration der eingesetzten oder freigesetzten Stoffe und die sonst von der Anlage ausgehenden Wirkungen sowie die besonderen Betriebspflichten gem. § 6 III UmweltHG beziehen. In diesem Zusammenhang kann der Geschädigte vom Anlageninhaber die Gewährung von Einsicht in vorhandene Unterlagen verlangen, soweit die Annahme begründet ist, daß die Auskunft unvollständig, unrichtig oder nicht ausreichend ist oder die Auskunft nicht in angemessener Frist erteilt wird. Der Auskunftsanspruch besteht insoweit nicht, als Vorgänge aufgrund gesetzlicher Vorschriften geheimzuhalten sind oder ihre Geheimhaltung einem überwiegenden Interesse des Anlageninhabers entspricht. Ein analoger Anspruch des Geschädigten besteht gem. § 9 UmweltHG gegenüber den Behörden, welche die Anlage genehmigt haben, sie überwachen oder deren Aufgabe es ist, Einwirkungen auf die Umwelt zu überwachen. Und ähnlich wie im Falle des Anlagenbetreibers besteht die behördliche Auskunftspflicht insoweit nicht, als hierdurch die ordnungsgemäße Erfüllung der Aufgaben der Behörde beeinträchtigt würde, das Bekanntwerden des Inhalts der Auskunft dem Wohle des Bundes oder eines Landes Nachteile bereiten würde oder soweit die Vorgänge nach einem Gesetz oder ihrem Wesen nach, namentlich wegen der berechtigten Interessen der Beteiligten, geheimgehalten werden müssen.

Gem. § 15 UmweltHG haftet ein Schädiger für Tötung, Körper- und Gesundheitsverletzung insgesamt nur bis zu einem Höchstbetrag von 160 Mill. DM und für Sachbeschädigungen ebenfalls noch einmal mit 160 Mill. DM, soweit die Schäden **aus einer einheitlichen Umwelteinwirkung** entstanden sind. Übersteigen die wegen einer solchen mehreren Personen auszugleichenden Schäden die o.g. Höchstbeträge, so verringern sich die einzelnen Entschädigungen in dem Verhältnis, in dem ihr Gesamtbetrag zum Höchstbetrag steht.

Gem. § 19 UmweltHG sind Inhaber von im Anhang 2 UmweltHG genannten Anlagen verpflichtet, dafür zu sorgen, daß sie ihren gesetzlichen Verpflichtungen zum Ersatz von Schäden nachkommen können, welche dadurch entstehen, daß infolge von einer von der Anlage ausgehenden Umwelteinwirkung ein Mensch getötet, sein Körper oder seine Gesundheit verletzt oder eine Sache beschädigt wird. Diese Deckungsvorsorge kann gem. § 19 II UmweltHG durch eine Haftpflichtversicherung, eine Freistellungs- oder Gewährleistungsverpflichtung des Bundes oder eines Landes oder eines Kreditinstitutes, wobei letztere die einer Haftpflichtversicherung vergleichbaren Sicherheiten bieten muß, erbracht werden. Geht von einer nicht mehr betriebenen Anlage eine besondere Gefährlichkeit aus, so kann die hierfür zuständige Behörde anordnen, daß derjenige, der im Zeitpunkt der Einstellung des Betriebs Inhaber der Anlage war, für eine Dauer von max. 10 Jahren weiterhin eine entsprechende Deckungsvorsorge zu treffen hat.

1.3.2.4   Die Gefährdungshaftung gem. § 22 WHG

Literaturhinweise: Bender, B.; Sparwasser, R.; Engel, R. (1995): Umweltrecht - Grundzüge des öffentlichen Umweltrechts. Heidelberg: C.F. Müller, S. 9 ff.; **Hoppe, W.; Beckmann, M.** (1989): Umweltrecht - Juristisches Kurzlehrbuch für Studium und Praxis. München: C.H. Beck, S. 263 ff.; **Prümm, H. P.** (1989): Umweltschutzrecht - Eine systematische Einführung. Frankfurt a.M.: Alfred Metzner, S. 374 ff.

Diese Regelung enthält zwei Haftungstatbestände:

- **die Verhaltenshaftung (§ 22 I WHG)** und

- die Anlagenhaftung (§ 22 II WHG).

Verhaltenshaftung tritt für denjenigen ein, der „in ein Gewässer Stoffe einbringt oder einleitet oder (der) auf ein Gewässer derartig einwirkt, daß die physikalische, chemische oder biologische Beschaffenheit des Wassers verändert wird...", also den Gefährdungstatbestand durch ein aktives Handeln erfüllt.

Gelangen dagegen aus einer Anlage, welche dazu bestimmt ist, Stoffe herzustellen, zu verarbeiten, zu lagern, abzulagern, zu befördern oder wegzuleiten, die in ihr enthaltenen Stoffe in ein Gewässer, **ohne in dieses eingebracht oder eingeleitet zu sein,** so ist der Anlageninhaber zum Ersatz des einem anderen entstehenden Schadens verpflichtet. Es tritt also **Haftung für die Fehlfunktion der Anlage,** unbeschadet des gesetzestreuen eigenen Verhaltens des Anlageninhabers ein.

Der Anlagenbegriff des § 22 II WHG ist weit gefaßt. Ihm unterfallen nicht nur ortsfeste Anlagen wie Autoklaven, Tanks, Lagerräumlichkeiten etc., sondern auch bewegliche Gegenstände wie Fässer, Kesselfahrzeuge oder - wie in der Landwirtschaft - Misthaufen.

Bei beiden Formen handelt es sich um eine **verschuldensunabhängige Gefährdungshaftung,** d.h., die Frage vorsätzlicher oder fahrlässiger Einleitung oder Verursachung des Austritts von wassergefährdenden Stoffen aus einer Anlage ist für die Beantwortung der Frage nach der Schadensersatzpflicht des Anlageninhabers ohne Belang.

Die für beide Haftungstatbestände maßgebliche Voraussetzung ist die nachteilige bzw. nachteildrohende Veränderung der Wasserbeschaffenheit. Entsprechend dem Normenzweck des § 22 WHG, einen umfassenden Gewässerschutz zu gewährleisten, wird dieser Begriff äußerst weit gefaßt. Er bezieht sich auch nicht nur auf die Oberflächengewässer innerhalb des WHG-Geltungsbereichs, sondern auch auf das Grundwasser und ist gegeben bei jeder Verschlechterung der natürlichen Gewässereigenschaften im physikalischen, biologischen oder chemischen Sinne, welche über unbedeutende, vernachlässigbar kleine Beeinträchtigungen hinausgeht. Dabei spielt es bei der Würdigung der Tatumstände keine Rolle, ob das beeinträchtigte Gewässer bereits vorbelastet war oder nicht. Auch Beeinträchtigungen eines schon mit Abwässern belasteten Gewässers, denen bei einer längerfristigen durchschnittlichen Betrachtung kein eigenes Gewicht zukommt, können haftungsbegründend wirken.

Die Anlagenhaftung gem. § 22 II WHG entfällt nur dann, wenn der Schaden durch höhere Gewalt verursacht wurde (§ 22 II 2 WHG). Als solche gelten nur außergewöhnliche, betriebsfremde Ereignisse, welche durch Elementarkräfte oder Handlungen herbeigeführt wurden, welche nach normaler menschlicher Einsicht und

Erfahrung nicht vorhersehbar waren und auch mit einem wirtschaftlich vertretbaren Aufwand sowie unter Beobachtung der äußersten vernünftigerweise zu erwartenden Sorgfalt nicht vermieden werden konnten.

Die Haftung gem. § 22 WHG tritt bezüglich des gesamten durch die Gewässerbeeinträchtigung verursachten Schadens ein, also aller schadensbedingten Personen- und Sachkosten. Dazu gehören auch die Aufwendungen für Rettungs- und Bergungsarbeiten, Gewässeranalysen und Vorkehrungen zur Reinigung des beeinträchtigten Gewässers.

Haben mehrere Schädiger auf das beeinträchtigte Gewässer eingewirkt, so haften sie gesamtschuldnerisch, so daß der Geschädigte einen von ihnen auf den gesamten Schadensbetrag hin in Anspruch nehmen kann (§ 22 I 2, II 1 WHG). Diesem stehen dann gegenüber den übrigen Schädigern Ausgleichsansprüche zu. Dies gilt auch unabhängig davon, ob alle Beteiligten den gleichen Haftungstatbestand verwirklicht haben. Selbst dann, wenn es bei einer Gewässerbeeinträchtigung durch mehrere Verursacher unklar bleibt, wer den schadensstiftenden Tatbeitrag geleistet hat, geht dies nicht zu Lasten des Geschädigten. Hier reicht es zur Begründung der gesamtschuldnerischen Haftung hin, daß ein fraglicher Tatbeitrag für sich genommen oder im Zusammenwirken mit anderen Einwirkungen **prinzipiell geeignet** ist, den Schaden herbeizuführen. **Nicht geltend gemacht werden können** im Rahmen des § 22 WHG hingegen **Schmerzensgeldforderungen**.

1.3.3   Das Umweltstrafrecht

Literaturhinweise: Bender, B.; Sparwasser, R.; Engel, R. (1995): Umweltrecht - Grundzüge des öffentlichen Umweltrechts. Heidelberg: C.F. Müller, S. 9 ff.; **Hoppe, W.; Beckmann, M.** (1989): Umweltrecht - Juristisches Kurzlehrbuch für Studium und Praxis. München: C.H. Beck, S. 163 ff.; **Kloepfer, M.** (1989): Umweltrecht, München: C.H. Beck, S. 244 ff.; **Ketteler, G.; Kippels, K.** (1988): Umweltrecht. Köln: W. Kohlhammer, S. 76 ff.; **Meinberg,V./ Möhrenschlager, M./ Link, W.** (1989): Umweltstrafrecht. Düsseldorf: Werner, S. 15 ff.; **Michalke, R.** (1991): Umweltstrafsachen. Heidelberg: Müller, S. 5 ff.; **Lackner, K.** (1993): Strafgesetzbuch mit Erläuterungen. München: C.H.Beck, S. 1477 ff.; **Raeschke - Kessler, H.; Hamm, R.; Grüter, K.** (1990): Aktuelle Rechtsfragen und Rechtsprechung zum Umwelthaftungsrecht der Unternehmen. 3. Aufl., Köln: Kommunikationsforum, S. 252 ff.; **Prümm, H. P.** (1989): Umweltschutzrecht - Eine systematische Einführung. Frankfurt a.M.: Alfred Metzner, S. 351 ff.; **Roxin, C.; Arzt, G.; Tiedemann, K.** (1988): Einführung in das Strafrecht und Strafprozeßrecht. Heidelberg: Müller, S. 86 ff.

Das geltende Umweltstrafrecht beruht zu einem wesentlichen Teil auf dem 18. Strafrechtsänderungsgesetz vom 28.03.1980 und befindet sich seit dem

01.07.1980 in Kraft. Der nunmehrige 28. Abschnitt des StGB (§§ 324-330d „Straftaten gegen die Umwelt") umfaßt im wesentlichen die Tatbestände der Gewässerverunreinigung, der Bodenverunreinigung, der Luftverunreinigung, des Verursachens von Lärm, Erschütterungen und nichtionisierenden Strahlen, der umweltgefährdenden Abfallbeseitigung, des unerlaubten Anlagenbetriebs, des unerlaubten Umgangs mit radioaktiven Stoffen und anderen gefährlichen Stoffen und Gütern, der Gefährdung schutzbedürftiger Gebiete und der schweren Gefährdung durch Freisetzen von Giften.

Die im StGB enthaltenen Strafrechtsnormen bilden das sog. **Kernstrafrecht**, welchem alle strafbaren Verhaltensweisen zugerechnet werden, die aus sich selbst heraus Unrecht sind **(mala in se - verboten, weil an sich von Übel)**. Dagegen beziehen sich die Normen des **Nebenstrafrechts** auf solche Verhaltensweisen, deren sozialer Unwertcharakter nicht ohne weiteres offensichtlich ist, welche aber dennoch im Interesse der Rechtssicherheit und des Rechtsfriedens unter Strafe gestellt werden müssen. Erst das vom Gesetzgeber ausgesprochene Verbot des in diesen Normen beschriebenen Tuns oder Unterlassens begründet dessen Charakter als Straftat **(mala prohibita - von Übel, weil verboten)**. Im Falle der umweltgefährdenden Abfallbeseitigung (§ 326 StGB) oder der Bodenverunreinigung (§ 324a StGB) ist nach heutigen Maßstäben der den mit Strafe bedrohten Handlungen innewohnende Unwertcharakter zu offensichtlich, um noch Raum für diesbezügliche prinzipielle Erörterungen offenzulassen. Anders liegen die Dinge bei einer Norm wie § 21 UmweltHG, wonach mit Freiheits- und Geldstrafe bestraft wird, wer es vorsätzlich oder fahrlässig verabsäumt, für den Fall eines Umweltschadenseintritts durch eine von ihm betriebene Anlage Deckungsvorsorge gem. § 19 UmweltHG zu treffen. Aus diesem Unterlassen entsteht zunächst auf niemandes Seite ein Schaden oder Rechtsverlust, solange ein haftungsauslösender Umweltschaden infolge der zu versichernden Anlage nicht vorliegt, aus welchem Grunde eine Notwendigkeit für eine Strafandrohung nicht sofort ersichtlich ist. Dennoch würde durch ein solches verantwortungsloses Verhalten die Rechtssicherheit für potentielle Geschädigte insoweit in Frage gestellt, als sie sich im Falle einer nicht vorhandenen oder nicht ausreichenden Deckungsvorsorge seitens des Anlagenbetreibers nur an dessen Vermögen halten und bei zu geringer Masse desselben eine ausreichende Regulierung ihrer Schäden nicht oder nur unter Inkaufnahme langer Wartezeiten oder unverhältnismäßig großen Aufwandes erreichen könnten.

Welche Normen dem Kern- oder Nebenstrafrecht zuzuordnen sind, steht dabei nicht ein für allemal fest. Dies ist vielmehr der Entscheidung des Gesetzgebers anheimgestellt, welche dem im Laufe der sozialen Entwicklung sich ändernden Stellenwert eines bestimmten Handelns im Kontext des gesamtgesellschaftlichen Beziehungsgefüges folgen muß. In diesem Sinne gehörten die Normen des 28. Abschnitts des StGB mehrheitlich zum Nebenstrafrecht, bis sie durch die Übernahme durch das 80er Strafrechtsänderungsgesetz dem Kernbestand der Strafrechtsnormen angegliedert wurden.

Normen des Umweltnebenstrafrechts begegnet man z.B. in § 39 GenTG, §§ 27 - 27b ChemG, § 39 PflSchG, §§ 51 ff. LMBG, 30a BNatSchG oder § 13 StrVG.

§ 324 StGB ist auf den Schutz der Gewässer gegenüber Verunreinigungen und nachteiligen Veränderungen ihrer Eigenschaften (z.B. Erwärmung) jeder Art gerichtet. Es handelt sich hierbei um den mit Abstand weitesten Tatbestand des gesamten Umweltstrafrechts, da er durch jede Art von Verunreinigungshandlungen oder sonstige Veränderung der Gewässerbeschaffenheit, selbst eng begrenzter oder nur vorübergehender Art, erfüllt werden kann. Die unter Strafe gestellten Handlungen sind allerdings nur dann rechtswidrig, wenn sie „unbefugt", d.h. ohne eine verwaltungsrechtliche Gestattung in Gestalt der Erlaubnis oder Bewilligung geschehen. Wenn demnach die Gewässernutzung in Übereinstimmung mit der behördlichen Gestattung erfolgt, so stellt sie selbst bei einer massiven Verunreinigung oder Beschaffenheitsveränderung keine Straftat gem. § 324 StGB dar. In diesem Falle spricht man auch von der **Verwaltungsakzessorietät des Straftatbestandes** [*], welcher im Umweltrecht eine fundamentale Rolle spielt. **Zu beachten ist hierbei, daß ein unbefugtes Handeln in jedem Falle auch dann vorliegt, wenn der dasselbe gestattende Verwaltungsakt durch Drohung, Bestechung oder Kollusion erwirkt bzw. durch unrichtige oder unvollständige Angaben erschlichen wurde (§ 330d Ziff. 5 StGB).** Mit dieser Bindung der Strafbarkeit des Handelns an das Vorliegen bzw. Nichtvorliegen eines gestattenden Verwaltungsakts soll vermieden werden, daß der Bürger aufgrund der Strafbestimmungen für ein Handeln zur Verantwortung gezogen wird, welches ihm aus einer anderen Rechtsquelle gestattet ist. Der Rechtsgedanke der Verwaltungsakzessorietät geht davon aus, daß der Betrieb eines Stahlwerkes, eines Atomkraftwerkes oder einer Fernleitung für Flüssigtreibstoffe an sich keine strafbare Handlung darstellt. Andererseits aber existieren - jedenfalls jetzt und auch noch auf absehbare Zeit - keine derartigen Anlagen, deren Betriebsweise jede Umweltgefahr und erst recht jeden Eintritt eines Umweltschadens zuverlässig ausschlösse. Der Ausweg aus dem Dilemma, ein an und für sich gesellschaftlich erwünschtes Handeln, nämlich wirtschaftliche Tätigkeit, zu ermöglichen, andererseits aber auch einen effektiven Schutz der Umwelt, nötigenfalls mit strafrechtlichen Mitteln zu gewährleisten, besteht nun darin, der Strafverfolgung Behörden vorzuschalten, denen die Genehmigung und Beaufsichtigung solcher Aktivitäten mit Blickrichtung auf ihre umweltverträgliche Gestaltung obliegt. Nur dasjenige umweltbeeinträchtigende Handeln kann Gegenstand strafrechtlicher Verfolgung sein, welches entweder nicht durch einen entsprechenden Verwaltungsakt gestattet ist oder - im Falle des Vorliegens eines solchen - dessen Maßgaben überschreitet. Hiernach können aber auch nicht durch verwaltungsrechtliche Festlegungen gestattete Umweltbeeinträchtigungen von geringerer Intensität als die amtlich abgesegneten durchaus als Straftaten verfolgt werden - eine seltsam anmutende, aber durchaus notwendige Konsequenz der Verwaltungsakzessorietät.

---

[*] D.h., das Vorliegen oder Nichtvorliegen einer Straftat richtet sich danach, ob das fragliche Handeln durch eine behördliche Entscheidung, z.B. Genehmigung, Bewilligung oder Erlaubnis, gestattet ist oder nicht.

Zu beachten ist, daß § 324 StGB auch bereits verunreinigte oder in ihrer Zusammensetzung nachteilig veränderte Gewässer vor weiteren Beeinträchtigungen schützt. Der bereits bestehende Gewässerzustand wird keinesfalls strafmildernd berücksichtigt. Ausgeklammert vom Tatbestand bleiben lediglich unerhebliche Veränderungen. Dies gilt jedoch nicht, wenn der an sich geringfügige Beitrag im Zusammenwirken mit den Beiträgen anderer zu einer die Unerheblichkeitsschwelle überschreitenden Beeinträchtigung führt.

Wegen **Bodenverunreinigung** wird **gem. § 324a StGB** bestraft, wer unter Verletzung verwaltungsrechtlicher Pflichten Stoffe in den Boden einbringt, eindringen läßt oder freisetzt und diesen dadurch

1. in einer Weise, die geeignet ist, die Gesundheit eines anderen, Tiere, Pflanzen oder andere Sachen von bedeutendem Wert oder ein Gewässer zu schädigen oder

2. in bedeutendem Umfang

verunreinigt oder sonst nachteilig verändert.
Der tatsächliche Eintritt eines Schadens an den aufgeführten Schutzgütern ist nicht erforderlich; die Eignung der Verunreinigung zu dessen Herbeiführung ist zur Begründung strafrechtlicher Verantwortung des Täters ausreichend. Dies wird auch durch Ziff. 2 des § 324a I („in bedeutendem Umfang") bekräftigt. Die Verunreinigung einer großen Bodenfläche bzw. -masse ist auch dann strafbar, wenn kein Schaden eintritt. Ja, ein Schadenseintritt kann nach Lage der Dinge, insbesondere der Beschaffenheit des verunreinigenden Stoffes, sogar unwahrscheinlich bis ausgeschlossen sein - eine dem bisherigen Nutzungszweck des Bodens und seiner normalen natürlichen Funktion abträgliche Verunreinigung wirkt in jedem Falle strafbegründend (etwa bei Auslaufen und Einsickern flüssiger Klebemittel ins Erdreich, die dort sofort aushärten und infolgedessen keine Folgeschäden mehr verursachen).

Ebenfalls verwaltungsakzessorisch („Wer beim Betrieb einer Anlage ... unter Verletzung verwaltungsrechtlicher Pflichten Veränderungen der Luft verursacht, ...") ist der Tatbestand der **Luftverunreinigung (§ 325 I StGB)** gefaßt. Dieser Tatbestand kann nur bei Gelegenheit des Betriebs einer Anlage erfüllt werden; erfaßt werden hier also speziell Vorgänge in der gewerblichen Produktion. Dabei ist der Anlagenbegriff weit auszulegen: er erfaßt sämtliche Anlagen i.S. des § 3 V BImSchG ungeachtet ihrer Genehmigungsbedürftigkeit. Zu den Anlagen gehören auch Grundstücke, auf denen Stoffe gelagert oder emissionsgeneigte Arbeiten ausgeführt werden. Vom Anlagenbegriff ausgenommen sind gem. § 325 I 2 StGB ausdrücklich Kraftfahrzeuge, Wasser-, Luft- und Schienenfahrzeuge. Für sie gelten die einschlägigen Regeln des Verkehrsrechts, einschließlich derer für Gefahrguttransporte.

Die durch den Betrieb der Anlage verursachten Veränderungen der Luft müssen dabei keinen meßbaren Schaden verursachen; ihre diesbezügliche Eignung reicht zur Erfüllung des Straftatbestandes aus. Es handelt sich hier um ein Begehungsdelikt, d.h. die schlichte Verwirklichung des Tatbestandes, unabhängig vom Eintritt eines bestimmten darüber hiausreichenden Taterfolges begründet die strafrechtliche Verantwortlichkeit des Täters. Auch gem. § 325 II StGB tritt die Strafbarkeit schon beim Freisetzen von Schadstoffen in bedeutendem Umfang in die Luft außerhalb des Betriebsgeländes unter grober Verletzung verwaltungsrechtlicher Pflichten ein, ohne daß ein konkreter Schaden entstanden sein müßte. Strafrechtlich erheblich sind jedoch in jedem Falle nur solche Immissionen, deren schädigende Wirkungen **außerhalb** des zur Anlage gehörenden räumlichen Bereichs (Betriebsgelände) auftreten können. Die scheinbare Doppelung im Wortlaut der Abse. I und II des § 325 StGB erklärt sich mit deren unterschiedlichen Bezugsweisen: der Abs. I erfaßt vor allem diejenige Verletzung verwaltungsrechtlicher Pflichten, die sich aus einer vollziehbaren Untersagung eines Anlagenbetriebs oder dem Nichtvorliegen einer behördlichen Genehmigung ergeben, also beide Male Straftaten i.S. § 327 II StGB. Bei einer Zuwiderhandlung gegen eine vollziehbare Anordnung oder Auflage zum Schutz gegen schädliche Umwelteinwirkungen i.S. § 17 BImSchG muß dagegen **ein grob pflichtwidriger Verstoß** vorliegen. Pflichtwidrigkeiten geringerer Intensität sind allenfalls Gegenstand ordnungsrechtlicher Maßnahmen.

Das **unerlaubte Betreiben** von Anlagen gem. § 327 StGB wird weder mit dem Eintritt eines Umweltschadens noch mit der Gefahr eines solchen in Verbindung gebracht. Das schlichte Betreiben einer Anlage trotz Fehlens der erforderlichen behördlichen Genehmigung oder angesichts einer vorliegenden Untersagung begründet ohne weiteres strafrechtliche Verantwortlichkeit. Dies bezieht sich klar ersichtlich nur auf gem. BImSchG bzw. AtG genehmigungspflichtige Anlagen. § 325a I StGB stellt speziell die Verursachung von Lärm beim Betrieb einer Anlage unter Verletzung verwaltungsrechtlicher Pflichten dann unter Strafe, wenn dieser geeignet ist, außerhalb des zur Anlage gehörenden Bereichs die Gesundheit eines anderen zu schädigen. Weiter gefaßt ist dagegen der Schutzbereich des § 325a II StGB.

Das **Abfallstrafrecht** erfaßt - in Anlehnung an seine nebenstrafrechtlichen Vorgängervorschriften - drei typische Verhaltensweisen:

1. die **unbefugte Beseitigung gefährlicher Abfälle** gem. § 326 I StGB, also Gifte oder Erreger gemeingefährlicher Krankheiten enthaltende, explosionsgefährliche,

selbstentzündliche, schwach radioaktive oder sonst nach Art, Beschaffenheit oder Menge zur Verunreinigung oder nachteiligen Veränderung von Luft, Wasser oder Boden geeignete;

2. die **Verletzung der Ablieferungspflicht für radioaktive Abfälle** gem. § 326 II StGB;

3. das **unerlaubte Betreiben einer Abfallentsorgungsanlage** gem. § 326 III StGB.

Voraussetzung für die Anwendung von § 326 StGB ist, daß es sich bei der fraglichen Materie um **Abfall** i.S. § 3 I KrW-/AbfG handelt, also um **„alle beweglichen Sachen, die unter die in Anhang I aufgeführten Gruppen fallen und deren sich ihr Besitzer entledigt, entledigen will oder entledigen muß.“**
Dieser Bestimmung unterfallen folglich nicht die Behandlung und Lagerung von Wirtschaftsgütern, ungeachtet der hierbei möglichen oder tatsächlich entstehenden Gefahrenlagen und ihrer Intensität. Der strafrechtliche Abfallbegriff erfährt keine Einschränkung durch § 2 II KrW-/AbfG; d.h., als Abfälle zu beseitigende Gegenstände und Stoffe, welche dem Tierkörperbeseitigungsgesetz, dem Fleischhygiene- und dem Geflügelfleischhygienegesetz, dem Lebensmittel- und Bedarfsgegenständegesetz, dem Milch- und Margarinegesetz, dem Tierseuchengesetz, dem Pflanzenschutzgesetz etc. unterfallen, Stoffe, die in Gewässer oder Abwasseranlagen eingeleitet oder eingebracht werden, Kernbrennstoffe und sonstige radioaktive Stoffe i.S. AtG sind gleichfalls Abfälle im strafrechtlichen Sinne. Landwirtschaftliche Abprodukte, wie Gülle, Jauche oder Stallmist oder Schlamm aus Kläranlagen, unterfallen dem Abfallbegriff des § 326 StGB nur dann, wenn sie sich auch dem allgemeinen Abfallbegriff des § 3 I KrW/-AbfG zufolge als Abfall darstellen. Beim Aufbringen dieser Materien kommt daher § 326 StGB nur dann in Betracht, wenn es sich klar erkennbar **nicht** um Düngung handelt (unbeschadet dessen, daß eine Düngung durchaus die Maßgaben der guten fachlichen Praxis überschreiten kann), sondern ausschließlich um die Beseitigung dieser Stoffe.

D.w. erklärt § 326 StGB nicht jegliche rechtswidrige Abfallbeseitigung zu strafbarem Unrecht, sondern nur diejenige **besonders gefährlicher Abfälle.** Der strafrechtliche Begriff derselben ist dabei nicht identisch mit der durch die Verordnung zur Bestimmung von besonders überwachungsbedürftigen Abfällen vom 10.09.1996 in deren Anhang I getroffenen Aufstellung. Eine unerlaubte Beseitigung der dort genannten Abfälle wird zweifellos immer den Tatbestand des § 326 StGB erfüllen. Dies bedeutet indessen nicht in jedem Falle, daß keine Straftat i.S. § 326 StGB vorliegen kann, wenn es sich um die unerlaubte Beseitigung minder gefährlichen Abfalls handelt, etwa der Verordnung zur Bestimmung von überwachungsbedürftigen Abfällen zur Verwertung vom 10.09.1996 unterfallenden oder gar landläufigen Haushaltsabfalls. Den konkreten Tatumständen entsprechend kann hiernach auf einer Erddeponie abgelagerter Haushaltsmüll gefährlicher Abfall im strafrechtlichen Sinne sein, wenn mit einer dergestaltigen Beseitigung gravierend gegen die Grundsätze gemeinwohlverträglicher Abfallbeseitigung gem. § 10 KrW-/AbfG verstoßen wird.

Die Begehung einer Straftat nach § 326 StGB setzt des weiteren voraus, daß der fragliche Abfall

- außerhalb einer dafür zugelassenen Anlage oder

- unter wesentlicher Abweichung von einem vorgeschriebenen oder zugelassenen Verfahren oder

- sonst unbefugt

beseitigt wird. Das Vorliegen der hier aufgeführten Kriterien läßt sich abermals nicht allein nach den Maßgaben des KrW-/AbfG bzw. der hierzu ergangenen Verordnungen beantworten. Aussagen über zugelassene Anlagen bzw. Verfahren sind je nach den vom strafrechtlichen Abfallbegriff umschlossenen Abfallarten auch anderen Gesetzen zu entnehmen, so für die Beseitigung von Tierkadavern dem Tierkörperbeseitigungsgesetz oder für die Beseitigung radioaktiver Abfälle dem AtG.

Wegen umweltgefährdender Abfallbeseitigung nach § 326 StGB wird ebenfalls bestraft, wer Abfälle i.S. des Abs. I entgegen einem Verbot oder ohne die erforderliche Genehmigung in das, aus dem oder durch das Staatsgebiet der Bundesrepublik verbringt. Die diesbezüglichen Rechtmäßigkeitskriterien werden durch die Verordnung (EWG) Nr. 259/93 des Rates der Europäischen Gemeinschaft vom 01.02.1993 zur Überwachung und Kontrolle der Verbringung von Abfällen in der, in die und aus der Europäischen Gemeinschaft sowie das Basler Übereinkommen über die Kontrolle der grenzüberschreitenden Verbringung gefährlicher Abfälle und ihrer Entsorgung vom 22.03.1989 i.V.m. dem Ausführungsgesetz zu diesem Übereinkommen vom 30.09.1994 geregelt (§ 326 II).

Ebenfalls wird dergestalt bestraft, wer radioaktive Abfälle unter Verletzung verwaltungsrechtlicher Pflichten nicht abliefert (§ 326 III). § 326 VI StGB zufolge ist die Tat dann nicht strafbar, wenn wegen der geringen Menge des nach den sonstigen äußeren Handlungsmerkmalen rechtswidrig entsorgten Abfalls schädliche Einwirkungen auf die Umwelt offensichtlich ausgeschlossen sind (sog. Minima-Klausel).

Das durch das StGB normierte **Atomstrafrecht** umfaßt die Tatbestände des unerlaubten Betreibens kerntechnischer Anlagen (§ 326 I StGB) und des unerlaubten

Umgangs mit radioaktiven Stoffen (§ 328 StGB). Eine kerntechnische Anlage i.S. § 330d Ziff. 2 StGB liegt vor, wenn sie „zur Erzeugung oder zur Bearbeitung oder Verarbeitung oder zur Spaltung von Kernbrennstoffen oder zur Aufarbeitung bestrahlter Kernbrennstoffe" dient, und zwar sämtliche Anlagen des gesamten Brennstoffkreislaufs. Ausgenommen sind lediglich solche, die sich ihrer Beschaffenheit und Bestimmung nach außerhalb des funktionellen Zusammenhangs einer kerntechnischen Anlage bewegen, etwa Bürogebäude oder Versorgungseinrichtungen.

Das (illegale, weil nicht genehmigte oder gegen eine vollziehbare Untersagung verstoßende) **Betreiben einer kerntechnischen Anlage** beginnt mit dem Ingangsetzen ihrer Funktionen. Nicht hierunter fällt deren bloße Errichtung. Bei gestuften atomrechtlichen Genehmigungsverfahren ist der Tatbestand entsprechend dann erfüllt, wenn der aufgenommene Anlagenbetrieb die Stufe der jeweils vorliegenden Teilgenehmigung überschreitet oder wenn die Behörde den Dauerbetrieb unter der Bezeichnung „Teilgenehmigung" genehmigt und deshalb nicht die erforderliche Genehmigung vorliegt.

Veränderungen an kerntechnischen Anlagen sind nur dann strafrechtlich erheblich, wenn sie wesentlichen Charakter tragen, also nicht schon ein neuer Außenanstrich oder die Umgestaltung der äußeren Silhouette. Wesentliche Änderungen in diesem Sinne sind z.B. die Erhöhung der Reaktorleistung, Verzicht auf betriebliche Sicherheitsvorkehrungen oder die Ersetzung oder Ergänzung der mit dem Brennstoffkreislauf funktionell im Zusammenhang stehenden technischen oder baulichen Einrichtungen. Entsprechendes gilt für die Änderung einer Betriebsstätte, in welcher Kernbrennstoffe verwendet werden, sowie bei wesentlicher Änderung von deren Lage (§ 327 I Ziff.2).
Die Tatbestandsbeschreibung des § 328 I StGB (Unerlaubter Umgang mit radioaktiven Stoffen) unterscheidet zwischen Kernbrennstoffen und sonstigen radioaktiven Stoffen. Bei diesen handelt es sich um die von § 2 I Ziff.1,2 AtG erfaßten Substanzen (namentlich Pu 239 und 241, U 233), unbeschadet dessen, ob sie als Metall, Legierung oder chemische Verbindung vorliegen. Diese Aufzählung trägt keinen abschließenden Charakter; dem Gesetzgeber bleibt jederzeit ihre Ergänzung unbenommen.

Im Falle von **Kernbrennstoffen** ist der Tatbestand des unerlaubten Umgangs bereits mit der ohne Genehmigung oder entgegen einer vollziehbaren Untersagung erfolgenden Aufbewahrung, Beförderung, Bearbeitung, Verarbeitung oder sonstigen Verwendung, Einfuhr oder Ausfuhr erfüllt (§ 328 I Ziff. 1). Bei den „sonstigen radioaktiven Stoffen" gem. § 328 I Ziff. 2 StGB muß außerdem das Tatbestandsmerkmal grober Pflichtwidrigkeit hinzutreten, aus welcher heraus die Einholung einer Genehmigung unterlassen wurde. Des weiteren müssen die genannten Stoffe „nach Art, Beschaffenheit oder Menge geeignet (sein), durch ionisierende Strahlen den Tod oder eine schwere Gesundheitsschädigung eines anderen herbeizuführen". Gleichfalls strafbar ist der Verstoß gegen die sich aus dem AtG ergebende Pflicht (§ 5 AtG) zur unverzüglichen Ablieferung von Kernbrennstoffen oder die Abgabe oder Vermittlung derselben sowie sonstiger radioaktiver Stoffe gem. § 328 I Ziff. 2 an Unberechtigte (§ 328 II StGB).

Die beim Betrieb einer Anlage, insbesondere einer Betriebsstätte oder technischen Einrichtung erfolgende Lagerung, Bearbeitung, Verarbeitung oder sonstige Verwendung von nicht unter § 328 I Ziff. 2 fallenden radioaktiven Stoffen sowie **Gefahrstoffen i.S. des Chemikaliengesetzes** ist strafbar, wenn sie unter grober Verletzung verwaltungsrechtlicher Pflichten erfolgen und hierdurch „die Gesundheit eines anderen, ihm nicht gehörende Tiere oder fremde Sachen von bedeutendem Wert gefährdet" werden. Ebenfalls strafbar macht sich derjenige, der unter denselben Voraussetzungen „gefährliche Güter befördert, versendet, verpackt oder auspackt, verlädt oder entlädt, entgegennimmt oder anderen überläßt" (§ 328 III StGB).

Durch die umfangreiche Regelung des § 329 StGB (Gefährdung schutzbedürftiger Gebiete) werden geschützt:

- bestimmte durch Rechtsverordnungen der Landesregierungen gem. § 49 BImSchG geschützte Gebiete, die eines besonderen Schutzes vor schädlichen Umwelteinwirkungen durch Luftverunreinigungen oder Geräusche bedürfen oder in welchen während austauscharmer Wetterlagen ein starkes Anwachsen schädlicher Umwelteinwirkungen durch Luftverunreinigungen zu befürchten ist (§ 329 I StGB); bei diesen kann es sich um besonders anfällige Gebiete wie Naturparks, Hospitalviertel oder Kurorte (§ 49 I BImSchG) oder aber besonders stark vorbelastete Gebiete handeln, für welche die Landesregierungen durch Rechtsverordnungen gem. § 49 II BImSchG in Zeiten austauscharmer Wetterlagen Begrenzungen des Anlagenbetriebs oder der Verwendung von Brennstoffen festlegen dürfen (Smog-Gebiete). Diese Bestimmung gilt allerdings nicht für Kraftfahrzeuge, Schienen-, Luft- oder Wasserfahrzeuge;

- durch Rechtsvorschriften geschützte Wasser- oder Heilquellenschutzgebiete (§329 II StGB); verboten sind innerhalb dieser Gebiete hiernach drei Kategorien von Handlungen, nämlich

  - der Betrieb betrieblicher Anlagen zum Umgang mit wassergefährdenden Stoffen,

  - der Betrieb von Rohrleitungsanlagen zum Befördern wassergefährdender Stoffe oder die Beförderung solcher Stoffe,

- der Abbau von Kies, Sand oder Ton oder anderer fester Stoffe im Rahmen eines Gewerbebetriebes;

- Naturschutzgebiete, als Naturschutzgebiet einstweilig sichergestellte Flächen und Nationalparks (§ 329 III StGB).

Diese Bestimmung enthält einen umfangreichen Katalog in diesen Gebieten verbotener Handlungen wie die Errichtung von Gebäuden, Entwässerungs- und Rodungsarbeiten, Gewässeranlegung, -beseitigung oder -veränderung oder den Abbau von Bodenschätzen oder anderen Bodenbestandteilen. Unter Strafe gestellt sind diese Handlungen jedoch nur dann, wenn sie den jeweiligen Schutzzweck des Gebiets nicht unerheblich beeinträchtigen.

1. Das **Strafmaß** der Straftaten gem. §§ 324-329 StGB beläuft sich **im Höchstfalle auf 2-3 (bei fahrlässiger Begehung) bzw. (im Falle vorsätzlicher Begehung) 5 Jahre. In besonders schweren Fällen** gem. **§ 330 StGB** liegt sie **nicht unter 6 Monaten** und kann **im Höchstfall 10 Jahre** erreichen, wenn der Täter

1. leichtfertig den Tod oder eine schwere Gesundheitsschädigung eines Menschen verursacht hat;

2. die Gefahr des Todes oder einer schweren Gesundheitsschädigung eines Menschen oder die Gefahr einer Gesundheitsschädigung einer großen Zahl von Menschen verursacht;

3. ein Gewässer, den Boden oder ein Schutzgebiet im Sinne des § 329 III StGB derart beeinträchtigt, daß die Beeinträchtigung nicht, nur mit außerordentlichem Aufwand oder erst nach längerer Zeit beseitigt werden kann;

4. die öffentliche Wasserversorgung gefährdet;

5. einen Bestand von Tieren oder Pflanzen der vom Aussterben bedrohten Arten nachhaltig schädigt oder

6. aus Gewinnsucht handelt.

Ebenso massiv wird die **schwere Gefährdung durch Freisetzen von Giften gem. § 330a** geahndet. Weitere Vorschriften des Umweltstrafrechts außerhalb des Strafgesetzbuches sind u.a. enthalten im Chemikaliengesetz (§ 27), Bundesnaturschutzgesetz (§ 30a), Pflanzenschutzgesetz (§ 39) sowie im Gentechnikgesetz (§ 39).

Freiheitsstrafen werden im Bereich des Umweltstrafrechts relativ selten verhängt; im Jahre 1993 wurden lediglich 4,2% der Umweltstraftäter zu Freiheitsstrafen verurteilt (vgl. allgemeines Strafrecht: 20,2%). Von diesen werden nochmals 84,9 % zur Bewährung ausgesetzt (vgl. im allgemeinen Strafrecht: 67,2%, ebenf. nach Angaben des Jahres 1993). Hohe und vollstreckbare (d.h. nicht zur Bewährung ausgesetzte) Strafen haben dagegen schon ausgesprochenen Seltenheitswert. Als weitere Sanktionen kommen u.a. in Betracht:

a) Geldstrafen gem. § 40 StGB

Sie bilden bei der Ahndung von Umweltstraftaten die Regelstrafe. Im Jahre 1993 wurden 95,8% der Umweltstraftäter zu Geldstrafen, meistens bis zu 90 Tagessätzen, verurteilt, wobei die Höhe der zu entrichtenden Tagessätze sich v.a. zwischen 20.- und 50.- DM bewegte (vgl. allgemeines Strafrecht: 79,7% der Straftaten). Die Abschreckungswirkung der Geldstrafe dürfte relativ niedrig zu veranschlagen sein, da sowohl die relativ niedrige Tagessatzzahl als auch die Höhe der Tagessätze gutbetuchte und ökonomisch kalkulierende Täter wenig beeindrucken dürften, insbesondere dann nicht, wenn ihre Unternehmen diese Geldstrafen bezahlen bzw. erstatten.

b) Verfall gem. § 73 StGB

Mit der Maßnahme des Verfalls sollen dem Straftäter seine durch die Straftat erlangten Vermögensvorteile wieder entzogen werden. Der Vermögensvorteil wird anhand des Vergleichs der Vermögenssituation des Straftäters nach vollbrachter Straftat mit der (fiktiven) Situation ermittelt, welche ohne das begangene Delikt bestehen würde. Von der dem Verfall unterliegenden Summe können nicht die zur Erlangung des sträflichen Vermögensvorteils bzw. im Zusammenhang damit getätigten Aufwendungen abgezogen werden (also Kaufpreise, an dritte Tatbeteiligte gezahlte Vergütungen, Steuern).

Z.B. kann einem Unternehmer, welcher illegal auf kostengünstige Weise Sondermüll entsorgt, für dessen ordnungsgemäße Entsorgung er einen weitaus höheren Preis zu entrichten gehabt hätte, die daraus erwachsende Kostenersparnis entzogen werden, ohne daß er hier mit den Aufwendungen bezüglich der illegalen Entsorgung gegenrechnen könnte. Gem. § 73a können Betrieben, welche entgegen ihren verwaltungsrechtlichen Pflichten umweltschützende Investitionen nicht getätigt haben, die dadurch eingesparten Aufwendungen wertersatzweise abgeschöpft werden. Es handelt sich hierbei um eine „Bruttoeinziehung", also eine Sanktion mit genuinem Strafcharakter, welche sich gem 73 II StGB auf die aus dem erlangten Vorteil ergebenden Nutzungen erstreckt. Im Falle des nicht genehmigten Betreibens einer genehmigungspflichtigen Anlage nach gemSchG unterliegt der gesamte aus dieser Straftat gem. § 327 II erzielte Betriebsgewinn dem Verfall.

c) Einziehung gem. § 74 ff. StGB

Gem. § 74 ff. StGB können im Falle vorsätzlich begangener Straftaten Gegenstände, welche zu ihrer Vorbereitung oder Begehung verwandt worden bzw. hierzu bestimmt gewesen sind oder durch die Straftat hervorgebracht worden sind, eingezogen werden. Denkbar ist hier die Einziehung von Fahrzeugen aller Art, also von Schiffen, von deren Bord aus Gewässer verunreinigt worden sind, oder von Kraftfahrzeugen, mit denen Abfälle zu illegaler Beseitigung verbracht worden sind. Bei einer umweltgefährdenden Abfallbeseitigung gem. § 326 StGB kommt die Einziehung der hierzu als Tatwerkzeuge verwandten Grundstücke, etwa einer stillgelegten Kiesgrube oder einer für den betreffenden Abfall nicht zugelassenen Deponie, in Betracht.

Speziell bei Umweltstraftaten wird der Anwendungsbereich des § 74 StGB durch § 330c StGB erheblich erweitert. Dessen Satz 1 Ziff. 1 ermöglicht die Einziehung auch im Falle von bestimmten fahrlässig begangenen Straftaten (gem. §§ 326, 328 oder 329 StGB), und Ziff. 2 erstreckt die Einziehung auch auf Gegenstände, auf welche sich die Straftat bezieht (sog. Beziehungsgegenstände). Eingezogen werden können in diesem Zusammenhang gem. § 74a StGB auch Gegenstände täterfremden Eigentums dann, „wenn derjenige, dem sie zur Zeit der Entscheidung gehören oder zustehen,

1. wenigstens leichtfertig dazu beigetragen hat, daß die Sache oder das Recht Mittel oder Gegenstand der Tat oder ihrer Vorbereitung gewesen ist, oder

2. die Gegenstände in Kenntnis der Umstände, welche ihre Einziehung zugelassen hätten, in verwerflicher Weise erworben hat".

d) Berufsverbot gem. § 70 ff. StGB

Voraussetzung für die Verhängung des Berufsverbots als Maßregel der Sicherung und Besserung ist, daß der Täter für eine rechtswidrige Tat verurteilt wird, die er unter Mißbrauch seines Berufs oder Gewerbes oder unter grober Verletzung der mit ihnen verbundenen Pflichten begangen hat. Dem verurteilten Täter können die Ausübung des Berufs, die Tätigkeit im Berufszweig, Gewerbe oder Gewerbezweig für die Dauer von **einem bis zu fünf Jahren** verboten werden,

„wenn die Gesamtwürdigung des Täters und der Tat die Gefahr erkennen läßt, daß er bei weiterer Ausübung des Berufs, Berufszweiges, Gewerbes oder Gewerbezweiges erhebliche rechtswidrige Taten begehen wird".

Ist allerdings zu erwarten, daß die gesetzliche Höchstfrist zur Abwehr dieser Gefahr nicht ausreicht, kann das Berufsverbot **für immer** angeordnet werden. Verstöße gegen ein strafgerichtlich verhängtes Berufsverbot werden gem. § 145c StGB mit Freiheitsstrafe bis zu einem Jahr oder mit Geldstrafe bestraft.

e) Gewerbeuntersagung gem. § 35 Gewerbeordnung

Dem § 70 StGB im Bereich des Strafrechts entspricht die Sanktion der Gewerbeuntersagung auf verwaltungsrechtlicher Ebene. Sie findet statt, wenn der Behörde Tatsachen vorliegen, welche die Unzuverlässigkeit eines Gewerbetreibenden oder einer mit der Leitung seines Gewerbebetriebs beauftragten Person hinreichend belegen und die Untersagung des Gewerbes zum Schutz der Öffentlichkeit erforderlich ist. Als unzuverlässig im gewerberechtlichen Sinne ist anzusehen, wer in seiner Person keine Gewähr dafür bietet, daß er sein Gewerbe in Zukunft ordnungsgemäß ausüben wird. Nicht ordnungsgemäß ist die Gewerbeausübung durch eine Person, die entweder subjektiv nicht willens oder (etwa mangels hinreichender Qualifikation) nicht imstande ist, die durch das öffentliche Interesse gebotene ordnungsgemäße Führung des Gewerbes zu garantieren.
Zu bemerken ist in diesem Zusammenhang, daß nicht jeder Konflikt mit dem Gesetz notwendigerweise eine für ein bestimmtes Gewerbe erforderliche Zuverlässigkeit in Frage stellen muß. Der Abfallunternehmer, der wegen einer Umweltstraftat rechtskräftig verurteilt oder mehrmals mit empfindlichen Bußgeldern wegen anderweitig nicht ordnungsgemäßer Ausübung seines Gewerbes belegt worden ist, muß sich schon gravierende Zweifel an seiner Zuverlässigkeit gefallen lassen. Eine gegenüber einem anderen verübte und gerichtlich geahndete Beleidigung oder eine im hochgradigen Affekt begangene Körperverletzung dürfte hingegen für irgendwelche Zweifel an der Zuverlässigkeit keinen ausreichenden Stoff bieten, da sie mit dem fraglichen Gewerbe in keinerlei rechtserheblichen Zusammenhang zu bringen sind. Anders können die Dinge dagegen schon bei Eigentumsdelikten (Diebstahl, Betrug, Untreue, Unterschlagung), Urkundenfälschung, Konkursstraftaten oder schweren fahrlässig begangenen Verkehrsstraftaten liegen. Hier müssen die Kriterien der Zuverlässigkeit auch dann schon peinlich genau hinterfragt werden, wenn diese Straftaten je nach den konkreten Umständen ihrer Begehung keinen evidenten Bezug zu dem ausgeübten Gewerbe aufweisen. Denn ein Hang zum - namentlich kriminell erlangten - schnellen Geld kann sich als durchaus nachvollziehbare Motivationslage für eine Umweltstraftat erweisen, welche Zweifel an der Zuverlässigkeit der so charakterisierten Person durchaus angebracht erscheinen läßt.

Wenngleich nicht ausdrücklich durch § 35 GewO so geregelt, muß sich der Gewerbetreibende auch die Unzuverlässigkeit eines gem. § 45 GewO vertraglich von ihm bestellten Stellvertreters zurechnen lassen. Der Grund hierfür liegt auf der Hand: Wenn es § 45 GewO dem Gewerbetreibenden anheimstellt, seine Befugnisse durch Stellvertreter ausüben zu lassen, und verlangt, daß letzterer den für das

jeweilige Gewerbe normierten Anforderungen Genüge tut, so ist es durchaus folgerichtig, dessen Verfehlungen dem Gewerbetreibenden direkt anzulasten, ohne
dabei auf dessen gegebene oder nicht gegebene Zuverlässigkeit Bezug zu nehmen.

1.4   Das Umweltvölkerrecht

Literaturhinweise: Bender, B., Sparwasser, R., Engel, R. (1995): Umweltrecht -
Grundzüge des öffentlichen Umweltrechts. Heidelberg: C.F. Müller, S. 11 ff.; **Hoppe,
W., Beckmann, M.** (1989): Umweltrecht - Juristisches Kurzlehrbuch für Studium und
Praxis. München: C.H. Beck, S. 31 ff.; **Kloepfer, M.** (1989): Umweltrecht. München:
C.H. Beck, S. 286 ff.; **Prümm, H. P.** (1989): Umweltschutzrecht - Eine systematische
Einführung. Frankfurt a.M.: Alfred Metzner, S. 127 ff.; **Ketteler, G., Kippels, K.**
(1989): Umweltrecht. Köln: W. Kohlhammer, S. 49 ff.

Die Normen des Umweltvölkerrechts regeln diejenigen Beziehungen zwischen
Völkerrechtssubjekten (Staaten und internationalen Organisationen), welche durch
deren auf die natürliche Umwelt gerichtete Handlungen begründet und gestaltet
werden. Sie dienen auf diese Weise einerseits dem Ausgleich widerstreitender
staatlicher Interessen bei der Nutzung von Umweltressourcen und der Verteilung
der hieraus erwachsenden Belastungen in wirtschaftlicher und ökologischer Hinsicht. Andererseits artikuliert sich in ihnen das gemeinsame Interesse aller Mitglieder der internationalen Gemeinschaft an der Erhaltung einer den Bedürfnissen
des menschlichen Lebens und Wirtschaftens entsprechenden intakten Umwelt,
insbesondere ihrer wichtigsten Medien und der biologischen Artenvielfalt.

Rechtsquellen des Umweltvölkerrechts, d.h. Formen, in denen seine Rechtssätze
erscheinen, sind:

a) das Völkergewohnheitsrecht, welches infolge einer länger andauernden, von
einer Rechtsüberzeugung getragenen Handlungsweise der Staaten entsteht;

b) universelles, multi- oder bilaterales Völkervertragsrecht, welches durch schriftlich abgeschlossene Verträge zustande kommt, an denen zwei oder mehrere
Staaten beteiligt bzw. zur Mitgliedschaft berechtigt sind, wobei universelle Verträge allen Mitgliedern der internationalen Gemeinschaft zum Beitritt offenstehen;

c) die von den Kulturvölkern anerkannten allgemeinen Rechtsgrundsätze gem.
Art. 38 I lit. b des Statuts des Internationalen Gerichtshofes; zu diesen gehören
Rechtssätze wie derjenige der Vertragserfüllung nach Treu und Glauben, das Verbot des venire contra factum proprium, das Verhältnismäßigkeitsgebot oder solche, die sich auf die Anwendung von Rechtsnormen beziehen (das jüngere Recht
geht dem älteren, das spezielle dem allgemeinen vor).

Sofern es sich bei Normen der genannten Bereiche um **allgemeine Regeln des Völkerrechts** handelt, **sind** sie **Bestandteil des Bundesrechts** (Art. 25 Satz 1 GG). Dies bedeutet, daß sie gem. Art. 25 Satz 2 GG den geltenden Gesetzen vorgehen und unmittelbar, ohne jede weitere Entscheidung des Bundesgesetzgebers, für alle Einwohner und Staatsorgane des Bundesgebiets Rechte und Pflichten erzeugen. Demzufolge sind auch alle deutschen Behörden und Gerichte grundsätzlich verpflichtet, innerstaatliches Umweltrecht in einer Art und Weise auszulegen und anzuwenden, welche den Verhaltensanforderungen der allgemeinen Völkerrechtsregeln entspricht. Allgemeine Regeln des Völkerrechts i.S. Art. 25 GG sind diejenigen, welche von einer überwiegenden und repräsentativen Mehrheit der Staaten als verbindlich anerkannt werden (BVerfGE 15, 25, 35), zu welcher Mehrheit dabei nicht unbedingt die Bundesrepublik Deutschland gehören muß. Hingegen bedürfen Völkerrechtsnormen, welche nicht zum Kreis der allgemein anerkannten Rechtssätze gehören, prinzipiell der Umsetzung in innerstaatliches Recht (Transformation) in dem durch Art. 77 ff. GG festgelegten Rechtssetzungsverfahren. Erst dann vermögen sie wirksam Rechte und Pflichten für alle Staatsangehörigen zu erzeugen.

Zu den allgemeinen Völkerrechtsregeln gehören namentlich der Grundsatz der guten Nachbarschaft (Art. 74 UNO-Charta) oder der Grundsatz der beschränkten territorialen Souveränität und Integrität. Aus ihnen folgt die für das völkerrechtliche Nachbarschaftsrecht fundamentale Regel, welcher zufolge kein Staat innerhalb seines Hoheitsbereichs ohne besondere völkerrechtliche Rechtfertigung Handlungen selbst vornehmen, dulden, fördern oder förmlich billigen darf, welche darauf gerichtet oder dazu geeignet sind, auf dem Gebiet anderer Staaten sich zum Nachteil von deren oder deren Angehöriger Rechte in ortsunüblicher Weise schadensstiftend auszuwirken.

Dieser Grundsatz lag u.a. der bekannten schiedsgerichtlichen Entscheidung im Trail-Smelter-Fall (1938/41) zugrunde. Eine in der kanadischen Stadt Trail gelegene Blei- und Zinkschmelze hatte durch ihren die Grenze zu den USA überschreitenden Schadstoffausstoß über Jahre hinweg der Land- und Forstwirtschaft im US-Bundesstaat Washington massive Schäden zugefügt. Das erkennende Schiedsgericht leitete aus der von allen Staaten als bindend anerkannten Pflicht zu gutnachbarlichem Verhalten gegeneinander die Verpflichtung der kanadischen Seite ab, den Zustrom toxischer Abgase auf das Gebiet der USA zu unterbinden sowie - ohne Rücksicht auf irgendein Verschulden - für die verursachten Schäden, einschließlich der Folgeschäden, gebührend Ersatz zu leisten.[1]

Im Lac Lanoux-Fall bejahte das von den Streitparteien Frankreich und Spanien angerufene Schiedsgericht im Jahre 1957 eine Verletzung der Rechte Spaniens, falls durch Ableitungen im Carol-Fluß französischerseits eine beachtliche Verschmutzung von dessen Wasser verursacht werde oder eingeleitetes Wasser seiner chemischen Zusammenset-

---

[1] RIAA Bd. 3, S.1905 ff.

zung, Temperatur oder anderen Werten nach geeignet sei, spanische Interessen zu beeinträchtigen.[1a]

Auf der Stockholmer Umweltkonferenz der Vereinten Nationen im Jahre 1972 wurde die Trail-Smelter-Regel durch den Grundsatz 21 der dort verabschiedeten Abschlußdeklaration als sog. Stockholmer Grundregel bekräftigt und ausdrücklich das Recht der Staaten und Völker auf freie Verfügung über die nationalen Naturreichtümer und Ressourcen an deren Pflicht zu gutnachbarlichem Verhalten gebunden :

Die Staaten haben nach Maßgabe der Charta der Vereinten Nationen und der Grundsätze des Völkerrechts das souveräne Recht zur Ausbeutung ihrer eigenen Hilfsquellen nach Maßgabe ihrer eigenen Umweltpolitik sowie die Pflicht, dafür zu sorgen, daß durch Tätigkeiten innerhalb ihres Hoheits- und Kontrollbereichs der Umwelt in anderen Staaten oder in Gebieten außerhalb ihres nationalen Hoheitsbereichs kein Schaden zugefügt wird.

Im Bereich des **Völkervertragsrechts** sind es vor allem multilaterale bzw. universelle Regelwerke (Übereinkommen), welchen ein großer Anteil an der Herausbildung des umweltvölkerrechtlichen Normengefüges zukommt. Zu nennen sind hier zunächst für den Bereich der Luftreinhaltung das im Rahmen der ECE zustandegekommene **Genfer Übereinkommen über weiträumige grenzüberschreitende Luftverunreinigungen vom 13.11. 1979**[1b] und das am **08.07.1985** unterzeichnete **Helsinki-Protokoll über die Verringerung von Schwefeldioxidemissionen bzw. ihres grenzüberschreitenden Flusses um mindestens 30%**[2].

Dem **Sofioter Protokoll vom 31.10.1988** zufolge erklärten 25 ECE-Mitgliedstaaten, ihren Ausstoß von Stickoxiden auf dem Stand von 1987 einzufrieren. Darüber hinaus erklärten sich die Bundesrepublik Deutschland und 11 weitere Staaten bereit, ihre eigenen jährlichen Stickoxide-Emissionen bis 1998 um 30% zu reduzieren.

Das **Wiener Übereinkommen zum Schutz der Ozonschicht vom 22.03.1985**[3], das **Montrealer Protokoll vom 16.09.1987**[4], die **Londoner Beschlüsse vom 29.06.1990** und die **Kopenhagener Beschlüsse vom 25.11.1992** begrenzen die Herstellung und den Verbrauch des „Ozonkillers" FCKW von 1994 an auf ein Viertel der Menge von 1986 und untersagen sie ab 1996 gänzlich. Hiernach wird

---

[1a] RIAA Bd. 12, S.281 ff.
[1b] BGBl. Tl. II, S. 374.
[2] BGBl. 1985, Tl. II, S. 1116.
[3] BGBL. 1988, Tl. II, S. 901.
[4] BGBl. 1989, Tl. II, S. 622.

auch für Halone ein vollständiges Produktions- und Verbrauchsverbot ab dem Jahre 1994 festgelegt.

Ebenso existieren zahlreiche internationale Übereinkommen zum Schutze der Meere und ihrer lebenden Ressourcen. Neben der **UN-Seerechtskonvention** vom 10.12.1982 sind hier zu nennen:

- die Konvention über die Verhütung der Meeresverschmutzung durch das Einbringen von Abfällen und anderen Stoffen (Londoner Übereinkommen) vom 29.12.1972[5];

- die Konvention zur Verhütung der Meeresverschmutzung durch Schiffe vom 02.11.1973 mit Protokoll vom 17.02.1978[6];

- das Übereinkommen von Barcelona zum Schutz des Mittelmeeres vor Verschmutzung vom 16.12.1977;

- die Helsinki-Konvention über den Schutz der Meeresumwelt des Ostseegebietes vom 22.03.1974, welche am 09.04.1994 eine umfassende Novellierung erfahren hat[7];

- die Konvention über die Erhaltung der lebenden Ressourcen des Südostatlantik vom 23.10.1969;

- die Konvention über die Fischerei im Nordatlantik vom 24.01.1959.

Am 18.03.1992 unterzeichneten 22 Staaten und die EG das **Übereinkommen zum Schutz und zur Nutzung grenzüberschreitender Wasserläufe und internationaler Seen**, welches auf Beschlüsse des KSZE-Umwelttreffens vom November 1989 in Sofia zurückgeht. Durch dieses Vertragswerk wurden erstmals in Europa konkrete Regelungen für einen modernen Gewässerschutz formuliert. Seine Zielsetzung beschränkt sich hierbei nicht auf den Schutz grenzüberschreitender Flüsse und Seen, sondern erfaßt den Schutz des gesamten grenzüberschreitenden Wassersystems, einschließlich des Grundwassers.

Mit der Schiffahrt auf Rhein und Bodensee und dem Schutz dieser Gewässer vor Verunreinigung befassen sich allein neun Verträge, beginnend mit der Rhein-

---

[5] BGBl. 1977 Tl. II S.165.
[6] BGBl. 1982 Tl. II S.2.
[7] BGBl. 1979 Tl. II S.1229.

schiffahrtsakte von 1868 und endend mit dem Bonner Übereinkommen zum Schutze des Rheins gegen chemische Verschmutzung vom 03.12.1976[8].

Die am 08.10.1990 zwischen der Bundesrepublik Deutschland, der damaligen CSR und der EG abgeschlossene Konvention zum Schutze der Elbe folgt dem Vorbild der seit 1950 bestehenden Konvention zum Schutze des Rheins und ist auf die Herstellung eines möglichst naturnahen Ökosystems mit einer ausgewogenen Artenvielfalt sowie die Minimierung der ökologischen Belastung der Nordsee gerichtet[9]. Ein seit dem 19.05.1992 bestehender deutsch-polnischer Vertrag regelt die Zusammenarbeit beider Staaten beim Schutz aller Gewässer innerhalb ihres beiderseitigen Grenzbereichs.

Einen wenigstens im Hinblick auf die Rechtsentwicklung begrüßenswerten Aufschwung hat innerhalb des letzten Vierteljahrhunderts auch der internationale Natur-, speziell Artenschutz, genommen. So strebt das Übereinkommen vom 03.03.1973 über den internationalen Handel mit gefährdeten Arten freilebender Tiere und Pflanzen (Washingtoner Artenschutzübereinkommen)[10] die Einschränkung des internationalen Handels mit derartigen Spezies als eine der Hauptursachen der Gefährdung ihrer Bestände an. Es wurde am 22.05.1975 durch die Bundesrepublik Deutschland als dem ersten EG-Staat per Zustimmungsgesetz ratifiziert. Entsprechend ihrer Schutzbedürftigkeit sind die durch das Abkommen geschützten Tiere und Pflanzen in drei Anhängen aufgeführt; davon umfaßt

- Anhang I die akut vom Aussterben bedrohten Arten (etwa alle Arten von Meeresschildkröten), welche einem Handelsverbot für kommerzielle Zwecke unterliegen;

- Anhang II die gefährdeten, jedoch eine kontrollierte wirtschaftliche Nutzung zulassenden Arten (z.B. Graupapageien oder Kolibris) und

- Anhang III die von den Vertragsstaaten für ihr jeweiliges Staatsgebiet für gefährdet erklärten Arten.

Folgekonferenzen zum Washingtoner Artenschutzübereinkommen finden alle zwei Jahre statt. Hier werden durch Resolutionen Änderungen bzw. Ergänzungen zu den Anhängen des Abkommens beschlossen.

Das als „**Ramsar-Konvention**" bekannte Abkommen über Feuchtgebiete, welche insbesondere als Lebensräume für Wasser- und Wattvögel von großer internatio-

---

[8] BGBl. 1976 Tl. I S.1053.
[9] BGBl. 1992 Tl. II S. 942 u. 1993 Tl. II S.827.
[10] BGBl. 1975 Tl. II S. 777.

naler Bedeutung sind, wurde am 02.02.1971 unterzeichnet und trat für die Bundesrepublik am 25.06.1976 in Kraft[11]. Die Konvention, welcher mittlerweile ca. 50 Staaten angehören, will erreichen, daß eine möglichst große Anzahl ökologisch wichtiger Feuchtgebiete von internationaler Bedeutung unter besonderen Schutz gestellt wird, da derartige Biotope wegen der vielen Wasserlaufregulierungen und Urbarmachungen zu den am stärksten gefährdeten Naturflächen gehören. Bis 1989 hat die Bundesrepublik Deutschland 18 Feuchtgebiete als schutzwürdig benannt.

Das **Übereinkommen über die Erhaltung der europäischen wildlebenden Pflanzen und Tiere und ihrer natürlichen Lebensräume vom 19.09.1979** („Berner Konvention")[12] soll die internationale Zusammenarbeit zum Schutz der wildlebenden Flora und Fauna im europäischen Raum fördern. Ihm gehören außer der EG noch 19 Staaten an.

Die Erhaltung der wandernden wildlebenden Tierarten strebt die „Bonner Konvention" **(Übereinkommen zur Erhaltung der wandernden wildlebenden Tierarten vom 23.06.1979)**[13] an. Dem 1983 in Kraft getretenen Abkommen, welches eine umfassende Regelung zur Erhaltung, Hege und Nutzung grundsätzlich aller wandernden Arten enthält, gehören bis heute 37 Staaten und die EG an.

Bis heute noch nicht in Kraft getreten ist die **Konvention von Rio de Janeiro zum Schutze der Artenvielfalt vom 13.06.1992**. U.a. haben sich die USA an dieser Konvention nicht beteiligt. Sie verfolgt das Ziel, die Vielfalt der Tier- und Pflanzenarten und ihrer Lebensräume weltweit zu erhalten. Ein wirtschafts- und entwicklungspolitisch wichtiger Aspekt besteht in der Regelung der Teilung jener Erträge, welche aus der ökonomischen Nutzung genetischer Ressourcen der Vertragsstaaten erwachsen.

Wegen seiner Querschnittsrelevanz für den Umweltbereich nicht unerwähnt bleiben darf auch das als **Basler Übereinkommen** bekannte Vertragswerk über die Kontrolle der grenzüberschreitenden Verbringung gefährlicher Abfälle und ihrer Entsorgung vom 22.03.1989. Sein Ziel besteht darin, einen schrankenlosen, Umwelt und menschliche Gesundheit gefährdenden internationalen „Mülltourismus" zu verhindern und die Entsorgung gefährlicher Abfälle prinzipiell durch den Erzeuger an Ort und Stelle zu erreichen.

Die mit der Nutzung der Kernenergie verbundenen Gefahren haben bereits relativ früh zu einer intensiven internationalen Zusammenarbeit und diesbezüglichen völkerrechtlichen Regelungen geführt. Bereits am 26.10.1956 wurde die Interna-

---

[11] BGBl. 1976 Tl. II S.1265.
[12] BGBl. 1984 Tl. II S.618.
[13] BGBl. 1984 Tl. II S.569.

tionale Atomenergie-Organisation gegründet[14]. Am 29.07.1960 folgte das **Pariser Übereinkommen über die Haftung gegenüber Dritten auf dem Gebiet der Kernenergie**[15]. Der Super-GAU von Tschernobyl im Jahre 1986 gab dem internationalen Normbildungsprozeß auf diesem sensitiven Gebiet einen entschiedenen Anstoß: ein halbes Jahr nach diesem tragischen Ereignis wurden im Rahmen der IAEO das **Übereinkommen über die frühzeitige Benachrichtigung bei nuklearen Unfällen** und das **Übereinkommen über Hilfeleistung bei nuklearen Unfällen oder radiologischen Notfällen**[16] am 26.09.1986 in Wien unterzeichnet.

Der Vermeidung solcher Katastrophen dient auch ein so bedeutendes multilaterales Vertragswerk wie die **Nukleare Sicherheitskonvention zur Festlegung völkerrechtlicher Standards für zivile Kernreaktoren** vom 20.09.1994. Schließlich seien an dieser Stelle auch jene Verträge nicht vergessen, welche die Aktivitäten der Staaten und ihrer Angehörigen in souveränitätsfreien Räumen wie der Antarktis **(Antarktisvertrag vom 01.12.1959)** oder dem Weltraum **(Weltraumvertrag vom 19.12.1967; Mondvertrag vom 18.12.1979; Weltraumhaftungskonvention von 1972)** regeln. Ebenso darf das Gewicht der internationalen Vereinbarungen zu Rüstungsbegrenzung und Abrüstung nicht unterschätzt werden, da sie sowohl die Möglichkeiten des Ausbruchs internationaler Konflikte als auch die Varianten damit zwangsläufig verbundener schwerwiegender Einwirkungen auf die Umwelt reduziert haben. Beispielhaft seien hier genannt:

- der Vertrag über das Verbot der Nuklearwaffenversuche in der Atmosphäre, im Weltraum und unter Wasser vom 05.08.1963 **(Kernwaffenteststopvertrag)**;

- der Vertrag über die Nichtweiterverbreitung von Kernwaffen vom 01.07.1968 **(Kernwaffensperrvertrag)**;

- der Vertrag über das Verbot der Stationierung von Kernwaffen und anderen Massenvernichtungswaffen auf dem Meeresgrund und Ozeanboden und in deren Untergrund vom 11.02.1971;

- die Konvention über das Verbot der Entwicklung, Herstellung und Lagerung von bakteriologischen (biologischen) und Toxinwaffen und über ihre Vernichtung vom 10.04.1972;

- die Konvention über das Verbot militärischer oder sonstiger feindseliger Anwendung von Mitteln zur Einwirkung auf die Umwelt vom 18.05.1977.

---

[14] Satzung in BGBl. 1957 Tl. II S.1357.
[15] BGBl. 1885 Tl. II S.963.
[16] BGBl. 1989 Tl. II S.434.

Trotz des beachtlichen Normenfundus bleibt auf dem Gebiet des Umweltvölkerrechts der Löwenanteil der Arbeit noch zu leisten. Dies betrifft nicht nur die effektive Durchsetzung der existierenden, sondern auch die Schaffung neuer Normen, etwa in bezug auf die weltweite Senkung des Kohlendioxidausstoßes. Das Regelungsdefizit wird zunehmend spürbar; allein die seit der UN-Konferenz für Umwelt und Entwicklung in Rio de Janeiro im Jahre 1992 geführten Diskussionen bewegen sich bis heute wesentlich im Bereich des Akademischen. Bindende Beschlüsse zur Reduzierung des Ausstoßes industrieller Abgase scheitern bis heute immer wieder an den widerstreitenden Interessen industrialisierter Länder und Entwicklungsländer.

1.5   Das Umweltrecht der Europäischen Union

Literaturhinweise: Bender, B., Sparwasser, R., Engel, R. (1995): Umweltrecht-Grundzüge des öffentlichen Umweltrechts. Heidelberg: C.F. Müller, S. 13 ff.; **Hoppe, W., Beckmann, M.** (1989): Umweltrecht - Juristisches Kurzlehrbuch für Studium und Praxis. München: C.H. Beck, S. 32 ff.; **Kloepfer, M.** (1989): Umweltrecht. München: C.H. Beck, S. 297 ff.; **Prümm, H. P.** (1989): Umweltschutzrecht - Eine systematische Einführung. Frankfurt a.M.: Alfred Metzner, S. 132 ff.; **Ketteler, G., Kippels, K.** (1988): Umweltrecht. Köln: W. Kohlhammer, S. 42 ff.; **Schweitzer, M., Hummer, W.** (1993): Europarecht. Neuwied: Alfred Metzner/Luchterhand, S. 21 ff., S. 382 ff.; **Geiger, R.** (1993): EG-Vertrag - Kommentar zu dem Vertrag zur Gründung der Europäischen Gemeinschaft. München: C.H.Beck, S.462 ff.

Wenngleich die Gründungsverträge der Europäischen Gemeinschaft **(Vertrag über die Gründung der Europäischen Gemeinschaft für Kohle und Stahl vom 18.04.1951**[1]**; Vertrag zur Gründung der Europäischen Wirtschaftsgemeinschaft vom 25.03.1957**[2] sowie der **Vertrag zur Gründung der Europäischen Atomgemeinschaft** gleichen Datums[3]) ursprünglich keine umfassende Gemeinschaftszuständigkeit für Umweltfragen vorsahen, ist das Europäische Umweltrecht im Verlaufe der letzten 25 Jahre zu einem beachtlichen Umfang gediehen. Seit 1973 hat die EG-Kommission 5 EG-Umweltschutzprogramme auf den Weg gebracht. Im Jahre 1990 wurde die Europäische Umweltagentur als zentrale europäische Institution geschaffen, deren Aufgabe darin besteht, mit Hilfe ihrer in den Mitgliedstaaten errichteten Meßstellen Daten über den Zustand der Umwelt zu sammeln, zu sichten und zu analysieren.

Die Europäische Union in ihrer heutigen Gestalt ist eine supranationale zwischenstaatliche Organisation, d.h. befugt, im Rahmen der ihr durch völkerrechtli-

---

[1] BGBl. 1952 II S.477.
[2] BGBl. 1957 II S.766.
[3] BGBl. 1957 II S. 1014.

che Vereinbarung zwischen ihren Mitgliedstaaten zugewiesenen Befugnisse hoheitliche Gewalt in deren klassischen Erscheinungsformen auszuüben: Gesetzgebung, Verwaltung und Rechtsprechung. Diese Befugnisse sind im sog. **primären Gemeinschaftsrecht der EU** als deren Quasi-Verfassungsrecht festgelegt. Hierzu gehören die obenerwähnten Gründungsverträge der drei Europäischen Gemeinschaften, aber auch weitere Vertragswerke, so das Protokoll über die Satzung des Gerichtshofes der Europäischen Wirtschaftsgemeinschaft vom 17.04.1957[4] oder der Vertrag über den Beitritt des Königreiches Dänemark, Irlands und des Vereinigten Königreiches von Großbritannien und Nordirland zur Europäischen Wirtschaftsgemeinschaft und zur Europäischen Atomgemeinschaft vom 22.01.1972, einschließlich der Akte über die Beitrittsbedingungen und die Anpassungen der Verträge.

Mit der Aufnahme des Titels VII „Umwelt" (Art. 130r-130t) in den EWG- Vertrag durch den Art. 25 der Einheitlichen Europäischen Akte (EEA) vom 28.02.1986[5] wurde die Zuständigkeit der EG im Bereich der Umweltpolitik ausdrücklich bekräftigt, welche sich zuvor lediglich auf die Art. 100 (Richtlinien zur Angleichung gewisser Rechtsvorschriften) und 235 (Erlaß von Vorschriften für unvorhergesehene Fälle) des EWG-Vertrages stützen konnte. Damit wurden gelegentlich geäußerten Zweifeln an der Umweltkompetenz der EG der Boden entzogen. Diese Bestimmungen wurden durch den Vertrag über die Europäische Union (Maastricht-Vertrag) vom 07.02.1992[6] nochmals präzisiert. Insbesondere trägt der Vertrag von Maastricht mit seiner Orientierung auf ein „umweltverträgliches Wachstum"(Art. 2) in gewisser Weise den umweltpolitischen Bedenken gegenüber den mit der Verwirklichung des Binnenmarktes sich auftuenden Umweltgefährdungen und -belastungen und dem damit einhergehenden erhöhten Schutz- und Regelungsbedarf Rechnung.

Gem. Art. 130r I trägt die Umweltpolitik der Gemeinschaft zur Verfolgung der nachstehenden Ziele bei:

- **Erhaltung und Schutz der Umwelt sowie Verbesserung ihrer Qualität;**

- **Schutz der menschlichen Gesundheit;**

- **umsichtige und rationelle Verwendung der natürlichen Ressourcen;**

- **Förderung von Maßnahmen auf internationaler Ebene zur Bewältigung regionaler oder globaler Umweltprobleme.**

---

[4] BGBl. 1957 II S. 1166.
[5] BGBl. 1986 II S. 1102.
[6] ABl.EG Nr. C 224 v. 31.08.1992.

Die Umweltpolitik der EU zielt unter Berücksichtigung der unterschiedlichen Gegebenheiten in den einzelnen Regionen der Gemeinschaft auf ein generell hohes Schutzniveau ab. Als ihre wesentlichen Grundsätze werden Vorsorge und Vorbeugung, Bekämpfung von Umweltbeeinträchtigungen vorrangig an ihrem Ursprung und das Verursacherprinzip genannt. Gegenüber der alten Fassung der sog. Querschnittsklausel im Art. 130r II S. 2 des EG-Vertrages, wonach „die Erfordernisse des Umweltschutzes ... Bestandteil der anderen Politiken der Gemeinschaft (sind)", fordert deren neue Fassung aufgrund des Maastricht-Vertrages (Art. 130r II S. 3) kategorisch, daß „die Erfordernisse des Umweltschutzes ... bei der Festlegung und Durchführung anderer Gemeinschaftspolitiken einbezogen werden (müssen)". Zwar erhält die Umweltpolitik damit kein Prä gegenüber anderen Gemeinschaftspolitiken, jedoch sind ihre Imperative bei der Artikulierung und Verwirklichung der Politik auf anderen Gebieten zwingend zu berücksichtigen, d.h. gleichberechtigt weil prinzipiell gleichwertig gegen die Erfordernisse Letzterer abzuwägen.

Die Reichweite der Befugnisse der EG auf dem Gebiet der Umweltpolitik wird gem. Art. 3b S. 2 des EG-Vertrages in der Maastrichter Fassung durch das **Subsidiaritätsprinzip** bestimmt. Hiernach verbleibt die Zuständigkeit für die zu verfolgende Umweltpolitik weiterhin grundsätzlich den Mitgliedstaaten vorbehalten. Die Tätigkeit der Gemeinschaft setzt jedoch dann und insofern ein, als die Ziele der in Betracht gezogenen Maßnahmen auf der Ebene der einzelnen Mitgliedstaaten nicht ausreichend realisiert und daher wegen ihres Umfanges oder ihrer Wirkungen besser auf Gemeinschaftsebene erreicht werden können. Diese allgemeine Subsidiaritätsregel gibt gerade für den Bereich der Umweltpolitik aufgrund des Fehlens ausreichender Beurteilungskriterien eine nur zu dürftige Grundlage für die Entscheidung über ein Tätigwerden der Gemeinschaft ab. Denkbar wären in dieser Hinsicht Fälle wie:

- die grenzüberschreitende Wirkung eines Umweltproblems;

- seine Gemeinschaftsrelevanz angesichts der allgemeinen Aufgaben, Ziele
  und   Zwecke der Gemeinschaft;

- die Notwendigkeit, zur Zielverwirklichung einen ökologischen Mindeststandard über dem Standard des Mitgliedstaats mit dem niedrigsten Schutzniveau einzuführen.

In der Praxis der gemeinschaftsrechtlichen Rechtsetzung ist nicht ersichtlich, daß der Subsidiaritätsgrundsatz irgendeine tatsächliche Relevanz erlangt hätte.

Die wichtigsten Organe der EU, welche zur Setzung von Rechtsakten der Gemeinschaft für den Umweltbereich befugt bzw. an den diesbezüglichen Verfahren beteiligt sind, sind gem. Art. 137 ff. EG-Vertrag:

- **das Europäische Parlament**, welches aus 518 Vertretern der Völker der in der Gemeinschaft zusammengeschlossenen Staaten besteht (Art. 137), die in allgemeiner, unmittelbarer Wahl gewählt werden (Art. 138). Es ist gem. Art. 138b an dem Prozeß, der zur Annahme von Gemeinschaftsakten führt, in dem durch den EG-Vertrag vorgesehenen Umfang durch die Ausübung seiner Befugnisse im Rahmen der Verfahren der Art. 189b (Verfahren der Mitentscheidung) und 189c (Verfahren der Zusammenarbeit) sowie durch Erteilung seiner Zustimmung oder die Abgabe von Stellungnahmen beteiligt,

- **der Rat**, welcher aus je einem Vertreter jedes Mitgliedstaates auf Ministerebene besteht, welcher befugt ist, für die Regierung des Mitgliedstaates verbindlich zu handeln (Art. 146). Beschlüsse, welche der Rat in Wahrnehmung der ihm durch Art. 145 EG-Vertrag übertragenen Rechte und Pflichten faßt, ergehen in den meisten Fällen (vorbehaltlich anderslautender Vertragsbestimmungen) mit den Stimmen der Mehrheit seiner Mitglieder. Sollten zu Ratsbeschlüssen qualifizierte Mehrheiten erforderlich sein, findet eine Stimmwägung statt, welcher zufolge auf Deutschland, Frankreich, Italien und Großbritannien je 10, auf Spanien 8, auf Belgien, Griechenland, die Niederlande und Portugal je 5, auf Dänemark und Irland je 3 und auf Luxemburg 2 Stimmen entfallen (Art. 148). Darüber hinaus kann der Rat die Kommission auffordern, die nach seiner Ansicht zur Verwirklichung der gemeinsamen Ziele geeigneten Untersuchungen vorzunehmen und ihm entsprechende Vorschläge zu unterbreiten (Art. 152),

- **die Kommission**, welche aus 17 Mitgliedern besteht, welche aufgrund ihrer allgemeinen Befähigung ausgewählt werden und volle Gewähr für ihre Unabhängigkeit bieten müssen (Art. 157). Mit dem Ziel, das ordnungsgemäße Funktionieren und die Entwicklung des Gemeinsamen Marktes zu gewährleisten, erfüllt sie folgende Aufgaben:

- für die Anwendung dieses Vertrages sowie der von den Organen aufgrund des Vertrages getroffenen Bestimmungen Sorge zu tragen;

- Empfehlungen oder Stellungnahmen auf den in diesem Vertrag bezeichneten Gebieten (darunter auch der Umweltpolitik und -rechtsetzung) abzugeben, soweit der Vertrag dies ausdrücklich vorsieht oder soweit sie es für notwendig erachtet;

- nach Maßgabe dieses Vertrages in eigener Zuständigkeit Entscheidungen zu treffen und am Zustandekommen der Handlungen des Rates und der Versammlung mitzuwirken;

- die Befugnisse auszuüben, die ihr der Rat zur Durchführung der von ihm erlassenen Vorschriften überträgt (Art. 155);

(Die von der Kommission zu bearbeitenden Sachgebiete sind auf 36 als Generaldirektionen bzw. als besondere Dienststellen bezeichnete Ressorts aufgeteilt; davon ist die Generaldirektion XI für Umwelt, nukleare Sicherheit und Katastrophenschutz zuständig.)

- der **Wirtschafts- und Sozialausschuß**, welcher aus Vertretern der verschiedenen Gruppen des sozialen und wirtschaftlichen Lebens besteht und beratende Aufgaben wahrnimmt (Art. 193). Insbesondere muß der Ausschuß vom Rat oder der Kommission in den im EG-Vertrag vorgesehenen Fällen gehört werden (vgl. z.B. Art. 130s). Seine Anhörung kann ferner in solchen Fällen erfolgen, in denen dies der Rat oder die Kommission für tunlich erachten (Art. 198);

- der **Ausschuß der Regionen**, welcher zwar im Titel XVI des EG-Vertrages nicht ausdrücklich erwähnt wird, jedoch aus dem Kontext der seine Rechte betreffenden Bestimmungen (Art. 198c) auch in Umweltfragen eine beratende Stimme besitzt. Er besteht aus Vertretern der regionalen und lokalen Körperschaften der EU-Mitgliedstaaten.

Gem. Art. 100a EG-Vertrag gehört es zu den Aufgaben des Rates, auf Vorschlag der Kommission und nach dem durch Art. 189b vorgeschriebenen Verfahren sowie nach Anhörung des Wirtschafts- und Sozialausschusses die Maßnahmen zur Angleichung der Rechts- und Verwaltungsvorschriften der Mitgliedstaaten festzulegen, welche die Errichtung und das Funktionieren des Binnenmarkts zum Gegenstand haben. Für Harmonisierungsmaßnahmen im Bereich des Umweltschutzes schafft der Vertrag über die Europäische Union dabei zweierlei Rechtsgrundlagen:

1. Gem. Art. 100a EG-Vertrag kann der Rat auch auf dem Gebiet des Umweltschutzes mit gem. Art. 148 II EG-Vertrag zu fassenden qualifizierten Mehrheitsbeschlüssen normsetzend tätig werden, nachdem zwischen ihm und dem Europäischen Parlament ein Verfahren der Mitentscheidung gem. Art. 189b stattgefunden hat. Eine solche Entscheidung enthält stets nur einen Mindeststandard, welchen die Mitgliedstaaten durch strengere Regelungen nur unter den Voraussetzungen des Art. 100a IV überschreiten dürfen. Solche mitgliedstaatlichen Sondervorschriften müssen durch wichtige Erfordernisse i.S. der Ausnahmen des Art. 36, in bezug auf den Schutz der Arbeitsumwelt (Art. 118a) oder den Umweltschutz (Art. 130s) gerechtfertigt sein und dem Grundsatz der Verhältnismäßigkeit entsprechen.

Dabei sind die Mitgliedstaaten nicht nur befugt, die zur Zeit des Erlasses der Harmonisierungsmaßnahmen existierenden strengeren nationalen Bestimmungen aufrechtzuerhalten, sondern solche auch nach deren Erlaß einzuführen. Derartige Regelungen sind der EG-Kommission mitzuteilen, welche sich zu vergewissern hat, daß sie kein Mittel zur willkürlichen Diskriminierung und keine verschleierte Beschränkung des Handels zwischen den Mitgliedstaaten darstellen. Hinsichtlich des Umweltschutzstandards bleibt die EG-Kommission durch Art. 100a III verpflichtet, bei ihren diesbezüglichen Regelungsvorschlägen in den Bereichen Gesundheit, Sicherheit, Umweltschutz und Verbraucherschutz von einem hohen Schutzniveau auszugehen. Art. 100a kommt als Grundlage von gemeinschaftsrechtlichen Harmonisierungsmaßnahmen mit umweltschutzrechtlichem Bezug vorwiegend dann in Anwendung, wenn diese in erster Linie der Verwirklichung des Binnenmarktes dienen (etwa bei der Festlegung von Emissionswerten bei Kraftfahrzeugen).

2. Der Rat beschließt gem. Art. 130s EG-Vertrag in Kooperation mit dem Europäischen Parlament gem. Art. 189c EG-Vertrag und nach Anhörung des Wirtschafts- und Sozialausschusses über das Tätigwerden der Gemeinschaft zur Erreichung der in Art. 130r genannten Ziele. Auch die in diesem Verfahren ergehenden Regeln konstituieren lediglich Mindeststandards. Von Bedeutung ist dabei, daß es angesichts derartiger Beschlüsse den Mitgliedstaaten gem. Art. 130t freisteht, EG-vertragskonforme Umweltschutznormen zu setzen, welche gegenüber ersteren strengere Anforderungen stellen. Kriterium für die legitime Ausübung der Schutzverstärkungskompetenz der Mitgliedstaaten ist, daß sich die mitgliedstaatliche Schutzmaßnahme als Verstärkung der gemeinschaftsrechtlichen Minimalregelung erweist und mit den übrigen Vorschriften des EG-Vertrages, insbesondere den Diskriminierungsverboten und den Regeln über den freien Warenverkehr, übereinstimmt. So dürfen sich strengere nationale Produktnormen lediglich auf inländische, nicht aber auf in anderen Mitgliedstaaten hergestellte und im Einklang mit deren Rechtsordnung in Verkehr gebrachte Erzeugnisse beziehen. Derartige verstärkende Schutzmaßnahmen sind der EG-Kommission lediglich zu notifizieren.

Die für die EU-Mitgliedstaaten maßgeblichen Umweltrechtsakte der Gemeinschaft ergehen nahezu ausschließlich als **Verordnungen** und **Richtlinien** (Art. 189). Sie werden entweder

- **vom Rat und dem Europäischen Parlament gemeinsam oder**

- **vom Rat und der Kommission**

erlassen.

a) Die **Verordnungen** sind in allen ihren Teilen verbindlich. Dadurch unterscheiden sie sich von den Richtlinien, welche nur hinsichtlich der durch sie vorgegebenen Zielbestimmungen verbindlich sind. Verordnungen gelten unmittelbar in jedem Mitgliedstaat. Das bedeutet, daß sie ohne Mitwirkung der nationalen Gesetzgeber in Gestalt von Transformation, Adoption, Vollzugsbefehl, Inkorporation oder Anwendungsbefehl innerstaatliche Geltung entfalten (**sog. Durchgriffswirkung**).

M.a.W., **sie gelten nicht nur für die, sondern auch in den Mitgliedstaaten.** Nationales Recht, das einer Verordnung widerspricht, findet für die Dauer ihrer Geltung keine Anwendung mehr. Ebenfalls ausgeschlossen ist die Anwendung später erlassenen nationalen Rechts, soweit es zu den Bestimmungen der Verordnung in Widerspruch steht. EG-Verordnungen wie die **VO 348/81 zur Untersagung der kommerziellen Einfuhr von Walerzeugnissen in die Gemeinschaft vom 20.01.1981[6a], die EG-Artenschutzverordnung 3626/82 vom 03.12.1982[6b], die VO 3322/88 vom 14.10.1988 über bestimmte Fluorchlorkohlenwasserstoffe und Halone, die zu einem Abbau der Ozonschicht führen[6c]** oder die auch als „Im-/ ExportVO“ bekannte **Verordnung 1734/88, betreffend die Ausfuhr bestimmter gefährlicher Chemikalien aus der Gemeinschaft bzw. deren Einfuhr in die Gemeinschaft vom 16.06.1988[6d]** sowie die **Verordnung EURATOM 1493/93 vom 08.06.1993 über die Verbringung radioaktiver Stoffe zwischen den Mitgliedstaaten[6e]** stellen folglich in allen Mitgliedstaaten der Gemeinschaft unmittelbar anzuwendendes Recht dar.

b) Von den Verordnungen zu unterscheiden sind die **Richtlinien**, welche für jeden Mitgliedstaat, an den sie gerichtet sind, hinsichtlich des zu erreichenden Ziels verbindlich sind, jedoch hierbei den innerstaatlichen Stellen die Wahl der Form und der Mittel überlassen. Im Gegensatz zur Verordnung gelten Richtlinien also zunächst nur für die Mitgliedstaaten, welchen es freisteht, die darin enthaltenen Zielvorgaben durch Erlaß von Gesetzen, Verordnungen oder durch Abschluß eines völkerrechtlichen Vertrages mit den anderen Mitgliedern der Gemeinschaft zu realisieren. Bei der Ausübung ihrer Wahlfreiheit in bezug auf die Mittel der Umsetzung der in den Richtlinien enthaltenen Vorgaben sind die Staaten jedoch gehalten, diejenigen zu ergreifen, die für die Gewährleistung der praktischen Wirksamkeit der Richtlinien am besten geeignet sind. Insbesondere sind sie in solche innerstaatliche Rechtsvorschriften umzusetzen, die den rechtsstaatlichen Erfordernissen der Rechtssicherheit und Rechtsklarheit genügen. Schlichte Verwal-

---

[6a] ABl. Nr. L 39/1 zul. geänd. dch.ABl. 1985 Nr. L 64/5.
[6b] ABl. Nr. L 384/1 zul. geänd. dch. Abl. 1990 Nr. L 29/1.
[6c] ABl. Nr. L 297/1.
[6d] ABl. Nr. L 155/2.
[6e] ABl. Nr. L 35/24.

tungspraktiken, die von der Exekutive beliebig variiert bzw. geändert werden können oder der Erlaß von Verwaltungsvorschriften, welche lediglich die Verwaltung binden, aber keine Außenwirkung entfalten, dürften als unzureichend anzusehen sein. Folgerichtig hat im Jahre 1991 der EuGH die TA Luft als nicht ausreichend für eine den Verpflichtungen des seinerzeitigen Art. 189 III EG-Vertrag entsprechende Umsetzung der Schwefeldioxid-Richtlinie zurückgewiesen.

Wenngleich die Richtlinien sich in erster Linie an die Mitgliedstaaten der Gemeinschaft richten und erst nach ihrer Umsetzung in innerstaatliche Normativakte Geltung für deren Staatsangehörige erlangen, erlangen sie unter bestimmten Voraussetzungen auch ohne innerstaatlichen Umsetzungsakt unmittelbare Geltung.
Dadurch sollen die Mitgliedstaaten gehindert werden, den Eintritt der mit der Richtlinie erstrebten Rechtswirkung durch Nichtvornahme ihrer Umsetzung beliebig hinauszuzögern oder gar gänzlich zu vereiteln. Diese unmittelbare Anwendung wird dann möglich, wenn bei einem hinreichend genau lautenden (und deshalb unmittelbar anwendbaren) Inhalt eine zur Erreichung des in der Richtlinie genannten Ziels bestimmte Frist abgelaufen ist. Vor Ablauf dieser Frist kann diese Wirkung unter keinen Umständen eintreten. Der einzelne kann sich auf diese berufen, solange er sich gegen eine staatliche Stelle wendet und nicht gleichzeitig irgendwelche Rechte Dritter beeinträchtigt, da Richtlinien insofern keine unmittelbare Wirkung zu erlangen vermögen, als sie den einzelnen nicht begünstigen, sondern belasten. Ebenso kann sich die unmittelbare Wirkung einer noch nicht umgesetzten Richtlinie nicht auf das Verhältnis von Angehörigen der Mitgliedstaaten untereinander beziehen (sog. horizontale Geltung).
Fehlen der Richtlinie die o.g. Voraussetzungen unmittelbarer Geltendmachung, können Individuen die aus derselben resultierenden Rechte gegenüber dem Staat nicht geltend machen. Jedoch haftet nach gängiger Rechtsprechung des Europäischen Gerichtshofes ein Mitgliedstaat dem einzelnen gegenüber für Schäden, welche diesem durch seine Verstöße gegen Gemeinschaftsrecht entstehen. Einen solchen Verstoß stellt auch die unterlassene Umsetzung einer Richtlinie dar.

Bei der Harmonisierung der Umweltrechtsregelungen der EU-Mitgliedstaaten spielen die in großer Zahl erlassenen Richtlinien eine wichtige Rolle. Genannt seien hier beispielhaft:

für das **Immissionsschutzrecht**

- die Rahmenrichtlinie 84/360/EWG vom 29.06.1984 zur Bekämpfung der Luftverunreinigung durch Industrieanlagen[7];

- die Richtlinie 88/609/EWG über Großfeuerungsanlagen[8];

---

[7] Abl. EG Nr. L 188/20 geänd. dch. ABl.EG 1991 Nr. L 377/48.

- die Richtlinien 89/369/EWG[9] und 89/429/EWG vom 21.06.1989[10] zur Emissionsbegrenzung bestehender und neuer Müllverbrennungsanlagen;

für das **Gewässerschutzrecht**

- die Richtlinie 75/440/EWG vom 16.06.1975 über die Qualitätsanforderungen an Oberflächenwasser für Trinkwassergewinnung[11];

- die Richtlinie 76/160/EWG vom 08.12.1975 über die Qualität der Badegewässer; (beide geändert durch die Richtlinie 91/692/EWG vom 23.12.1991[12])

- die Gewässerschutzrichtlinie 76/464/EWG vom 04.05.1976[13];

- die Grundwasserschutzrichtlinie 80/68/EWG vom 17.12.1979[14];

- Richtlinie 91/271/EWG vom 21.05.1991 zur Behandlung kommunaler Abwässer[15];

für **das Kreislaufwirtschafts- und Abfallrecht**

- die Rahmenrichtlinie 75/442/EWG vom 15.07.1975 über Abfälle (geänd. durch die Richtlinie 91/156/EWG vom 18.03.1991)[16];

- die Richtlinie 91/689/EWG vom 12.12.1991 über gefährliche Abfälle (geänd. durch die Richtlinie 94/31/EWG vom 27.06.1994[17]);

- die Richtlinie 89/369/EWG vom 08.06.1989 über die Verhütung der Luftverunreinigung durch neue Verbrennungsanlagen für Siedlungsmüll[18];

- die Richtlinie 89/429/EWG vom 21.06.1989 über die Verringerung der Luftverunreinigung durch bestehende Verbrennungsanlagen für Siedlungsmüll[19];

---

[8] ABl.EG Nr. L 336/1 geänd.dch. ABl.EG 1990 Nr. L 353/59.
[9] ABl.EG Nr. L 163/32.
[10] ABl.EG Nr. L 203/50.
[11] ABl.EG Nr. L 194/34.
[12] ABl.EG Nr. L 377/48.
[13] ABl.EG Nr. L 129/23.
[14] ABl.EG Nr. L 20/43.
[15] ABl.EG Nr. L 135/1.
[16] ABl.EG Nr. L 78/32.
[17] ABl.EG Nr. L 168/28.
[18] ABl.EG Nr. L 163/32.
[19] ABl.EG Nr. L 203/50.

für das Naturschutzrecht

- die Richtlinie 79/409/EWG vom 02.04.1979 über die Erhaltung wildlebender Vogelarten[20];

- die Richtlinie 83/129/EWG vom 18.03.1983 über das Verbot der kommerziellen Einfuhr von Fellen bestimmter Jungrobben oder von daraus gefertigten Waren[21];

- die Richtlinie 92/43/EWG vom 21.05.1992 zur Erhaltung der natürlichen Lebensräume sowie der wildlebenden Tiere und wildwachsenden Pflanzen (Flora-Fauna-Habitat-Richtlinie)[22];

für das Atom- und Strahlenschutzrecht

- die EURATOM-Richtlinien des Rates zur Festlegung der Grundnormen für den Gesundheitsschutz der Bevölkerung und der Arbeitskräfte gegen die Gefahren ionisierender Strahlungen vom 15.07.1980, 03.09.1984;

- die Richtlinie des Rates 92/3 EURATOM vom 03.02. 1992 zur Überwachung und Kontrolle der Verbringung radioaktiver Abfälle von einem Mitgliedstaat in einen anderen, in die Gemeinschaft und aus der Gemeinschaft[23];

und für das Gentechnikrecht

- die Richtlinie 90/219/EWG vom 23.04.1990 über die Verwendung von gentechnisch veränderten Mikroorganismen in abgeschlossenen Systemen (Systemrichtlinie)[24];

- die Richtlinie 90/220/EWG vom 23.04.1990 über die absichtliche Freisetzung genetisch veränderter Organismen in die Umwelt (Freisetzungsrichtlinie)[25].

---

[20] ABl.EG Nr. L 103/1.
[21] ABl.EG Nr. L 344/1.
[22] ABl.EG Nr. L 206/7.
[23] ABl.EG Nr. L 35/24.
[24] ABl.EG Nr. L 117/1.
[25] ABl.EG Nr. L 117/15.

2 Gliederung des Umweltverwaltungsrechts und der Verwaltungsstruktur

2.1 Bestandteile des Umweltverwaltungsrechts

2.1.1 Das Abfallrecht

Literaturhinweise: Bender, B.; Sparwasser, R.; Engel, R. (1995): Umweltrecht - Grundzüge des öffentlichen Umweltrechts. Heidelberg: C.F. Müller, S. 541 ff.; **Fluck, J.** (1996): Kreislaufwirtschafts- und Abfallrecht-Kommentar. 2 Bde.(Loseblattsammlg.) Heidelberg: C.F. Müller ; **Queitsch, P.** (1995): Kreislaufwirtschafts- und Abfallrecht. Köln: Bundesanzeiger.

Das **Gesetz zur Förderung der Kreislaufwirtschaft und Sicherung der umweltverträglichen Beseitigung von Abfällen (Kreislaufwirtschafts- und Abfallgesetz)**[1], das grundlegende Gesetzeswerk dieses umweltrechtlichen Bereichs, ist am 07.10.1996 in Kraft getreten. Seine für die Leitung des behördlichen Ermessens und die Auslegung seiner Normen maßgebliche Zweckbestimmung besteht in der **Förderung der Kreislaufwirtschaft zur Schonung der natürlichen Ressourcen und der Sicherung der umweltverträglichen Beseitigung von Abfällen (§ 1 KrW-/AbfG).** Gem. § 2 I erstreckt sich der Geltungsbereich seiner Vorschriften auf die

- **Vermeidung,**

- **Verwertung und**

- **Beseitigung von Abfällen.**

Von der Geltung des KrW-/AbfG sind gem. § 2 II ausgeschlossen:

1. die nach dem Tierkörperbeseitigungsgesetz, nach dem Fleischhygiene- und dem Geflügelfleischhygienegesetz, nach dem Lebensmittel- und Bedarfsgegenständegesetz, nach dem Milch- und Margarinegesetz, nach dem Tierseuchengesetz, nach dem Pflanzenschutzgesetz und nach aufgrund dieser Gesetze erlassenen Rechtsverordnungen zu beseitigenden Stoffe,

2. Kernbrennstoffe und sonstige radioaktive Stoffe i.S. des Atomgesetzes,

3. Stoffe, deren Beseitigung in einer aufgrund des Strahlenschutzvorsorgegesetzes erlassenen Rechtsverordnung geregelt ist,

---

[1] BGBl. 1994 Tl. I S.2705.

4. Abfälle, die beim Aufsuchen, Gewinnen, Aufbereiten und Weiterverarbeiten von Bodenschätzen in den der Bergaufsicht unterstehenden Betrieben anfallen, ausgenommen Abfälle, die nicht unmittelbar und nicht üblicherweise nur bei den im 1. HS genannten Tätigkeiten anfallen,

5. nicht in Behälter gefaßte gasförmige Stoffe,

6. Stoffe, sobald diese in Gewässer oder Abwasseranlagen eingeleitet oder eingebracht werden,

7. das Aufsuchen, Bergen, Befördern, Lagern, Behandeln und Vernichten von Kampfmitteln.

Abfälle i.S. § 3 I KrW- /AbfG sind alle **beweglichen Sachen**, welche unter die im Anhg. I des Gesetzes aufgeführten Gruppen fallen und deren sich ihr Besitzer **entledigt, entledigen will oder entledigen muß (§ 3 I 1 KrW-/AbfG).**

Immobilien, also Grundstücke und dauerhaft mit denselben verbundene Gebäude, unterfallen demnach nicht dem Abfallbegriff. Kontaminiertes Erdreich wird so erst nach seiner Auskofferung zu Abfall, desgleichen die Substanz eines Gebäudes erst nach entsprechender Behandlung desselben mit Sprengstoff oder Abrißbirne.

Das Gesetz unterscheidet **Abfälle zur Verwertung** von **Abfällen zur Beseitigung**. Abfälle zur Verwertung sind per definitionem § 3 I 2 KrW-/AbfG Abfälle, die verwertet werden; ein verbaler Pleonasmus zwar, aber er begründet die Beweislast des Abfallbesitzers, daß eine Verwertung seiner Abfälle tatsächlich stattfindet. Abfälle, die nicht verwertet werden, sind Abfälle zur Beseitigung.

Da dem aus dem EG-Recht übernommenen Abfallkatalog des Anhg. I KrW-/ AbfG lediglich eine deklaratorisch-illustrative Funktion zukommen kann, kommt der **Konkretisierung der Entledigungstatbestände** eine entscheidende Rolle bei der inhaltlichen Bestimmung des Abfallbegriffes zu.

Eine Entledigung liegt gem. § 3 II KrW-/AbfG dann vor, wenn der Besitzer bewegliche Sachen einer Verwertung i.S. des Anhgs. II B oder einer Beseitigung i.S. des Anhgs. II A des Gesetzes zuführt oder die tatsächliche Sachherrschaft über sie unter Wegfall jeder weiteren Zweckbestimmung aufgibt. Entledigen bedeutet also die Aufgabe der Sachherrschaft über Gegenstände **zum alleinigen Zweck ihrer Beseitigung**. Dieser klassisch reine, auf den klar erkennbaren Willen des Abfallbesitzers abstellende **subjektive Abfallbegriff** erfährt eine Ergänzung durch die Fiktion eines Entledigungswillens in den Fällen des § 3 II KrW-/AbfG. Hier ist ein Entledigungswille bezüglich solcher beweglicher Sachen anzunehmen,

- welche bei der Energieumwandlung, Herstellung, Behandlung oder Nutzung von Stoffen oder Erzeugnissen oder bei Dienstleistungen anfallen, **ohne daß der Zweck der Handlung darauf gerichtet ist,**

- deren ursprüngliche Zweckbestimmung entfällt oder aufgegeben wird, **ohne daß ein neuer Verwendungszweck an deren Stelle tritt.**

Im Gegensatz zur früheren Rechtslage nach dem AbfG ist nicht mehr ausschließlich maßgebend, ob der Besitzer eine bewegliche Sache aufzugeben beabsichtigt, sondern ob ihr Verwendungszweck entfallen ist, d.h. die Sache unter Berücksichtigung der allgemeinen Verkehrsanschauung **zweckgerichtet** produziert oder verwendet wird oder nicht. Dadurch unterfallen auch die nicht mehr verwendbaren Produkte, die dem Zugriff des vormaligen Abfallrechts als vermeintliche Wirtschaftsgüter entzogen waren, dem neuen abfallrechtlichen Regime.

Wer z.B. Altpapier oder leere Flaschen zur Zeit der Geltung des alten Abfallgesetzes in die dafür bereitstehenden Container warf, entledigte sich ihrer nicht als Abfall, da er zu erkennen gab, deren Recycling, also wirtschaftlich sinnvolle Wiederverwertung, zu beabsichtigen. Dies galt erst recht, wenn derartiges Altmaterial in private Sammlungen einging und so ebenfalls das Etikett „Wirtschaftsgut" beanspruchen konnte. Unter den Bedingungen des KrW- /AbfG entsteht jedoch mit einer solchen Dereliktionshandlung Abfall, dessen weitere Behandlung im Interesse des Schutzes und der Umwelt der Überwachung aufgrund des Abfallrechts unterliegt. Auch Hersteller und Vertreiber, welche Abfälle aufgrund einer Rechtsverordnung nach § 24 KrW-/AbfG oder freiwillig zurücknehmen, werden den Pflichten eines Abfallbesitzers gem. §§ 5, 11 KrW-/AbfG unterworfen (§ 26 KrW-/AbfG).

Abfall im objektiven Sinne gem. § 3 IV KrW-/AbfG, d.h. in jedem Falle unabhängig vom Entledigungswillen des Besitzers, sind diejenigen beweglichen Sachen, deren sich der Besitzer dann entledigen muß, „wenn diese entsprechend ihrer ursprünglichen Zweckbestimmung nicht mehr verwendet werden, aufgrund ihres konkreten Zustandes geeignet sind, gegenwärtig oder zukünftig das Wohl der Allgemeinheit, insbesondere die Umwelt, zu gefährden und deren Gefährdungspotential nur durch eine ordnungsgemäße und schadlose Verwertung oder gemeinwohlverträgliche Beseitigung nach den Vorschriften dieses Gesetzes und der aufgrund dieses Gesetzes erlassenen Rechtsverordnungen ausgeschlossen werden kann."

So ist hinreichend stark kontaminierter Erdaushub selbst dann Abfall, wenn sein Besitzer ihn zur Verfüllung eines ihm gehörenden Grundstücks verwenden will, also eine diesen Aushub der Geltung des Abfallrechts sonst entziehende Zweckbestimmung seinerseits durchaus vorliegt. Da diese aber aufgrund der Beschaffenheit des Aushubs auf die Herstellung eines polizeiwidrigen, weil die Umwelt gefährdenden Zustandes hinausliefe, wird der Abfallbegriff im öffentlichen Interesse zwangsweise hierauf erstreckt (Zwangsabfall). Jedwede gefährliche oder auch nur lästige Gegenstände, welche sich zu keiner Verwertung mehr eignen, können als dem Zwangsabfallbegriff unterfallend betrachtet werden, selbst an sich harmloses, aber mindestens einen unästhetischen Anblick bietendes vom Hochwasser angeschwemmtes Treibgut auf Uferwiesen.

In seinem § 4 normiert das KrW-/AbfG die Grundsätze der Kreislaufwirtschaft, wobei es auf eine ganzheitliche Lösung des Abfallproblems durch die Förderung einer umweltverträglichen Kreislaufwirtschaft ausgeht, welche Abfälle möglichst ab ovo vermeidet. Durch eine konsequente Durchsetzung des Verursacherprinzips, z.B. durch die Verordnung von Rücknahmepflichten, soll der Entsorgungsdruck stärker auf die Hersteller „abfallgeneigter" Erzeugnisse übertragen und deren Neigung, sie im Interesse eines permanent gesicherten Absatzes mit built inobsoletions zu versehen, entgegengewirkt werden. Zugleich soll damit die Suche nach umweltverträglichen und ressourcenschonenden Innovationen und Problemlösungen beschleunigt und stimuliert werden. Dergestalt sieht § 4 I KrW-/AbfG vor, daß Abfälle

1. in erster Linie zu vermeiden, insbesondere durch die Verminderung ihrer Menge und ihrer Schädlichkeit,

2. in zweiter Linie

a) stofflich zu verwerten oder

b) zur Gewinnung von Energie zu nutzen (energetische Verwertung) sind.

Abfälle, die nicht verwertet werden, sind dauerhaft von der Kreislaufwirtschaft auszuschließen und zur Wahrung des Wohls der Allgemeinheit zu beseitigen (§ 10 I KrW-/AbfG).

Diese Pflichtenhierarchie gilt natürlich nicht absolut. So muß die Abfallvermeidung im Einzelfall auch wirtschaftlich vertretbar und technisch möglich sein und darf letztendlich auch zu keiner höheren Umweltbelastung führen. Ebenso entfällt die Verwertung von Abfällen, wenn ihre Beseitigung die umweltverträglichere Variante darstellt.

Eine wichtige Rolle bei der Durchsetzung der kreislaufwirtschaftlichen Grundsätze, insbesondere der Abfallvermeidung, kommt der **Produktverantwortung (§ 22 ff. KrW-/AbfG)** zu. Wer Erzeugnisse entwickelt, herstellt, be- und verarbeitet oder vertreibt, trägt zur Erfüllung der Ziele der Kreislaufwirtschaft die Produktverantwortung (§ 22 I KrW-/AbfG). Zu deren Erfüllung sind Erzeugnisse möglichst so zu gestalten, daß bei deren Herstellung und Gebrauch das Entstehen von Abfällen vermindert wird und die umweltverträgliche Verwertung und Beseitigung der nach deren Gebrauch entstandenen Abfälle sichergestellt ist.

Die Produktverantwortung umfaßt der - keinesfalls abschließend angelegten - Aufzählung des § 22 II KrW-/AbfG zufolge

1. die Entwicklung, Herstellung und das Inverkehrbringen von Erzeugnissen, die **mehrfach verwendbar, technisch langlebig und nach Gebrauch zur ordnungsgemäßen und schadlosen Verwertung und umweltverträglichen Beseitigung geeignet sind**,

2. den vorrangigen Einsatz von **verwertbaren Abfällen** oder **sekundären Rohstoffen** bei der Herstellung von Erzeugnissen,

3. **die Kennzeichnung von schadstoffhaltigen Erzeugnissen**, um die umweltverträgliche Verwertung oder Beseitigung der nach Gebrauch verbleibenden Abfälle sicherzustellen,

4. den **Hinweis auf Rückgabe-, Wiederverwendungs- und Verwertungsmöglichkeiten oder -pflichten und Pfandregelungen** durch Kennzeichnung der Erzeugnisse und

5. die **Rücknahme der Erzeugnisse und der nach Gebrauch der Erzeugnisse verbleibenden Abfälle** sowie deren nachfolgende Verwertung oder Beseitigung.

Gem. §§ 23, 24 KrW-/AbfG wird die Bundesregierung zur Festlegung diesbezüglicher Anforderungen in Rechtsverordnungen nach Anhörung der beteiligten Kreise und mit Zustimmung des Bundesrates ermächtigt.

Bereits während der Geltungszeit des Abfallgesetzes erging am 28.12.1988 auf diese Weise die Verordnung über die Rücknahme und Pfanderhebung von Getränkeverpackungen aus Kunststoffen (PET-Verordnung), welche sich vor allem gegen die Kunststoffeinwegverpackungen der Erfrischungsgetränkeindustrie richtete. Sie ging später in der inhaltlich umfassenderen Verordnung über die Vermeidung von Verpackungsabfällen (Verpackungsverordnung) auf und wurde mit deren endgültigem Inkrafttreten am 01.01.1993 außer Kraft gesetzt.

Im Entwurfsstadium befinden sich gegenwärtig Rechtsverordnungen für Altautos, Elektronikschrott, Batterien und Altpapier sowie eine Getränke-Mehrwegverordnung, welche § 9 II und III der Verpackungsverordnung durch eine ausführliche Regelung ersetzen soll.

Gem. § 10 I i.V.m. § 10 IV KrW-/AbfG sind **Abfälle, die nicht verwertet werden, dauerhaft von der Kreislaufwirtschaft auszuschließen und zur Wahrung des Wohls der Allgemeinheit zu beseitigen.**

Dies bedeutet, daß schadensstiftende Beeinträchtigungen der menschlichen Gesundheit, der Gewässer, des Bodens, der Tier- und Pflanzenwelt vermieden, die Belange der Raumordnung und der Landesplanung, des Naturschutzes und der Landschaftspflege sowie des Städtebaus gewahrt werden müssen und die öffentliche Sicherheit und Ordnung nicht gestört oder gefährdet werden dürfen.

Abfälle sind im Inland zu beseitigen (§ 10 III KrW-/AbfG), soweit sich aus der EG-Abfallverbringungsverordnung oder aus dem Ausführungsgesetz vom 30.09.1994 zum Baseler Übereinkommen vom 22.03.1989 über die Kontrolle der grenzüberschreitenden Verbringung gefährlicher Abfälle und ihrer Entsorgung nicht ein anderes ergibt.

Zur gemeinwohlverträglichen Abfallbeseitigung nach Maßgabe des § 10 KrW-/AbfG sind - dem Verursacherprinzip gemäß - die **Erzeuger oder Besitzer von Abfällen** verpflichtet, soweit in den §§ 13-18 KrW-/AbfG nichts anderes bestimmt wird. Diesem Grundsatz geschieht kein Abbruch dadurch, daß die dergestalt Verpflichteten sich hierzu Dritter (Entsorgungsfachbetriebe) gem. § 16 KrW-/AbfG, Verbände gem. § 17 KrW-/AbfG oder Einrichtungen der Selbstverwaltungskörperschaften der Wirtschaft gem. § 18 KrW-/AbfG bedienen dürfen. Durch die Beauftragung Dritter gem. § 16 KrW-/AbfG wird die Entsorgungspflicht der Abfallerzeuger/-besitzer nicht delegiert; der beauftragte Entsorger ist lediglich Erfüllungsgehilfe, welcher zwar über die für die Durchführung des Entsorgungsauftrags erforderliche Zuverlässigkeit verfügen muß, aber den Auftraggeber nicht von der Verantwortlichkeit für die Erfüllung der Pflichten gem. § 11 KrW-/AbfG befreit. Nur dann und insofern, als die Erzeuger oder Besitzer von Abfällen nicht in der Lage sind, diese in eigenen Anlagen zu beseitigen oder überwiegende öffentliche Interessen dies erfordern, sind sie verpflichtet, ihre Abfälle öffentlich-rechtlichen Entsorgungsträgern zu überlassen (§ 13 I KrW-/AbfG).

Damit ist klargestellt, **daß die öffentlich-rechtliche Entsorgungspflicht nur noch subsidiär besteht.** Sie beschränkt sich zunächst auf die in ihrem Entsorgungsgebiet anfallenden und ihnen angedienten **Abfälle aus privaten Haushalten** (§ 13 I 1KrW-/AbfG). Darüber hinaus sind sie zur Beseitigung von Abfällen aus anderen Herkunftsbereichen (etwa gewerbliche) dann verpflichtet, wenn sie ihnen angetragen werden. Ansonsten sind sie von ihrer Entsorgungspflicht befreit, soweit die Erfüllung der Entsorgungspflichten gem. §§ 16, 17, 18 KrW-/AbfG auf Dritte übertragen worden ist (§ 15 KrW-/AbfG).
Und schließlich sind sie mit Zustimmung der zuständigen Behörde berechtigt, Abfälle von der Entsorgung auszuschließen,

- soweit diese einer Rücknahmepflicht gem. einer aufgrund von § 24 KrW-/AbfG erlassenen Rechtsverordnung unterliegen und entsprechende Rückführungseinrichtungen tatsächlich zur Verfügung stehen (§ 15 III 1 KrW-/AbfG) oder

- nach ihrer Art, Menge und Beschaffenheit nicht mit den in den Haushaltungen anfallenden Abfällen beseitigt werden können bzw. die umweltverträgliche Entsorgung durch andere Entsorgungsträger oder Dritte gewährleistet ist (§ 15 III 2 KrW-/AbfG).

Den kommunalen Abfallwirtschaftssatzungen zufolge werden in der Regel von der Entsorgung ausgeschlossen :

- Pfandflaschen,

- Bauschutt und größere Mengen von Abfällen aus Gebäuderenovierungen,

- Tierkörper, auch wenn sie nicht unter das Tierkörperbeseitigungsgesetz fallen,

- Stoffe und Gegenstände, die wegen ihres Raumbedarfs und ihres Gewichts nicht auf die gebräuchlichen Entsorgungsfahrzeuge verladen werden können bzw. sich nicht in den zugelassenen Abfallbehältern unterbringen lassen,

- Stoffe, die Gefahren oder erhebliche Belastungen für die Entsorgungsanlagen, deren Umgebung oder Bedienungspersonal hervorrufen könnten.

Gem. Landesrecht obliegt die Abfallentsorgung i.d.R. als mit der Selbstverwaltung verbundene Pflichtaufgabe den **Kreisen oder kreisfreien Städten**. Für die Abfallbeseitigung gilt der **Anlagenzwang** gem. § 27 I 1 KrW-/AbfG, kraft dessen sie nur in eigens dafür zugelassenen Einrichtungen oder Anlagen entsorgt werden dürfen.

Vermeidung (nach Maßgaben der gem. §§ 23, 24 KrW-/AbfG zu erlassenden Rechtsverordnungen), Verwertung und Beseitigung von Abfällen unterliegen der **Überwachung** durch die jeweils zuständige Behörde (§ 40 I KrW-/AbfG). Diese Überwachung erfolgt abgestuft nach der Überwachungsbedürftigkeit der Abfälle, wobei unterschieden werden:

- **besonders überwachungsbedürftige Abfälle** gem. § 41 I KrW-/AbfG i.V.m. der *Verordnung zur Bestimmung von besonders überwachungsbedürftigen Abfällen*[2];

- **überwachungsbedürftige Abfälle** gem. § 41 II KrW-/AbfG, wobei im Falle der Verwertung verwertbarer überwachungsbedürftiger Abfälle die *Verordnung zur Bestimmung von überwachungsbedürftigen Abfällen zur Verwertung*[3] zu beachten ist.

Bezüglich der Überwachung der Beseitigung und Verwertung von Abfällen sind vorgesehen:

---

[2] BGBl. 1996 Tl. I S.1366.
[3] BGBl. 1996 Tl. I S.1377.

- das fakultative Nachweisverfahren über die Beseitigung von Abfällen (§ 42 KrW-/AbfG) bzw. deren Verwertung (§ 45 KrW-/AbfG),

- das obligatorische Nachweisverfahren über die Beseitigung von besonders überwachungsbedürftigen Abfällen (§ 43 KrW-/AbfG) bzw. deren Verwertung (§ 46 KrW-/AbfG) sowie

- Ausnahmen vom **obligatorischen** Nachweisverfahren gem. §§ 44, 47 KrW-/AbfG.

Details der Nachweisführung werden durch die gem. § 48 KrW-/AbfG ergangene *Verordnung über die Verwertungs- und Beseitigungsnachweise*[4] geregelt.

Abfälle zur Beseitigung dürfen gem. § 49 I 1 KrW-/AbfG gewerbsmäßig nur mit einer Transportgenehmigung der zuständigen Behörde eingesammelt oder befördert werden. Auf deren Erteilung besteht ein **Rechtsanspruch**, sofern nicht Tatsachen bekannt sind, aus welchen sich Bedenken gegen die Zuverlässigkeit des Antragstellers oder der für die Leitung und Beaufsichtigung des Betriebes verantwortlichen Personen ergeben und der Einsammler, Beförderer und die von ihnen beauftragten Personen die erforderliche Sachkunde besitzen (§ 49 II KrW-/AbfG). Die diesbezüglichen Einzelheiten werden durch die gem. § 48 III KrW-/AbfG ergangene *Verordnung zur Transportgenehmigung*[5] geregelt. **Genehmigungspflichtig** ist gem. § 50 KrW-/AbfG auch die **gewerbsmäßige Vermittlung der Abfallverbringung für Dritte**.
Der o.g. Genehmigungen bedarf gem. § 51 KrW-/AbfG nicht, wer **Entsorgungsfachbetrieb i.S. § 52 I KrW-/AbfG** ist und die beabsichtigte Aufnahme der Tätigkeit unter Beifügung des Nachweises der Fachbetriebseigenschaft der zuständigen Behörde **angezeigt** hat.

Entsorgungsfachbetrieb i.S. § 52 KrW-/AbfG ist, wer berechtigt ist, das Gütezeichen einer für die Abfallwirtschaft zuständigen obersten Landesbehörde oder einer von dieser bestimmten anderen Behörde anerkannten Entsorgergemeinschaft zu führen oder wer einen Überwachungsvertrag mit einer technischen Überwachungsorganisation abgeschlossen hat, der eine mindestens einjährige Überprüfung einschließt. Die diesbezüglichen Anforderungen an ein solches Unternehmen werden durch die gem. § 52 II KrW-/AbfG ergangene *Verordnung über Entsorgungsfachbetriebe*[6] geregelt.

§ 53 KrW-/AbfG enthält **Mitteilungspflichten zur Betriebsorganisation**, in deren Erfüllung der zuständigen Überwachungsbehörde diejenigen Personen anzuzeigen sind, welche die Pflichten des Betreibers einer Anlage i.S. § 4 BImSchG

---

[4] BGBl. 1996 Tl. I S.1382.
[5] BGBl. 1996 Tl. I S.1411.
[6] BGBl. 1996 Tl. I S.1421.

oder des Besitzers i.S. § 26 KrW-/AbfG wahrnehmen. Die solcherart benannten Personen haben der Behörde anzuzeigen, daß die kreislaufwirtschaftlichen Vorschriften beim Betrieb beachtet werden.

Die behördliche Überwachung des betrieblichen Abfallgebahrens wird ergänzt durch die innerbetriebliche Selbstüberwachung, als deren zentrales Organ der **Betriebsbeauftragte für Abfall** fungiert. Die Pflicht zur Bestellung sowie der Kreis der Verpflichteten ist dem § 54 KrW-/AbfG zu entnehmen. Aus der umfangreichen Aufzählung seiner Aufgaben in § 55 ergeben sich fünf wesentliche Funktionen, nämlich die

- **Beratungsfunktion** (§ 55 I 1 KrW-/AbfG),

- **Überwachungsfunktion** (§ 55 I Ziff.1 KrW-/AbfG),

- **Kontrollfunktion** (§ 55 I Ziff.2 KrW-/AbfG),

- **Aufklärungsfunktion** (§ 55 I Ziff.3 KrW-/AbfG),

- **Initiativfunktion** (§ 55 I Ziff. 4 KrW-/AbfG),

- **Berichtsfunktion** (§ 55 II KrW-/AbfG).

Auf das Verhältnis zwischen dem zur Bestellung Verpflichteten und dem Abfallbeauftragten finden im übrigen die §§ 55 bis 58 BImSchG entsprechende Anwendung. Die durch § 19 KrW-/AbfG geforderten **Abfallkonzepte** stellen **betriebsinterne Planungsinstrumente** dar, zu deren Erstellung Abfallerzeuger verpflichtet sind, bei denen mehr als **2.000 kg besonders überwachungsbedürftige** Abfälle oder mehr als **2.000 t überwachungsbedürftige** Abfälle p.a. anfallen.

Das Abfallwirtschaftskonzept hat zu enthalten:

1. Angaben über Art, Menge und Verbleib der besonders überwachungsbedürftigen Abfälle, überwachungsbedürftigen Abfälle zur Verwertung sowie der Abfälle zur Beseitigung,

2. Darstellung der getroffenen und geplanten Maßnahmen zur Vermeidung, zur Verwertung und zur Beseitigung von Abfällen,

3. Begründung der Notwendigkeit der Abfallbeseitigung, insbesondere Angaben zur mangelnden Verwertbarkeit aus den in § 5 IV KrW-/AbfG genannten Gründen,

4. Darlegung der vorgesehenen Entsorgungswege für die nächsten fünf Jahre; bei Eigenentsorgern Angaben zur notwendigen Standort- und Anlagenplanung sowie ihrer zeitlichen Abfolge,

5. gesonderte Darstellung des Verbleibs der unter (1) genannten Abfälle bei der Verwertung oder Beseitigung außerhalb der Bundesrepublik Deutschland.

Das Abfallwirtschaftskonzept ist erstmalig bis zum 31.12.1999 für die folgenden fünf Jahre zu erstellen und danach alle fünf Jahre fortzuschreiben. Die zuständige Behörde kann die Vorlage bis zu einem früheren Zeitpunkt verlangen (§ 19 III KrW-/AbfG).

Die gem. § 19 KrW-/AbfG zur Erstellung von Abfallwirtschaftskonzepten Verpflichteten haben ferner jährlich, u.zw. erstmalig zum 01.04.1998, eine **Abfallbilanz** über Art, Menge und Verbleib der verwerteten oder beseitigten **besonders überwachungsbedürftigen Abfälle** zu erstellen und sie auf Verlangen der zuständigen Behörde vorzulegen (§ 20 KrW-/AbfG). Näheres zu Abfallwirtschaftskonzepten und -bilanzen regelt die *Verordnung über Abfallwirtschaftskonzepte und Abfallbilanzen*[7].

Die Sonderbestimmungen des vormaligen Abfallgesetzes von 1986 betreffend Altöle (§§ 5a, 5b AbfG) bleiben weiterhin bis zu ihrer Ablösung durch entsprechende Rechtsverordnungen gem. §§ 7, 24 KrW-/AbfG in Kraft (§ 64 KrW-/AbfG).

2.1.2   Das Altlasten- und Bodenschutzrecht

Literaturhinweise: Bender, B.; Sparwasser, R.; Engel, R. (1995): Umweltrecht - Grundzüge des öffentlichen Umweltrechts. Heidelberg: C.F. Müller, S. 255 ff.; **Ossenbühl, F.** (1995): Zur Haftung des Gesamtrechtsnachfolgers für Altlasten. Baden - Baden: Nomos; **Eisenbarth, S.** (1995): Altlastensanierung und Altlastenfinanzierung. Unternehmenspraxis Umweltschutz Bd. 6, Bonn: Economica.

Das **Bodenschutzrecht** als Teil des medienbezogenen Umweltschutzrechts soll die Ressource Boden vor allem gegen Schadstoffeintrag und exzessiven Landverbrauch schützen. **Ein eigenes Bundesbodenschutzgesetz existiert bis heute noch nicht.** Die meisten Länder haben grundlegende Belange des Bodenschutzes in ihren Landesabfall- bzw. Landesabfall- und Altlastengesetzen geregelt. Über ein eigens dem Bodenschutz gewidmetes Gesetz verfügt bis jetzt erst das Land Baden-Württemberg. Ansonsten finden sich bodenschutzrechtliche Regelungen recht breit über andere bundes- und landesrechtliche Rechtsvorschriften verteilt.

---

[7] BGBl. 1996 Tl. I S.1447.

Einige davon nehmen den Bodenschutz zu einem Hauptgegenstand ihrer Regelungen (so das BNatSchG, § 2 I Ziff. 4), andere statuieren ihn als ein Ziel neben anderen, so das BauGB, das PflSchG oder das DMG. Mittelbar bodenschützend wirken die Regelungen des WHG, des Wasch- und Reinigungsmittelgesetzes, des BImSchG, des Bundeswaldgesetzes oder des Grundstücksverkehrsgesetzes.

Hier soll der **Entwurf eines Bundesbodenschutzgesetzes**[1] die auf diesem ökologisch besonders sensiblen Gebiet bestehende Zersplitterung überwinden, die erforderliche begriffliche Klarheit schaffen und den notwendigen Rahmen für eine Vereinheitlichung, Fundierung und Beschleunigung der Verwaltungsverfahren setzen.

Der Entwurf des Bundesbodenschutzgesetzes legt in seinem § 1 als auslegungs- und ermessensleitende Zweckbestimmung den **Schutz des Bodens vor schädlichen Veränderungen** und die **Vorsorge gegen das Entstehen schädlicher Bodenveränderungen** fest. Im Hinblick auf diese Zielstellung sind

- schädliche Bodenveränderungen abzuwehren,

- bestehende schädliche Bodenveränderungen und Altlasten zu beseitigen,

- nachteilige Einwirkungen auf den Boden nach Maßgabe des Gesetzes soweit wie möglich zu vermeiden und

- den Boden generell in seinem physischen Bestand und in der Vielfalt seiner Funktionen zu erhalten.

Gem. § 2 des Entwurfs des Bundesbodenschutzgesetzes werden Schutz und Vorsorge bestimmt als **Erhaltung oder Wiederherstellung der Leistungsfähigkeit des Bodens** als

- Lebensgrundlage und Lebensraum für Menschen, Tiere, Pflanzen und Bodenorganismen,

- Teil des Naturhaushalts, insbesondere im Hinblick auf seine Wasser- und Nährstoffkreisläufe,

- Abbau-, Ausgleichs- und Aufbaumedium für stoffliche Einwirkungen aufgrund der Filter-, Puffer- und Stoffumwandlungseigenschaften sowie in seinen Nutzungsfunktionen als

- Rohstofflagerstätte,

---

[1] Bundesrats - Drucksache 702/96 v. 27.09.1996.

- Standort für land- und forstwirtschaftliche Nutzung,

- Fläche für Siedlung und Erholung,

- Standort für wirtschaftliche Nutzung, Verkehr, Ver- und Entsorgung und

- Archiv der Natur- und Kulturgeschichte.

Als Widersprüchlichkeit in dieser Bestimmung ist allerdings anzumerken, daß hier die in praxi einander zu oft widerstreitenden ökologischen und nichtökologischen Funktionen als gleichermaßen geschützt erscheinen. Hier ist terminologische und doktrinäre Klärung dringend geboten, da es nicht die Aufgabe gerade eines Bodenschutzgesetzes sein kann, Zugriffsmöglichkeiten auf Böden als Flächen für Siedlung und Erholung bzw. als Standort wirtschaftlicher Aktivitäten sicherzustellen. Notwendig sind in diesem Zusammenhang auch hinreichend präzise Aussagen zum Verhältnis der ökologischen und nichtökologischen Belange im Falle von Kollisionen der bodenschutzrechtlichen Regelungen mit denen der die Inanspruchnahme von Bodenflächen für Siedlungs- oder Verkehrszwecke regelnden Rechtsakte.

Dies ist um so mehr geboten, als der Entwurf die Nichtanwendung dieses Gesetzes in den Fällen vorsieht, wenn andere Vorschriften wie etwa das KrW-/AbfG, Düngemittelgesetz, Pflanzenschutzgesetz, Atomgesetz, Gentechnikgesetz oder das BImSchG bereits Regelungen enthalten oder bestimmte thematisch bezeichnete Gebiete gleich in Bausch und Bogen ausklammmert, so den Verkehrswegebau oder den Umgang mit Kampfmitteln. Nicht zu übersehen ist auch, daß die Umweltverträglichkeitsprüfung im die Verkehrswege betreffenden Fachplanungsrecht oder die Bodenschutzklausel des § 1 V 3 BauGB dem Anliegen des Bodenschutzes keinen substantiellen Eintrag tun und Rechtsvorschriften wie das Investitionserleichterungs- und Wohnbaulandgesetz, Verkehrswegeplanungsbeschleunigungsgesetz oder das Planungsvereinfachungsgesetz Zugriffe auch auf ökologisch sensible Gebiete erleichtern.

In seinen §§ 6, 7 statuiert der Entwurf des Bundesbodenschutzgesetzes folgende **Grundpflichten**:

- Eigentümer von Grundstücken bzw. Inhaber der tatsächlichen Gewalt über solche haben - über die Gefahrenabwehr hinaus - Vorsorge zu treffen, daß auch in Zukunft keine schädlichen Bodenveränderungen entstehen können;

- mit Grund und Boden soll sparsam umgegangen werden;

- jedermann hat sich so zu verhalten, daß keine schädlichen Bodenveränderungen verursacht werden;

- Eigentümer von Grundstücken bzw. Inhaber der tatsächlichen Gewalt über solche haben erforderlichenfalls schädliche Bodenveränderungen abzuwehren;

- Verursacher schädlicher Bodenveränderungen und ihre Gesamtrechtsnachfolger ebenso auch Eigentümer hiervon betroffener Grundstücke bzw. Inhaber der tatsächlichen Gewalt über solche sind zur Beseitigung dieser schädlichen Bodenveränderungen verpflichtet.

So müssen namentlich Eigentümer gewerblich genutzter Grundstücke dafür sorgen, daß aus von ihnen betriebenen Anlagen keine grundwassergefährdenden Stoffe in den Boden gelangen und dies auch nicht langfristig bzw. in solchen Mengen, welche für den Moment zwar durchaus ungefährlich sind, jedoch infolge Summierung über einen längeren Zeitraum hinweg oder infolge chemischen Zerfalls durchaus schadensstiftende Wirkungen entfalten können.

Geht von schädlichen Bodenveränderungen eine Gefahr für die öffentliche Ordnung und Sicherheit aus, insbesondere für Leben und Gesundheit Dritter oder die Umwelt, so können entweder - sofern noch existent und erreichbar - der Verursacher, anderenfalls aber der Eigentümer bzw. der sonst die tatsächliche Herrschaft über solche Grundstücke Ausübende auf die Aufwendungen zur unmittelbaren Abwehr der Gefahr wie auch zur Sanierung der betreffenden Flächen in Anspruch genommen werden. Dies betrifft vor allem die Problematik der **Altlasten**.

In Konkretisierung der bodenrechtlichen Vorsorgepflicht hat auch die landwirtschaftliche Nutzung standortgemäß nach den Maßgaben der guten fachlichen Praxis so zu erfolgen, daß soweit als möglich Erosionserscheinungen vermieden werden, Bodenverdichtungen nicht eintreten und die Biologische Aktivität des Bodens sowie eine vorteilhafte Bodenstruktur erhalten bzw. gefördert werden.

Der Bodenschutz wird durch eine ganze Reihe von eingreifenden, leistenden und planenden Maßnahmen verwirklicht, welche aufgrund einer ganzen Reihe von Rechtsvorschriften ergehen können. Der Vollzug bodenschutzrechtlicher Regelungen ist den Ländern übertragen, ebenso die Festlegung der behördlichen Zuständigkeiten.

Einen noch kommende Generationen vor schwerwiegende Probleme stellenden Gegenstand bilden die sog. **Altlasten,** die in der Vergangenheit primär durch den - aus heutiger Sicht unsachgemäßen - Umgang mit den Boden und das Grundwasser beeinträchtigenden Stoffen entstanden sind. Eine ganze Anzahl solcher Altlasten - darunter auch solche, die im Gefolge zweier Weltkriege entstanden sind (z.B. alte Giftgasbestände) - sind mehr als ein Dreivierteljahrhundert alt. Ihre Sanierung wird nach gegenwärtigem Erkenntnisstand bundesweit (geschätzte) Aufwendungen in Höhe von 80-200 Md. DM verursachen.

Altlasten sind **Altablagerungen** und **Altstandorte, sofern von diesen** nach den Erkenntnissen einer im Einzelfall vorausgegangenen Untersuchung und einer darauf beruhenden Beurteilung durch die zuständige Behörde **eine Gefahr für die öffentliche Sicherheit oder Ordnung ausgeht.**

Altlast-Verdachtsflächen sind Altablagerungen und Altstandorte, soweit ein hinreichender Verdacht besteht, daß von ihnen eine Gefahr für die öffentliche Sicherheit und Ordnung ausgeht oder künftig ausgehen kann.

Altablagerungen sind

1. stillgelegte Anlagen zum Ablagern von Abfällen,
2. sonstige stillgelegte Aufhaldungen und Verfüllungen
3. auf sonstigen Flächen vor dem 1. Juli 1990 abgelagerte Abfälle.

Altstandorte sind

1. Grundstücke stillgelegter Anlagen, in denen mit umweltgefährdenden Stoffen umgegangen worden ist, soweit es sich um Anlagen der gewerblichen Wirtschaft oder im Bereich öffentlicher Einrichtungen gehandelt hat, ausgenommen der Umgang mit Kernbrennstoffen und sonstigen radioaktiven Stoffen im Sinne des Atomgesetzes,

2. Grundstücke, auf denen insbesondere im Bereich der gewerblichen Wirtschaft und im Bereich öffentlicher Einrichtungen einschließlich ehemaliger militärischer Liegenschaften sonst mit umweltgefährdenden Stoffen umgegangen worden ist, ausgenommen der Umgang mit Kernbrennstoffen und sonstigen radioaktiven Stoffen im Sinne des Atomgesetzes, das Aufbringen von Abwasser, Klärschlamm, Fäkalien oder ähnlichen Stoffen und von festen Stoffen, die aus oberirdischen Gewässern entnommen worden sind, sowie das Aufbringen und Anwenden von Pflanzenbehandlungs- und Düngemitteln.[2]

Eine in sich geschlossene rechtliche Kodifikation zu dieser Problematik existiert gegenwärtig nicht. Die Abfall- und Bodenschutzgesetze einiger Bundesländer enthalten z.T. recht eingehende altlastenrechtliche Regelungen; auch der Entwurf des Bundesbodenschutzgesetzes sieht entsprechende Festlegungen vor. Insgesamt aber unterliegen die Altlasten einer Reihe verschiedener Rechtsvorschriften, so denen **des Abfallrechts, des Wasserhaushaltrechts, des Bodenschutzrechts (der Länder) und auch des Immissionsschutzrechts.** Die **öffentlich-rechtliche Verantwortlichkeit** für Altlasten, insbesondere deren Sanierung, richtet sich in Ermangelung spezialgesetzlicher Eingriffsermächtigungen nach dem sich aus den jeweiligen Landesgesetzen ergebenden **Polizei- und Ordnungsrecht.** Ein diesbezügliches behördliches Tätigwerden, z.B. durch den Erlaß einer Sanierungsverfügung, setzt stets eine durch die betreffenden Altlasten verursachte **Gefahr** voraus,

---

[2] So § 25 des Vorschaltgesetzes zum Abfallgesetz für das Land Brandenburg v. 20. 01.1992, GVBl. S.16, geänd. dch. G. v. 13.07.1994, GVBl. S.379.

d.h. eine Sachlage, welche - der klassischen Definition des preußischen Oberverwaltungsgerichts zufolge - **bei ungehindertem Ablauf erkennbar zu einem Schaden, d.h. zu einer Minderung eines tatsächlich vorhandenen normalen Bestandes an Lebensgütern durch von außen kommende Einflüsse führen würde.**

Ziel einer solchen Sanierung ist demzufolge auch nicht die Wiederherstellung eines „jungfräulichen" Zustandes des kontaminierten Bodens, sondern die Beseitigung einer vorliegenden Gefahrenlage. Demzufolge muß auch nicht alles, was da Altlast heißt, saniert werden und wenn, dann nur insoweit, als dadurch die Bodenbelastungen auf ein die Gefahren für die öffentliche Ordnung und Sicherheit zuverlässig ausschließendes Maß reduziert werden.

Die **Sanierungsverantwortlichkeit** trifft dabei entweder

a) **den Handlungs- oder Verhaltensstörer**, d.h. diejenige natürliche oder juristische Person, welche durch ihre eigenen Handlungen eine Bodenbelastung verursacht hat, oder

b) **den Zustandsstörer**, d.h. den Eigentümer bzw. sonst Inhaber der tatsächlichen Sachherrschaftsbefugnisse über kontaminierte Grundstücke, von denen Gefahren im polizeirechtlichen Sinne ausgehen.

Dieser hat zwar den Gefahrentatbestand nicht selbst verursacht, ist aber verpflichtet, für die vom Gegenstand seines Eigentums- bzw. Besitzrechts herrührenden nachteiligen Wirkungen auf die öffentliche Ordnung und Sicherheit einzustehen. Dies betrifft zumeist Personen, die ein belastetes Grundstück mitunter lange nach Beendigung der zur Belastung führenden Handlungen (und oft ohne ausreichende Kenntnis derselben und ihres Ausmaßes) erworben haben. Für die Bewältigung des immensen Finanzierungsbedarfs der Altlastensanierung existieren verschiedene Modelle, welche insbesondere die Frage zu beantworten haben, wer die Sanierung gerade derjenigen Altlasten zu regulieren hat, für welche kein Sanierungsverantwortlicher ausgemacht werden kann.

Nach dem **Gemeinlastprinzip** müßte die Finanzierung aus den öffentlichen Haushalten der Bundesländer bzw. Gebietskörperschaften bestritten werden.
Nach dem **Gruppenlastprinzip** können gesetzlich normierte Solidarfonds eingerichtet und von bestimmten altlastgeneigten Industriebranchen mitfinanziert werden.
Nach dem **Kooperationsprinzip**, welches das Gruppenlastprinzip auf der Basis freiwilligen Übereinkommens verwirklicht, tragen Länder, entsorgungspflichtige Körperschaften sowie die Industrie je zu bestimmten Teilen zur Sanierung der Altlasten ihres Verantwortungsbereichs bei.

Im Hinblick auf die besondere Situation in den neuen Bundesländern wurde der dortigen Altlastenproblematik durch die Freistellungsklausel und ein auf diese hin geschlossenes Verwaltungsabkommen Rechnung getragen, zu welchen jetzt ein neues Finanzierungsabkommen getreten ist, welches eine vereinfachte Verfahrensweise vorsieht.

2.1.3 Das Immissionsschutzrecht

Literaturhinweise: Bender, B.; Sparwasser, R.; Engel, R. (1995): Umweltrecht - Grundzüge des öffentlichen Umweltrechts. Heidelberg: C.F. Müller, S. 309 ff.

Das öffentliche Immissionsschutzrecht bezweckt die **Reinhaltung der Luft** (von Stäuben, Schwebstoffen, Gasen und Dämpfen) sowie die **Bekämpfung von Lärm, Erschütterungen** und **ähnlicher** für die Umwelt und das menschliche Wohlbefinden abträglicher **Erscheinungen**. Die seinem § 1 vorangestellte Zweckbestimmung des Bundesimmissionsschutzgesetzes, in welcher besonderes Gewicht auf die Grundsätze der **Gefahrenabwehr** und der **Umweltvorsorge** gelegt werden, lautet:

Zweck dieses Gesetzes ist es, Menschen, Tiere und Pflanzen, den Boden, das Wasser, die Atmosphäre sowie Kultur- und sonstige Sachgüter vor schädlichen Umwelteinwirkungen und, soweit es sich um genehmigungsbedürftige Anlagen handelt, auch vor Gefahren, erheblichen Nachteilen und erheblichen Belästigungen, die auf andere Weise herbeigeführt werden, zu schützen und dem Entstehen schädlicher Umwelteinwirkungen vorzubeugen.

Grundlegende Rechtsvorschrift des Immissionsschutzrechts ist das **Bundesimmissionsschutzgesetz** (BImSchG)[1] in seiner derzeit geltenden Fassung vom 19.07.1995. Es enthält in seinem ersten Teil zunächst allgemeine Vorschriften, d.h. neben der oben zitierten zum Gesetzeszweck solche zum Geltungsbereich (§ 2), also zu den von der Gesetzesgeltung erfaßten Objekten und Aktivitäten.

Dies betrifft Errichtung und Betrieb von Anlagen, Herstellen, Inverkehrbringen und Einführen von Anlagen, Brennstoffen und Treibstoffen, Stoffen und Erzeugnissen aus Stoffen nach Maßgabe der §§ 32 bis 37 BImSchG, die Beschaffenheit, Ausrüstung, den Betrieb und die Prüfung von Kraftfahrzeugen und ihren Anhängern und von Schienen-, Luft- und Wasserfahrzeugen sowie von Schwimmkörpern und schwimmenden Anlagen nach Maßgabe der §§ 38 bis 40 BImSchG, sowie den Bau öffentlicher Straßen und Schienenwege (§§ 41-43 BImSchG).

---

[1] BGBl. 1990 Tl. I S.880, zul. geänd. dch. G. v. 19.07.1995, BGBl. 1995 Tl. I S.930.

Dabei werden nicht nur herkömmlichen gewerblichen Zwecken dienende Anlagen erfaßt, sondern auch solche der Land- und Forstwirtschaft, des Bergbaus und nicht zuletzt auch solche im Bereich hoheitlicher Tätigkeit. In bezug auf letztere ist die gem. § 59 BImSchG erlassene *14. BImSchV (Verordnung über Anlagen der Landesverteidigung)* zu nennen, welche die Besonderheiten des Vollzugs der Immissionsschutzgesetzgebung und des Genehmigungsverfahrens für Anlagen im Bereich der Landesverteidigung regelt.

Ausgenommen von der Geltung des BImSchG sind Flugplätze, Kernbrennstoffe sowie dem Atomrecht unterfallende Anlagen und Geräte, soweit es sich letzterenfalls um den Schutz vor den Gefahren der Kernenergie und den schädlichen Auswirkungen ionisierender Strahlungen handelt. In bezug auf die Luftreinhaltung und Lärmbekämpfung jedoch gelten sie für Anlagen aus **allen** Bereichen.

Die Legaldefinitionen wichtiger Schlüsselbegriffe des Immissionsschutzrechts sind im § 3 enthalten; behördliche Zuständigkeiten ergeben sich aus den einschlägigen Länderverordnungen.

Der **II. Teil** des BImSchG (§§ 4-31) mit seiner Regelung des anlagenbezogenen Immissionsschutzes bildet den Kernbereich dieses Gesetzes. Sein erster Abschnitt erfaßt zunächst die **genehmigungsbedürftigen Anlagen** (§§ 4-21). Dieser betrifft zunächst die vor allem wegen der mit ihrem Betrieb verbundenen Luftverunreinigungen und Geräuschbelästigungen relevanten, in der *4. BImSchV (Verordnung über genehmigungsbedürftige Anlagen)*[1a] abschließend aufgeführten Anlagen. Die Errichtung und der Betrieb derartiger Anlagen bedarf entweder einer in einem Verfahren gem. § 10 ff. BImSchG i.V.m. der *9. BImSchV (Verordnung über das Genehmigungsverfahren)*[2] ergehenden oder einer im vereinfachten Verfahren gem. § 19 BImSchG zu erteilenden Genehmigung. Die Anlagen, für welche das förmliche bzw. vereinfachte Genehmigungsverfahren in Anwendung kommen, ergeben sich aus den **Spalten I bzw. II** der Anlage zur 4. BImSchV. In bezug auf die Genehmigungs- und Betriebsvoraussetzungen für derartige Anlagen sind darüber hinaus im gegebenen Falle die *12. (Störfall-Verordnung), die 13. (Verordnung über Großfeuerungsanlagen)*[3], die *17. BImSchV (Abfallverbrennungsanlagen-Verordnung)*[4] und die *27. BImSchV (Verordnung über Anlagen zur Feuerbestattung)*[5] zu beachten.

Hinsichtlich der Durchführung der Genehmigungsverfahren haben sich mit dem **Gesetz zur Beschleunigung und Vereinfachung immissionsschutzrechtlicher**

[1a] BGBl. 1985 Tl. I S.1586, i.d.F. v. 14.03.1997, BGBl. 1997 Tl. I S.104.
[2] BGBl. 1992 Tl. I S. 1001, geänd. dch. VO v. 20.04.1993, BGBl. 1993 Tl. I S.494.
[3] BGBl. 1983 Tl. I S.719.
[4] BGBl. 1990 Tl. I S.2545.
[5] BGBl. 1997 Tl. I S.545.

Genehmigungsverfahren vom 09.10.1996[6] Änderungen sowohl bezüglich des II. Teils des BImSchG als auch der 9. BImSchV ergeben.

Der zweite Abschnitt des II. Teils des BImschG (§§ 22-25) betrifft **nichtgenehmigungsbedürftige Anlagen** (gewisse Handwerksbetriebe, Sportstadien, Kinderspielplätze sowie auch mobile Emittenten wie Rasenmäher, Gartengrillgeräte etc.). Auch er enthält Vorschriften über die Betreiberpflichten sowie Anforderungen an den Grad der Umweltverträglichkeit der Anlagen und ihres Betriebes. In diesem Zusammenhang sind die gem. § 23 BImSchG erlassenen Rechtsverordnungen

-1. BImSchV über Kleinfeuerungsanlagen[7],

- 2. BImSchV zur Emmissionsbegrenzung von leichtflüchtigen Halogenkohlenwasserstoffen[8],

- 7. BImSchV zur Auswurfbegrenzung von Holzstaub[9],

- 8. BImSchV (Rasenmäherlärm-Verordnung)[10],

- 18. BImSchV (Sportanlagen-Lärmschutz-Verordnung)[11],

- 20. BImSchV zur Begrenzung der Kohlenwasserstoffemissionen beim Umfüllen und Lagern von Ottokraftstoffen[12],

- 21. BImSchV zur Begrenzung der Kohlenwasserstoffemissionen bei der Betankung von Kraftfahrzeugen[13],

- 26. BImSchV (Verordnung über elektromagnetische Felder)[14]

zu beachten.

Der III. Abschnitt des II. Teils des BImSchG (§§ 26-31a) regelt die Pflicht der Anlagenbetreiber, auf Anordnung der zuständigen Behörde hin Emissionen bzw. Immissionen durch anerkannte Stellen auf eigene Kosten messen zu lassen und die Meßergebnisse der Behörde mitzuteilen. Die gem. § 27 BImSchG abzugebende

---

[6] BGBl. 1996 Tl. I S.1498.
[7] BGBl. 1997 Tl. I S.490.
[8] BGBl. 1990 Tl. I S.2694, geänd.dch. VO v. 05.06.1991, BGBl.1991 Tl. I S.1218.
[9] BGBl. 1975 Tl. I S.3133.
[10] BGBl. 1992 Tl. I S.1248, geänd.dch. G. v. 27.04.1993, BGBl. 1993 Tl. I S.512.
[11] BGBl. 1991 Tl. I S.1588.
[12] BGBl. 1992 Tl. I S.1727.
[13] BGBl. 1992 Tl. I S.1730.
[14] BGBl. 1996 Tl. I S.1966.

Emissionserklärung ist hinsichtlich ihres Inhalts, ihrer Form und ihres Abgabezeitpunktes durch die *11. BImSchV (Emissionserklärungsverordnung)*[15] des Näheren ausgestaltet. § 31a regelt die Tätigkeit des beim BMU gebildeten und diesen
beratenden Ausschuß für Anlagensicherheit.

Der III. Teil des BImSchG (§§ 32-37) befaßt sich mit dem produktbezogenen
Immissionsschutz, d.h. mit der Beschaffenheit von Anlagen, Stoffen, Erzeugnissen, Treib-, Schmier- und Brennstoffen. Hiernach wird die Bundesregierung ermächtigt, nach Anhörung der beteiligten Kreise gem. § 51 BImSchG in Rechtsverordnungen zum Schutz vor schädlichen Umwelteinwirkungen Anforderungen
verbindlich festzuschreiben für

- die Beschaffenheit und die generelle Zulassung hergestellter, eingeführter oder in
Verkehr gebrachter Anlagen und Anlagenteile sowie

- die Beschaffenheit von Brenn- und Treibstoffen oder von sonstigen Stoffen und
Erzeugnissen, deren Verwendung oder Verbrennung zu schädlichen Umwelteinwirkungen führen könnten.

Hierher gehören neben der schon erwähnten Rasenmäher-Lärmverordnung die
gem. § 37 BImSchG ergangene *15. BImSchV (Baumaschinen-Lärmverordnung)*[16]
sowie die *10. BImSchV (Verordnung über die Beschaffenheit und die Auszeichnung der Qualitäten von Kraftstoffen)*[16a] .

Der IV. Teil des BImSchG ist dem **verkehrsbezogenen Emissionsschutz** gewidmet, d.h. der Regelung der Beschaffenheit und des Betriebes von Fahrzeugen
sowie dem Bau und der Änderung von Straßen und Schienenwegen. Die §§ 38
und 39 beziehen sich dabei auf Emissionen, welche durch die Beteiligung am
Verkehr bedingt sind, und stellen entsprechende Anforderungen an die Beschaffenheit und die Betriebsweise von Fahrzeugen aller Art; sie enthalten ferner die
entsprechende Verordnungsermächtigung für die Bundesminister für Verkehr und
Umwelt u.zw. auch bezüglich der innerstaatlichen Umsetzung von Rechtsakten
der EU.

Aufgrund von § 40 BImSchG und auf diesen hin erlassener Landes- bzw. Bundesverordnungen können Verkehrsbeschränkungen wegen konkreter Immissionssituationen (Sommer- bzw. Wintersmog) verhängt werden. Die *23. BImSchV
(Verordnung über die Festlegung von Konzentrationswerten)*[17] legt für bestimmte

---

[15] BGBl. 1991 Tl. I S.2213, geänd. dch. VO v. 26.101993, BGBl. 1993 Tl. I S.1782.
[16] BGBl. 1986 Tl. I S.1729, geänd. dch. G. v. 27.04.1993, BGBl. 1993 Tl. I S. 512.
[16a] BGBl. 1993 Tl. I S.2036.
[17] BGBl. 1996 Tl. I S.1962.

Straßen oder Gebiete, in denen besonders hohe, namentlich vom Verkehr verursachte Immissionen zu erwarten sind, die Konzentrationswerte für luftverunreinigende Stoffe fest, bei deren Überschreitung Maßnahmen gem. § 40 II BImSchG (Beschränkungen des Kraftfahrzeugverkehrs auf bestimmten Straßen oder in bestimmten Gebieten durch die Straßenverkehrsbehörde) getroffen werden können.Demgegenüber knüpfen die §§ 41-43 BImSchG an die Lage und Gestaltung öffentlicher Straßen und Schienenwege an, wobei diesbezüglich § 50 BImSchG die umweltschonende Trassierung, den Primat des aktiven gegenüber dem passiven Lärmschutz und den Aufwendungsersatz für Lärmbetroffene postuliert. Immissionsgrenzwerte für Geräuschemissionen legt die *16. BImSchV (Verkehrslärmschutzverordnung)*[17a] fest. Der o.g. § 50 BImSchG fordert zudem die fehlerfreie Zuordnung unterschiedlich genutzter Flächen bei raumbedeutsamen Planungen.

Im V. Teil des BImSchG (§§ 44-47a) geht es um den gebietsbezogenen Immissionsschutz, insbesondere um die Überwachung der Luftverunreinigung im Bundesgebiet. Dieser ist den nach Landesrecht zuständigen Behörden zugewiesen und betrifft die Bereitstellung planungsrechtlicher Instrumente in Gestalt von umweltspezifischen und raumbezogenen Fachplänen. Sie betreffen insbesondere

- die zum Zwecke der Planungsvorbereitung per Rechtsverordnung vorzunehmende Festsetzung von Untersuchungsgebieten, d.h. solcher Gebiete, in denen besonders intensive oder nachhaltige Luftverunreinigungen auftreten oder auftreten können (§ 44 II BImSchG), sowie die Führung von Immissions- und Emissionskatastern;

- die Aufstellung von Luftreinhalteplänen, bei welchen es sich um Sanierungs- und Vorsorgepläne handelt, welche im Falle der Überschreitung festgelegter Immissionswerte zu erfolgen hat (§ 47 I BImSchG), und

- Lärmminderungspläne, die von den Gemeinden nach vorausgegangener Erfassung der Belastung durch Geräuschquellen und Feststellung ihrer umweltbelastenden Wirkung für Wohn- und andere schutzbedürftige Gebiete aufzustellen sind, wenn in derartigen Gebieten infolge von Geräuschemissionen schädliche Umwelteinwirkungen auftreten bzw. zu erwarten sind, und die Abstellung bzw. Minimierung dieser Störungen ein koordiniertes Vorgehen gegenüber verschiedenartigen Geräuschemittenten erfordert (§ 47a BImSchG).

Der IV. Teil des Gesetzeswerkes (§§ 48-62) enthält die Gemeinsamen Vorschriften, darunter § 48, kraft dessen die Bundesregierung ermächtigt wird, mit Zustimmung des Bundesrates nach Anhörung der beteiligten Kreise gem. § 51

[17a] BGBl. 1990 Tl. I S.1036.

BImSchG allgemeine Verwaltungsvorschriften zu erlassen, u.a. über Immissionswerte, die zu dem durch § 1 BImSchG festgelegten Zweck nicht überschritten werden dürfen, über Emissionswerte, deren Überschreiten nach dem Stand der Technik vermeidbar ist sowie über Verfahren zur Ermittlung von Emissionen und Immissionen. Hierauf beruhen namentlich die TAen Luft und Lärm (s. hierzu 1.3.4). In Erfüllung von Beschlüssen der Europäischen Gemeinschaften erging gem. § 48a BImSchG die *25. BImschV (Verordnung zur Begrenzung von Emissionen aus der Titandioxid-Industrie)*[18].

§§ 52, 52a BImSchG enthalten die behördlichen Befugnisse im Zusammenhang mit der Überwachung der Durchführung des BImSchG und die dementsprechenden Pflichten der Eigentümer und Betreiber von Anlagen bzw. der Eigentümer und Besitzer von Grundstücken, auf welchen Anlagen betrieben werden. Diese sind namentlich verpflichtet,

„den Angehörigen der zuständigen Behörde und deren Beauftragten den Zutritt zu den Grundstücken und zur Verhütung dringender Gefahren für die öffentliche Sicherheit und Ordnung auch zu Wohnräumen und die Vornahme von Prüfungen einschließlich der Ermittlung von Emissionen und Immissionen zu gestatten sowie Auskünfte zu erteilen und die Unterlagen vorzulegen, die zur Erfüllung ihrer Aufgaben erforderlich sind"(§ 52 II BImSchG).

In Ansehung dieser behördlichen Befugnisse ist das Grundrecht auf Unverletzlichkeit der Wohnung (Art. 13 GG) eingeschränkt. Ein zur Auskunft Verpflichteter ist zu deren Verweigerung berechtigt, wenn er hierdurch sich selbst oder einen in § 383 I Ziff.1 - 3 der Zivilprozeßordnung aufgeführten Angehörigen der Gefahr eines Straf- bzw. Ordnungsstrafverfahrens aussetzen würde.

Die §§ 53-58d BImSchG regelt die Bestellung des Betriebsbeauftragten für Umweltschutz bzw. des Störfallbeauftragten (§§ 58a ff. BImSchG) durch den Betreiber genehmigungsbedürftiger Anlagen und deren Aufgaben- und Befugniskreis. **Immissionsschutzbeauftragte** sind zu bestellen, sofern dies im Hinblick auf die Art oder die Größe der Anlage wegen der

1. von den Anlagen ausgehenden Emissionen,

2. technischen Probleme bei der Emissionsbegrenzung oder

3. Eignung der Erzeugnisse, bei bestimmungsgemäßer Verwendung schädliche Umwelteinwirkungen durch Luftverunreinigungen, Geräusche oder Erschütterun-

---

[18] BGBl. 1996 Tl. I S. 1722

gen hervorzurufen, erforderlich ist (§ 53 I BImSchG). **Störfallbeauftragte** sind dagegen zu bestellen,

„sofern dies im Hinblick auf die Art und Größe der Anlage wegen der bei einer Störung des bestimmungsgemäßen Betriebes auftretenden Gefahren für die Allgemeinheit und die Nachbarschaft erforderlich ist."(§ 58a I BImSchG).

Gem. §§ 54, 58c I BImSchG lassen sich die Obliegenheiten des Immissionsschutz- und Störfallbeauftragten in folgenden wesentlichen Funktionen zusammenfassen:

- Beratungsfunktion (§§ 54 I 1, 58c BImSchG),

- Initiativfunktion (§§ 54 I Ziff. 1 u. 2, 58c BImSchG),

- Kontrollfunktion (§§ 54 I Ziff. 3 , 58c BImSchG),

- Aufklärungsfunktion (§§ 54 I Ziff. 4 , 58c BImSchG).

Der zur Bestellung von Immissionsschutz- bzw. Störfallbeauftragten verpflichtete Anlagenbetreiber hat diese in der Wahrnehmung ihrer Aufgaben zu unterstützen (§§ 55 IV, 58c BImSchG), ihnen bei immissionsschutz- bzw. sicherheitsrelevanten Entscheidungen über Investitionen oder die Einführung neuer Erzeugnisse oder Verfahren Gelegenheit zur Stellungnahme hierzu zu geben (§§ 56, 58c BImSchG), sie mit ihren Vorschlägen und Bedenken anzuhören (§§ 57, 58c BImSchG) und sie wegen der Erfüllung ihrer Aufgaben nicht zu benachteiligen (§§ 58, 58d BImSchG). In Wahrnehmung dieser Funktionen handeln der Immissions- bzw. Störfallbeauftragte nicht als Organ oder Gehilfe der für die Überwachung zuständigen Behörde, sondern als Mitarbeiter bzw. Beauftragte des Anlagenbetreibers. Ihnen steht es z.B. nicht zu, sich über dessen Kopf hinweg direkt mit der Behörde ins Benehmen zu setzen, es sei denn wegen einer Umweltstraftat ihres Dienstherren.

Einzelheiten bezüglich der Bestellung und der erforderlichen fachlichen und charakterlichen Qualifikation des Immissionsschutz- bzw. Störfallbeauftragten finden sich in der *5. BImSchV (Verordnung über Immissionsschutz- und Störfallbeauftragte)*[19] geregelt. Der **Anhang I** zur 5. BImschV führt die genehmigungsbedürftigen Anlagen auf, für welche ein Immissionsschutzbeauftragter zu bestellen ist. Im Anhang II werden die Anforderungen an die Fachkunde von Immissionsschutz- bzw. Störfallbeauftragten aufgelistet.

---

[19] BGBl. 1993 Tl. I S. 1433.

§ 62 BImSchG enthält den recht umfangreichen Katalog der Ordnungswidrigkeiten. Der VII. Teil beschließt das BImSchG mit Schlußvorschriften.

2.1.4   Natur- und Artenschutzrecht

Literaturhinweise: Bender, B.; Sparwasser, R.; Engel, R. (1995): Umweltrecht - Grundzüge des öffentlichen Umweltrechts. Heidelberg: C.F. Müller, S. 119 ff.;

Die diesbezüglich grundlegende Rechtsquelle auf Bundesebene bildet das **Gesetz über Naturschutz und Landschaftspflege vom 20.12.1976**[1], zuletzt geändert durch Gesetz vom 12.02.1990, kurz als Bundesnaturschutzgesetz (BNatSchG) bezeichnet. Als ebenfalls zum Bereich des Naturschutzes gehörig sind an wichtigen bundesrechtlichen Sonderregelungen zu nennen:

- das **Bundeswaldgesetz vom 02.05.1975**[2], zul. geänd. dch. Ges. vom 27.07.1984; es enthält rahmenrechtliche Vorschriften über die forstwirtschaftliche Rahmenplanung, Erhaltung des Waldes und dessen Bewirtschaftung, die Rodungsgenehmigung, sowie über die Förderung der Forstwirtschaft und über Zusammenschlüsse auf forstwirtschaftlichem Gebiet,

- das **Bundesjagdgesetz vom 29.11.1952 i.d.F.d. Bek. v. 29.09.1976**[3], zul. geänd. dch. Einigungsvertragsgesetz vom 31.08.1990; es enthält namentlich Vorschriften über das Jagdrecht und seine Ausübung, Jagdbezirke, Jagdbeschränkungen, Wild- und Jagdschäden und über den Jagdschein,

- das **Tierschutzgesetz vom 17.02.1993**[4], zul. geänd. dch. Ges. v. 27.04.1993, welches den bisher maßgeblich anthropozentrisch orientierten Tierschutz überwindet und das Tier stärker als Wesen eigenen Rechts schützt,

- das **Pflanzenschutzgesetz vom 15.09.1986**[5], zul. geänd. dch. Ges. v. 25.11.1993, welches Normen zum Schutze der Kulturpflanzen und der hieraus hervorgegangenen Erzeugnisse vor Schadorganismen und zur Beschränkung der Anwendung von Pflanzenschutzmittel enthält.

Aufgrund der Ermächtigungsregelungen des BNatSchG erging die *Verordnung zum Schutz wildlebender Tier- und Pflanzenarten* (Bundesartenschutzverordnung)

---

[1] BGBl. 1987 Tl. I S.889, zul. geänd. dch. G. v. 06.08.1993, BGBl. 1993 Tl. I S.1458.
[2] BGBl. 1984 Tl. I S.1034.
[3] BGBl. 1976 Tl.I S.2849.
[4] BGBl. 1993 Tl. I S.254, zul. geänd. dch. G. v. 27.04.1993, BGBl. 1993 Tl. I S.512.
[5] BGBl. 1986 Tl. I S.1505, zul. geänd. dch. G. v. 25.11,1993, BGBl. 1993 Tl. I S.1917.

vom 18.09.1989[6], zul. geänd. dch. VO vom 09.07.1994 und Ges. v. 25.10.1994. Die Länder haben in Umsetzung der durch das BNatSchG normierten Rahmenvorgaben **Landesnaturschutzgesetze** erlassen. Deren Regelungsschwerpunkte betreffen v.a. Nutzungskollisionen (z.B. das allgemeine Betretensrecht), den Baumschutz, den Schutz und die Pflege wildlebender Tier- und Pflanzenarten, die Erholung in Natur und Landschaft, Entschädigungs- und Ausgleichsregelungen, Formen der Bürgerteilnahme am Naturschutz (Naturschutzbeiräte, ehrenamtliche Naturschutzdienste), die Zulassung von Verbandsklagen und Maßnahmen zur Förderung des Naturschutzes.

Den in § 1 BNatSchG niedergelegten Zielen zufolge sind Natur und Landschaft sowohl im besiedelten als auch unbesiedelten Bereich so zu schützen, zu pflegen und zu entwickeln, daß die

- **Leistungsfähigkeit des Naturhaushalts,**

- **Nutzungsfähigkeit der Naturgüter,**

- **Pflanzen- und Tierwelt sowie**

- **Vielfalt, Eigenart und Schönheit von Natur und Landschaft**

als Lebensgrundlage des Menschen und als Voraussetzung für seine Erholung in Natur und Landschaft **nachhaltig gesichert** sind. Diese Ziele sind gemäß dem in § 2 BNatSchG niedergelegten Katalog der **Grundsätze des Natur- und Landschaftsschutzes** zu verwirklichen, welcher durch landesrechtliche Regelungen erweitert werden kann.

So sind u.a.:

- Naturgüter, soweit sie sich nicht erneuern, sparsam zu nutzen; der Verbrauch der sich erneuernden Naturgüter ist so zu steuern, daß sie nachhaltig zur Verfügung stehen;

- Wasserflächen auch durch Maßnahmen des Naturschutzes und der Landschaftspflege zu erhalten und zu vermehren; Gewässer vor Verunreinigungen zu schützen, ihre natürliche Selbstreinigungskraft zu erhalten oder wiederherzustellen, nach Möglichkeit ein rein technischer Gewässerausbau zu vermeiden und durch biologische Wasserbaumaßnahmen zu ersetzen;

- beim Abbau von Bodenschätzen die Vernichtung wertvoller Landschaftsteile oder Landschaftsbestandteile zu vermeiden und dauernde Schädigungen des Naturhaushalts zu

---

[6] BGBl. 1989 Tl. I S.1677, geänd. dch. VO v.09.07.1994, BGBl. 1994 Tl. I S.1523 u. G. v. 25.10.1994, BGBl. 1994 Tl. I S.3082.

verhüten; unvermeidliche Beeinträchtigungen von Natur und Landschaft durch die Aufsuchung und Gewinnung von Bodenschätzen und durch Aufschüttung sind durch Rekultivierung oder naturnahe Gestaltung auszugleichen;

- wildlebende Tiere und Pflanzen und ihre Lebensgemeinschaften als Teil des Naturhaushalts in ihrer natürlichen und historisch gewachsenen Artenvielfalt zu schützen, ihre Lebensräume und Lebensstätten zu schützen, zu pflegen, zu entwickeln und wiederherzustellen;

- historische Kulturlandschaften und -landschaftsteile von besonders charakteristischer Eigenart zu erhalten, wobei dies auch für die Umgebung geschützter oder schützenswerter Kultur-, Bau- und Bodendenkmäler gilt, sofern dies für die Erhaltung der Eigenart oder Schönheit des Denkmals erforderlich ist;

- der Zugang zu Landschaftsteilen, die sich nach ihrer Beschaffenheit für die Erholung der Bevölkerung besonders eignen, zu erleichtern.

Die im BNatSchG enthaltenen **Ziele und Grundsätze sind unmittelbar geltendes Recht** (§ 4 S.3 BNatSchG). Zwar lassen sich ersichtlicherweise keine unmittelbar nach außen gerichteten Handlungen der Behörden (Verwaltungsakte) darauf stützen, jedoch wirken sie als Ermessenssteuerung und Interpretationsrichtlinie, und dies auch im Hinblick auf Planungsnormen in anderen Gesetzen, soweit diese ausdrücklich auf Belange des Naturschutzes und der Landschaftspflege Bezug nehmen.

Durch § 1 III BNatSchG erfahren **Land- und Forstwirtschaft** eine **Privilegierung**. Ihnen kommt, soweit ordnungsgemäß betrieben, für die Erhaltung der Kultur- und Erholungslandschaft eine zentrale Bedeutung zu; sie haben **die im konkreten Einzelfall zu widerlegende Vermutung** für sich, in der Regel den Zielen des BNatSchG zu dienen. Unter „ordnungsgemäß" wird dabei nach herrschender Meinung eine **agrarökonomisch richtige Wirtschaftsweise** verstanden.

Dieser Standpunkt kann jedoch nicht gänzlich unwidersprochen bleiben, da eine auf Maximierung der Erträge ausgehende Landwirtschaft zu oft die ökologischen Belange hintan stellt und dem Gesetzeszweck zumindest längerfristig dadurch Abbruch tut. Gerade die intensive Bodennutzung hat mit der Verwendung von Insektiziden und Herbiziden zum Rückgang der Artenvielfalt wildlebender Pflanzen und Tiere, zur Bodenerosion und sonstigen Landschaftsdegradierung beigetragen. Die Großflächenwirtschaft hat im Namen des rationellen Einsatzes der Agrartechnik durch die Beseitigung zahlloser kleiner und kleinster Biotope (Hecken, Feldraine, Wälle, Tümpel, Obstgehölze) vielerorts eine Kultursteppe geschaffen, der man mit dem Adjektiv „landschaftskulturbolschewistisch" bestimmt nicht zu nahe tritt. Auch die durch diverse Skandale unrühmlichst bekanntgewordene Massen- und Intensivhaltung von Nutztieren dürfte mit dem Gesetzeszweck des BNatSchG schwerlich vereinbar sein.

Die Erfordernisse und Maßnahmen zur Verwirklichung der Ziele des Naturschutzes und der Landschaftspflege werden durch eine dreistufige **Landschaftsplanung** festgelegt und dargestellt (§§ 5 ff. BNatSchG).

Hierbei werden **Landschaftsprogramme** aufgestellt, welche die **überörtlichen** Erfordernisse und Maßnahmen des Naturschutzes und der Landschaftspflege für den **gesamten Bereich eines Bundeslandes** zum Gegenstande haben.
Die **Landschaftsrahmenpläne** beziehen sich auf die o.g. überörtlichen Erfordernisse **in den Teilen eines Bundeslandes.** Sie konkretisieren die Ziele des Landschaftsprogramms für ihren Bereich.
Bei Bedarf werden Erfordernisse des Naturschutzes und der Landschaftspflege auch von den Planungsträgern der kommunalen Ebene in **Landschaftsplänen** erarbeitet. Deren Inhalt ist in § 6 II BNatSchG verbindlich festgelegt.

Die Landschaftsplanung dient ausschließlich den Zielen des Naturschutzes und der Landschaftspflege und kann daher nicht naturschutzübergreifend abwägen. Um ihre Verbindlichkeit ist es daher sehr variantenreich bestellt.

Im wesentlichen lassen sich hierbei drei Formen unterscheiden :

- Die Landschaftspläne werden - so in Rheinland-Pfalz oder Bayern - im Rahmen der Bauleitplanung aufgestellt. Man spricht in diesem Falle von Primärintegration oder integrierter Landschaftsplanung.

- Sie werden separat aufgestellt und erlangen ihre Verbindlichkeit erst mit der Übernahme in die Bauleitplanung. Dergestalt verfahren Baden-Württemberg, Brandenburg, Hessen, Saarland, Sachsen, Sachsen-Anhalt, Schleswig-Holstein und Thüringen.

- Den Landschaftsplänen kommt eine eigene Außenverbindlichkeit zu, so in Bremen, Berlin, Hamburg und Nordrhein-Westfalen.

Der III. Abschnitt des BNatSchG befaßt sich mit den **Eingriffen in Natur und Landschaft,** d.h. **„Veränderungen der Gestalt oder Nutzung von Grundflächen, die die Leistungsfähigkeit des Naturhaushalts oder das Landschaftsbild erheblich oder nachhaltig beeinträchtigen können"(§ 8 I BNatSchG).**

Hierunter fallen somit nicht jegliche negativen Veränderungen von Natur und Landschaft, etwa durch Gebrauch von Herbiziden oder Pestiziden, sondern nur diejenigen, die die Gestalt des Bodens oder seine Nutzung zum Nachteil des bisherigen Status quo verändern. Dabei handelt es sich bei **Änderungen in der Bodengestalt** in der Regel um die Errichtung von Gebäuden, Straßen, Bahntrassen, Kanälen, Flugplätzen oder Abfalldeponien oder um mit erheblichen Abgrabungen bzw. Aufschüttungen verbundene Vorhaben, etwa die Anlegung eines Braunkohlentagebaus bzw. von Abraumhalden.

Verursacher von Eingriffen sind zu verpflichten, **vermeidbare Eingriffe in Natur und Landschaft zu unterlassen und unvermeidbare Eingriffe durch Maßnahmen der Natur- und Landschaftspflege auszugleichen (§ 8 II BNatSchG).** Dabei ist die ordnungsgemäße land-, forst- und fischereiwirtschaftliche Bodennutzung **nicht** als Eingriff in Natur und Landschaft anzusehen.

Voraussetzung für eine derartige Verpflichtung ist dabei, daß für den Eingriff gem. den Festlegungen anderer Rechtsvorschriften eine behördliche Bewilligung, Erlaubnis, Genehmigung, Zustimmung, Planfeststellung, sonstige Entscheidung oder eine Anzeige an die Behörde vorgeschrieben ist. Dieser Ausgleichspflicht ist der Verursacher des Eingriffs dann nachgekommen, wenn nach dessen Beendigung keine erhebliche oder nachhaltige Beeinträchtigung des Naturhaushaltes zurückbleibt und das Landschaftsbild landschaftsgerecht wiederhergestellt oder neu gestaltet ist.

Sind Beeinträchtigungen nicht zu vermeiden oder können nicht in erforderlichem Maße ausgeglichen werden, sind sie **dann** zu untersagen, **wenn die Belange des Naturschutzes und der Landschaftspflege** bei der Abwägung aller Anforderungen an Natur und Landschaft **im Range vorgehen.** In der Regel werden derartige Eingriffe dann zugelassen, wenn **überwiegende andere Belange der Allgemeinheit** dies erfordern. Durch das Investitionserleichterungs- und Wohnbaulandgesetz vom 22.04.1993 wurden die §§ 8a-8c in das BNatSchG eingefügt. Diese regeln das **Verhältnis von naturschutzrechtlicher Eingriffsregelung und kommunaler Bauleitplanung als Gesamtplanung.**

Der IV. Abschnitt des BNatSchG (§§ 12 ff.) betrifft den Schutz, die Pflege und die Entwicklung bestimmter, in diesem Falle in ihrem ursprünglichen Zustand als ausschließlicher Lebensraum wildlebender Pflanzen und Tiere bzw. erdgeschichtliches Monument zu erhaltender Gebiete und Gebietsteile. Gem. § 12 I BNatSchG können diese erklärt werden zu:

- **Naturschutzgebieten** gem. § 13 BNatSchG,

- **Nationalparks** gem. § 14 BNatSchG,

- **Landschaftsschutzgebieten** gem. § 15 BNatSchG,

- **Naturparks** gem. § 16 BNatSchG,

- **Naturdenkmalen** gem. § 17 BNatSchG und

- **geschützten Landschaftsbestandteilen** gem. § 18 BNatSchG.

Durch die Naturschutzgesetzgebung der neuen Bundesländer ist das bundesrechtliche Schutzgebietskonzept um die Einrichtung des **Biosphärenreservats** bereichert worden.

Schutzgebiete und Schutzobjekte werden von den jeweiligen nach **Landesrecht** zuständigen unteren, höheren oder obersten Naturschutzbehörden im **Rechtsverordnungswege** festgelegt. Erklärungen zum Nationalpark ergehen im Benehmen mit den Bundesministerien für Umwelt, Naturschutz und Reaktorsicherheit sowie Raumordnung, Bauwesen und Städtebau. Zwar liegt die Unterschutzstellung von Gebieten und Objekten grundsätzlich im Normsetzungsermessen des gesetzlich berufenen Verordnungsgebers, jedoch kann dieses wegen einer besonderen objektiven Schutzbedürftigkeit eines bestimmten Gebietes (etwa besonders hohe Besiedlung desselben durch Rote-Liste-Spezies) massiv eingeschränkt sein. Darüber hinaus können sich Rechtspflichten zur Ausweisung von Schutzgebieten, wie im Falle der Vogelschutzrichtlinie (79/409/EWG) oder der FFH-Richtlinie (92/43/EWG)[*] auch aus europäischem Gemeinschaftsrecht ergeben.

Einschränkungen von Eigentümerbefugnissen infolge der Festlegung von Schutzgebieten **sind** als Konkretisierung der Sozialbindung des Eigentums i.S. Art. 14 II 2 GG **in der Regel entschädigungslos zu dulden.**

Im Zusammenhang mit dem **Schutz wildlebender Tier- und Pflanzenarten** (Abschn. V BNatSchG) statuiert § 20c BNatSchG ein **absolutes und gesetzesunmittelbares Verbot erheblicher oder nachhaltiger Veränderungen** der in seinem Abs. 1 Ziffn. 1-5 aufgeführten Biotope (Moore, Sümpfe, Röhrichte, Bruch-, Sumpf- und Auwälder, bestimmte Heidelandschaften, Dünenlandschaften, Salzwiesen, Wattflächen etc.). Diese Aufzählung kann durch landesrechtlich zusätzlich zu benennende besonders schutzwürdige Biotope ergänzt werden.

Der **Artenschutz** als „Schutz und Pflege der wildlebenden Tier- und Pflanzenarten in ihrer natürlichen und historisch gewachsenen Vielfalt" umfaßt gem. § 20 BNatSchG

1. den Schutz der Tiere und Pflanzen und ihrer Lebensgemeinschaften vor Beeinträchtigungen durch den Menschen, insbesondere durch den menschlichen Zugriff,

2. den Schutz, die Pflege, die Entwicklung und die Wiederherstellung der Biotope wildlebender Tier- und Pflanzenarten sowie die Gewährleistung ihrer sonstigen Lebensbedingungen,

3. die Ansiedlung von Tieren und Pflanzen verdrängter wildlebender Arten in geeigneten Biotopen innerhalb ihres natürlichen Verbreitungsgebietes.

---

[*] Flora-Fauna-Habitat-Richtlinie zur Erhaltung der natürlichen Lebensräume sowie wildlebender Tiere und wildwachsender Pflanzen

Wichtig in diesem Zusammenhang sind die den allgemeinen Schutz wildlebender Tiere und Pflanzen (§ 20d BNatSchG) und den Schutz besonders geschützter Spezies derselben (§ 20f BNatSchG) betreffenden Festlegungen. Durch letztere werden nicht nur mutwillige Tötung, Verletzung, Nachstellung oder sonstige Beschädigung ihrer Körperlichkeit bzw. ihrer Wohnstätten bzw. Standorte, sondern auch der Besitz und das Inverkehrbringen, insbesondere die Vermarktung der hierunter fallenden Tier- und Pflanzenarten verboten.

§ 29 BNatSchG regelt die **Mitwirkung von Verbänden im Bereich des Naturschutzes und der Landschaftspflege**, welche auch durch landesrechtliche Regelungen ausgestaltet wird. Das Institut der **Verbandsklage** wurde für einzelne Bereiche des Naturschutzrechts bisher in 12 Bundesländern eingeführt. Mitwirkungsbefugt i.S. des § 29 BNatSchG sind diejenigen **förmlich anerkannten rechtsfähigen Vereine des Privatrechts**, welche durch ein bestimmtes naturschutzrechtlich relevantes Vorhaben in ihrem satzungsmäßigen Aufgabenbereich tangiert werden. Die hiernach erforderliche Anerkennung wird auf Antrag durch die nach Landesrecht hierfür zuständige Behörde bei Vorliegen der in § 29 II Ziff. 1-5 genannten Voraussetzungen erteilt. Ihnen ist die **Gelegenheit zur Äußerung sowie zur Einsicht in einschlägige Sachverständigengutachten** zu gewähren

1. bei der Vorbereitung von Verordnungen und anderen im Range unter dem Gesetz stehenden Rechtsvorschriften der für Natur- und Landschaftspflege zuständigen Behörden,

2. bei der Vorbereitung von Programmen und Plänen i. S. der §§ 5 und 6 BNatSchG, soweit sie gegenüber dem Einzelnen verbindlich sind,

3. vor Befreiungen von Geboten und Verboten, die zum Schutz von Naturschutzgebieten und Nationalparks erlassen worden sind,

4. in Planfeststellungsverfahren über Vorhaben, die mit Eingriffen in Natur und Landschaft i.S. § 8 BNatSchG verbunden sind.

Wurde einem solchen Verein durch landesrechtliche Regelungen ein Verbandsklagerecht eingeräumt, so kann er nur unter der Voraussetzung davon Gebrauch machen, **wenn er infolge der Verletzung naturschutzrechtlicher Vorschriften durch eine behördliche Maßnahme (bzw. das Unterlassen einer solchen) in seinen satzungsmäßig festgelegten Aufgaben berührt wird und er im vorausgegangenen Verwaltungsverfahren sein Mitwirkungsrecht wahrgenommen hat.**

2.1.5   Gentechnikrecht

Literaturhinweise: Bender, B.; Sparwasser, R.; Engel, R. (1995): Umweltrecht - Grundzüge des öffentlichen Umweltrechts. Heidelberg: C.F. Müller, S. 475 ff.; **Hirsch, G.; Schmidt - Didczuhn, A.** (1991): GenTG-Kommentar. München: C.H. Beck.

Das Gentechnikrecht als Teil des Umweltrechts bezieht sich auf die sog. „grüne Gentechnik", d.h. auf denjenigen Bereich, dessen Gegenstand die Anwendung gentechnischer Verfahren auf **nichtmenschliches genetische Material** bildet. Die Anwendung gentechnischer Verfahren in der Humanmedizin bleibt hier ausgeklammert (s. § 2 II GenTG). Aufgrund seiner stoffspezifischen Ausrichtung - nämlich auf die Gefahren, welche von gentechnisch manipulierten Organismen bzw. deren mutierten Genen für die Umwelt ausgehen können - kann das Gentechnikrecht dem Gefahrstoffrecht zugeordnet werden.

Dabei ist jedoch zu beachten, daß hier nicht an eine konkret bekannte bzw. darstellbare Gefährlichkeit gentechnisch veränderter Organismen, sondern an die Unwägbarkeiten und Gefahren angeknüpft wird, die der Gentechnik insgesamt innewohnen. Wenngleich sich die übergroße Mehrheit der gentechnischen Arbeiten in relativ risikoarmen Bereichen bewegen dürfte, so fehlen doch hinreichend gesicherte Kenntnisse über die langfristigen Auswirkungen auch dieser Ergebnisse, nachdem sie den Laborbereich verlassen haben. Die Vorsicht des Gesetzgebers hat diesen dazu bewogen, die Gentechnik nicht bereits bestehenden gefahrstoffrechtlichen Regelungen, sondern **einem eigenen Rechtsregime** zu unterstellen und **jegliche Art gentechnischer Arbeiten** einem System administrativer Kontrolle zu unterwerfen.

Der **Gesetzeszweck** des **Gesetzes zur Regelung der Gentechnik**[1] (GenTG) besteht gem. seinem § 1 darin,

1. **Leben und Gesundheit von Menschen, Tieren, Pflanzen sowie die sonstige Umwelt in ihrem Wirkungsgefüge und Sachgüter** vor möglichen Gefahren gentechnischer Verfahren und Produkte **zu schützen und** dem Entstehen solcher Gefahren **vorzubeugen** und

2. den **rechtlichen Rahmen** für die Erforschung, Entwicklung, Nutzung und Förderung der wissenschaftlichen, technischen und wirtschaftlichen Möglichkeiten der Gentechnik zu schaffen.

Sein **Anwendungsbereich** (§ 2 I GenTG) erstreckt sich auf:

---

[1] i.d.F. d. Bek.v. 16.12.1993, BGBl. 1993 Tl. I S.2066, geänd. dch. G. v. 24.06.1994, BGBl. 1994 Tl. I S.1416.

- gentechnische Anlagen,

- gentechnische Arbeiten

- die Freisetzung gentechnisch veränderter Organismen und

- das Inverkehrbringen von Produkten, die gentechnisch veränderte Organismen enthalten bzw. aus solchen bestehen.

Die **Konkurrenzklausel** des § 2 I Ziff. 4 /2. HS. soll den Vorrang gesetzlicher Vorschriften, welche spezifische Voraussetzungen für das Inverkehrbringen bestimmter Produkte statuieren, auch dann aufrechterhalten, wenn diese Produkte gentechnisch veränderte Organismen enthalten bzw. aus solchen bestehen. Damit sollen bewährte spezialgesetzliche Prüfungsverfahren nach diesen Vorschriften auch beim Inverkehrbringen gentechnischer Produkte angewandt werden, um so zusätzliche Verfahren zu vermeiden, sofern dies bei gebührender Beachtung der Sicherheitsaspekte tunlich erscheint. Voraussetzung ist hierbei natürlich, daß die betreffenden Rechtsvorschriften ihrer Zielrichtung und tatbestandlichen Fassung zufolge eine **umfassende Risikobewertung** im Hinblick auf die in § 1 Ziff.1 GenTG genannten Schutzgüter vorsehen und ermöglichen.

Dies wird bei momentaner Lage der Dinge für das Arzneimittelgesetz und das Pflanzenschutzgesetz bejaht, verneint hingegen bezüglich des Lebensmittel- und Bedarfsgegenständegesetzes, der Zulassung von veterinärmedizinischen Präparaten gem. § 17c Tierseuchengesetz, der Zulassung bzw. Genehmigung von Futtermitteln gem. § 4 V des Futtermittelgesetzes oder der Zulassung von Düngemitteltypen nach dem Düngemittelgesetz.

Gentechnische Arbeiten dürfen **nur in gentechnischen Anlagen** durchgeführt werden, deren Errichtung und Betrieb grundsätzlich der Genehmigung bedarf (§ 8 I GenTG). Die behördliche Eröffnungskontrolle im Bereich der Gentechnik wird - maßgeblich in Abhängigkeit von der Sicherheitsstufe der vorgesehenen gentechnischen Arbeiten und ihrer Zweckbestimmung - durch **Genehmigungs- und Anmeldeverfahren** ausgeübt.

Ihrem Gefährdungspotential nach werden gentechnische Arbeiten gem. § 7 I GenTG in vier Sicherheitsstufen eingeteilt:

- **Sicherheitsstufe 1**: Ihr unterfallen Arbeiten, bei denen nach dem Stand der Wissenschaft **nicht von einem Risiko** für Umwelt und menschliche Gesundheit auszugehen ist.

- **Sicherheitsstufe 2**: Hier sind diejenigen Arbeiten einzuordnen, bei denen nach dem Stand der Wissenschaft von einem **geringen Risiko** für die menschliche Gesundheit oder die Umwelt auszugehen ist.

- **Sicherheitsstufe 3**: Umfaßt gentechnische Arbeiten, die nach dem Stand der Wissenschaft ein **mäßiges Risiko** für Umwelt und menschliche Gesundheit in sich bergen.

- **Sicherheitsstufe 4**: Ihr werden diejenigen Arbeiten zugeordnet, bei welchen nach dem Stande der Wissenschaft von einem **hohen Risiko oder dem Verdacht eines solchen** für Umwelt und menschliche Gesundheit auszugehen ist.

Die im Einzelfall für die jeweiligen gentechnische Arbeiten zutreffenden Sicherheitsstufen und die im Hinblick auf sie erforderlichen Sicherheitsmaßnahmen werden nach den Maßgaben der *Gentechnik-Sicherheitsverordnung (GenTSV)*[2] festgelegt.

Das **Genehmigungsverfahren** findet dabei statt

a) für Anlagengenehmigungen in Gestalt von Erst-, Teil- und Änderungsgenehmigungen gem. § 8 I 2, III, IV GenTG und

b) für Tätigkeitsgenehmigungen gem. § 10 II GenTG, wobei die Anlagengenehmigung die Genehmigung bestimmter Arbeiten einschließt.

Die Errichtung und der Betrieb gentechnischer Anlagen, in denen gentechnische **Arbeiten der Sicherheitsstufe 1** durchgeführt werden sollen, bzw. die vorgesehenen Arbeiten sind der zuständigen Behörde vor dem beabsichtigten Beginn der Errichtung, oder, falls die Anlage bereits errichtet ist, vor dem beabsichtigten Beginn des Betriebes **lediglich anzumelden**.

Das **Anmeldeverfahren** unterwirft bestimmte gentechnische Vorhaben einem **vereinfachten Verfahren**, entweder weil sie ein vergleichsweise geringes Gefährdungspotential aufweisen oder schon ein anlagenbezogenes Genehmigungsverfahren durchlaufen wurde. Hierbei handelt es sich in keinem Falle um eine Anlagen-, sondern stets um eine **Tätigkeitsgenehmigung**.

Die angemeldeten Vorhaben (§ 8 II, 9 I, 10 I GenTG) sind jeweils **spätestens 2 bzw. 3 Monate vor Beginn der Arbeiten** bei der zuständigen Behörde anzumelden, welche innerhalb dieses Zeitraumes prüft, daß der Betreiber die angemeldete Arbeit zutreffend der von ihm bezeichneten Sicherheitsstufe zugeordnet hat und die gesetzlichen Voraussetzungen für ihre Durchführung vorliegen. Nach Ablauf der Frist darf mit der angemeldeten Arbeit begonnen werden.

Beide Verfahren werden durch die *Gentechnik-Verfahrensverordnung (GenTVfV)*[3] des näheren geregelt. So beginnt das Genehmigungsverfahren mit einem **schriftlich** (in zehnfacher Ausfertigung !) einzureichenden Antrag des Be-

---

[2] i.d.F. v. 14.03.1995, BGBl. 1995 Tl. I S.297.
[3] i.d.F. v. 04.11.1996, BGBl. 1996 Tl. I S.1658.

treibers (§ 11 I GenTG, § 3 GenTVfV). Der Inhalt der mit dem Antrag einzureichenden Unterlagen bestimmt sich dabei

- bei der **Genehmigung von gentechnischen Anlagen bzw. erstmaligen oder weiteren gentechnischen Arbeiten** gem. §§ 11 II, IV, 10 II GenTG i.V.m. § 4 GenTVfV,

- bei der **Genehmigung von Freisetzungen** gem. § 15 I 2 GenTG i.V.m. § 5 GenTVfV,

- bei der **Genehmigung des Inverkehrbringens** gem. § 15 III 2 i.V.m. § 6 GenTVfV.

Die der Genehmigungsbehörde vorgelegten Unterlagen müssen erschöpfend und überprüfbar über alle Umstände Auskunft geben, welche gem. § 13 I oder II GenTG Voraussetzung für die Erteilung der Genehmigung sind. Dies bezieht sich auch auf die Voraussetzungen der anderen die Anlage betreffenden behördlichen Entscheidungen gem. § 22 GenTG, also Baugenehmigung, die Genehmigungen nach §§ 39h, 51 I, 144 BauGB, die Genehmigungen gem. §§ 4, 8, 15 BImSchG, Rodungsgenehmigungen, Erlaubnisse für überwachungsbedürftige Anlagen gem. § 24 GewO etc. Insgesamt muß aus den eingereichten Unterlagen hervorgehen, daß bezüglich des Vorhabens den durch Gesetz bzw. Verordnungen geregelten Anforderungen an die Sicherheitseinstufung, Risikobewertung, Sicherheitsmaßnahmen sowie Sachkunde des Projektleiters und des Beauftragten für biologische Sicherheit in vollem Umfange genügt. Über einen Genehmigungsantrag ist grundsätzlich innerhalb von **drei Monaten schriftlich** zu entscheiden (§ 11 VI 1 GenTG). Anträge auf Genehmigung einer Anlage für bestimmte gentechnische Arbeiten der Sicherheitsstufe 2 **zu Forschungszwecken** sind **unverzüglich, spätestens innerhalb eines Monats** zu entscheiden (§ 11 VI 2 GenTG). Die Frist beginnt mit dem Eingang des Antrags bei der Genehmigungsbehörde, i.e. in der Regel mit dem Datum der Eingangsbestätigung. Für die Berechnung der Frist gilt § 31 VwVfG i. V. m. §§ 187 ff. BGB. Wenn die Errichtung oder der Betrieb einer solchen Anlage weiterer behördlicher Entscheidungen gem. § 22 GenTG bedarf, verlängert sich diese Frist auf drei Monate. Vor der Entscheidung über einen Antrag auf Genehmigung hat die zuständige Behörde die Stellungnahmen der in ihrem Aufgabenbereich von dem fraglichen Vorhaben berührten anderen Behörden einzuholen. Ebenfalls einzuholen ist über das Bundesgesundheitsamt **eine Stellungnahme der Zentralen Kommission für die Biologische Sicherheit (ZBKS)** zur sicherheitstechnischen Einstufung der vorgesehenen gentechnischen Arbeiten und den erforderlichen sicherheitstechnischen Maßnahmen (§ 11 VIII GenTG).

Die Behörde ist bei Vorliegen nicht ausreichend aussagekräftiger oder unvollständiger Unterlagen gehalten, den Antragsteller unter Fristsetzung zur Ergänzung derselben aufzufordern. Sie darf jedoch nicht beliebige Angaben nachgereicht verlangen, sondern nur solche, die zur Entscheidungsfindung tatsächlich notwendig sind. Hierüber hat im Streitfalle das Verwaltungsgericht zu entscheiden. In diesem Falle ruhen die o.g. Entscheidungsfristen. Das Ruhen der Frist setzt ein mit dem Zugang der Aufforderung beim Antragsteller, und zwar auch dann, wenn die Nachforderung von Unterlagen rechtswidrig war. Das Ruhen der Frist endet mit dem Eingang der Ergänzungen bei der Genehmigungsbehörde. Ungerechtfertigte Nachforderungen von Ergänzungen der Antragsunterlagen und dadurch infolge der Verzögerung für den Antragsteller eingetretene Nachteile können zu Amtshaftungsansprüchen führen.

Sollen in einer gentechnischen Anlage **Arbeiten der Sicherheitsstufen 3 oder 4 zu gewerblichen Zwecken** durchgeführt werden, so hat die zuständige Behörde ein **Anhörungsverfahren** durchzuführen. Ein solches Anhörungsverfahren hat auch gelegentlich der Genehmigung gentechnischer Anlagen stattzufinden, in welchen gentechnische Arbeiten der Sicherheitsstufe 2 durchgeführt werden sollen, falls hier ein Genehmigungsverfahren gem. § 10 BImSchG erforderlich wäre. Einzelheiten dieses Verfahrens werden durch die *Gentechnik-Anhörungsverordnung (GenTAnhV)*[4] geregelt.

Die Einwendungsbefugnis erstreckt sich sehr weit. Sie steht **jedermann**, nicht nur potentiell Betroffenen zu. Es können auch Einwendungen erhoben werden, welche **der Wahrnehmung eines öffentlichen Interesses** dienen. Einwendungsbefugt sind auch **Ausländer** und **juristische Personen,** auch solche des öffentlichen Rechts, sowie **Umweltschutzverbände.**

Die Genehmigung zur Errichtung und zum Betrieb einer gentechnischen Anlage ist zwingend zu erteilen, wenn die in § 13 I GenTG aufgeführten Voraussetzungen vorliegen. Der Behörde steht hier **kein Versagungsermessen** zu; der Antragsteller kann seinen Anspruch auf Erteilung der Genehmigung notfalls im Wege einer verwaltungsgerichtlichen **Verpflichtungsklage** durchsetzen. Die Anlagengenehmigung besitzt **Konzentrationswirkung,** welche sich jedoch nicht auf nach Atomrecht ergehende behördliche Entscheidungen bezieht.

Kompliziert ist die Zulassung **weiterer gentechnischer Arbeiten** zu Forschungs- (§ 9 GenTG) bzw. gewerblichen Zwecken (§ 10 GenTG) gestaltet. Hierbei handelt es sich um solche Tätigkeiten, die nicht von der sie mitumfassenden ursprünglichen Anlagengenehmigung bzw. der Erstanmeldung gedeckt sind. Dabei bedürfen weitere Arbeiten **zu Forschungszwecken** auf der Sicherheitsstufe 2 einer **neuen Anmeldung,** auf den höheren Sicherheitsstufen einer **neuen Anlagengenehmigung.** Arbeiten **zu gewerblichen Zwecken** auf der Sicherheitsstufe 1 sind anmeldungspflichtig; für die Stufen 2, 3 und 4 ist einer **gesonderte Genehmigung** und auf einer höheren als der jeweils zuvor zugelassenen Stufe eine neue Anlagengenehmigung erforderlich.
Einer bloßen **Anmeldepflicht** unterliegen weitere gentechnische Arbeiten der Sicherheitsstufen 2, 3 und 4, die Übertragung von Arbeiten der Sicherheitsstufe 2 in

---

[4] i.d.F. v. 04.11.1996, BGBl. 1996 Tl. I S.1650.

eine andere Anlage, welche entsprechenden Sicherheits- und Genehmigungsvoraussetzungen genügt, sowie weitere gentechnische Arbeiten der Stufe 1 zu gewerblichen Zwecken.

Um der zuständigen Behörde eine in zeitlicher und sachlicher Hinsicht lückenlose Überwachung seiner Tätigkeit zu ermöglichen, hat der Betreiber einer gentechnischen Anlage gem. § 6 III GenTG **Aufzeichnungen** über die Durchführung gentechnischer Arbeiten **zu führen** und sie der zuständigen Behörde auf deren Ersuchen hin vorzulegen. Diesbezügliche Einzelheiten über Inhalt, Form, Aufbewahrung und Vorlage dieser Aufzeichnungen regelt die *Gentechnik-Aufzeichnungsverordnung (GenTAufzV)*[5].

Freisetzung und Inverkehrbringen gentechnisch veränderter Organismen bedürfen einer Genehmigung des Robert-Koch-Institutes in Hamburg. Auch in diesen Fällen findet ein **Anhörungsverfahren** wie im Falle der Anlagengenehmigung statt. Die **EG-Richtlinie über die absichtliche Freisetzung genetisch veränderter Organismen in die Umwelt (90/220/EWG)**, welche durch die *Gentechnik-Beteiligungsverordnung (GenTBetV)*[6] in deutsches Recht umgesetzt wurde, sieht hier ein **gemeinschaftsweites Beteiligungsverfahren** vor, in dessen Rahmen die Mitgliedstaaten zu Freisetzungsanträgen, die in einem von ihnen gestellt wurden, Stellung nehmen können. Auch auf die Freisetzung und das Inverkehrbringen besteht bei Vorliegen der in § 16 I und II GenTG genannten Voraussetzungen ein einklagbarer **Rechtsanspruch.**

Hinsichtlich der Überwachung der Durchführung der Bestimmungen des GenTG obliegen dem Betreiber und den sonstigen verantwortlichen Personen Auskunfts- und Duldungspflichten gem. § 25 II, III GenTG der zuständigen Behörde gegenüber. Diese kann gem. § 26 GenTG zur Beseitigung festgestellter bzw. zur Verhütung künftiger Verstöße gegen die relevanten Rechtsvorschriften Anordnungen erlassen, welche bis zur Untersagung des Anlagenbetriebs, gentechnischer Arbeiten der Freisetzung bzw. des Inverkehrbringens reichen können. Das Robert-Koch-Institut ist über sicherheitsrelevante Vorkommnisse zu unterrichten (§ 28 GenTG).

Die behördliche Überwachung wird durch die innerbetriebliche ergänzt, zum Zwecke welcher bei der Durchführung gentechnischer Arbeiten und Freisetzungen **Projektleiter** und **Beauftragte bzw. Ausschüsse für biologische Sicherheit** zu bestellen sind. Dem **Projektleiter** obliegt die Planung, Leitung und Beaufsichtigung der gentechnischen Arbeiten bzw. Freisetzungen. Dabei ist er für die Einhaltung aller maßgeblichen Vorschriften, insbesondere für die Beachtung der Sicherheitsanordnungen, verantwortlich. Der **Beauftragte für biologische Sicherheit**

---

[5] i.d.F. v. 04.11.1996, BGBl. 1996 Tl. I S.1644.
[6] BGBl. 1995 Tl. I S.734.

hat die Erfüllung der Aufgaben des Projektleiters zu überwachen und diesen in Sicherheitsfragen zu beraten. Einzelheiten der Sachkunde des Projektleiters bzw. des Beauftragten für biologische Sicherheit sowie Bestellung und Aufgaben des letzteren regeln die §§ 14 ff. der schon erwähnten GenTSV.

Für die Verursachung von Schäden infolge der auf gentechnischen Arbeiten beruhenden Eigenschaften eines Organismus legt § 32 GenTG eine verschuldensunabhängige **Gefährdungshaftung** des Betreibers fest. Zugunsten des Geschädigten sieht § 34 GenTG **Beweiserleichterungen** und § 35 GenTG **Auskunftsansprüche** gegenüber Betreiber und zuständigen Behörden vor. Der Haftungshöchstbetrag wird für Personen- und Sachschäden auf insgesamt 160 Mill. DM festgelegt (§ 33 GenTG).

2.1.6   Wasser- und Abwasserrecht

Literaturhinweise: Bender, B.; Sparwasser, R.; Engel, R. (1995): Umweltrecht - Grundzüge des öffentlichen Umweltrechts. Heidelberg: C.F. Müller, S. 195 ff.

Die Geltung der grundlegenden Rechtsvorschrift dieses Rechtsgebiets, das **Wasserhaushaltsgesetz**[1], erstreckt sich auf die **oberirdischen und Küstengewässer** sowie das **Grundwasser**, wobei die Länder kleinere Gewässer von wasserwirtschaftlich untergeordneter Bedeutung sowie Heilquellen von dessen Geltung ausnehmen können. § 1a I WHG formuliert den an die **zuständigen Behörden** gerichteten **Bewirtschaftungsauftrag,**

„die Gewässer ... als Bestandteil des Naturhaushaltes und als Lebensraum für Tiere und Pflanzen zu sichern" und sie so zu bewirtschaften, **„daß sie dem Wohl der Allgemeinheit und im Einklang mit ihm auch dem Nutzen einzelner dienen und vermeidbare Beeinträchtigungen ihrer ökologischer Funktionen unterbunden werden".**

Abs. 2 dieser Bestimmung enthält das an **jedermann** adressierte **Sorgfaltsgebot,**

„bei den Maßnahmen, mit denen Einwirkungen auf ein Gewässer verbunden sein können, die nach den Umständen erforderliche Sorgfalt anzuwenden, um eine Verunreinigung des Wassers oder eine sonstige nachteilige Veränderung seiner Eigenschaften zu verhüten, um eine mit Rücksicht auf den Wasserhaushalt gebotene sparsame Verwendung des Wassers zu erzielen, um die Leistungsfähigkeit des Wasserhaushaltes zu erhalten und um eine Vergrößerung und Beschleunigung des Wasserabflusses zu vermeiden".

---

[1] i.d.F. v. 12.11.1996, BGBl. 1996 Tl. I S.1696.

Die hoheitliche „haushälterische Bewirtschaftung des Wassers nach Menge und Güte" erfolgt im Rahmen der öffentlich-rechtlichen Benutzungsordnung in bezug auf die **den landesrechtlich definierten Gemeingebrauch (§ 23 WHG) übersteigende Sonderbenutzungen von Gewässern** i.S. § 3 WHG durch Erlaubnisse oder Bewilligungen (Näheres dazu unter 4.4). Nicht jede Gewässerbenutzung unterfällt also dem Gestattungsvorbehalt.

Gestattungsfrei sind u.a.

- Gewässerbenutzung aufgrund alter Rechte und Befugnisse (§§ 15-17 WHG),

- Eigentümer- und Anliegergebrauch (§ 24 WHG),

- Benutzungen des Grundwassers für häusliche, land-, forst- oder gärtnereiwirtschaftliche Zwecke nach Maßgabe des § 33 WHG,

- der durch die Landeswassergesetze umschriebene Gemeingebrauch gem. § 23 WHG,

- die Einbringung von Stoffen in oberirdische Gewässer zu Zwecken der Fischerei, sofern gem. einschlägigen landesrechtlichen Vorschriften hierfür keine Gestattung (Erlaubnis oder Bewilligung) erforderlich ist (§ 25 WHG),

- Maßnahmen, die dem Ausbau und der Unterhaltung eines oberirdischen Gewässers dienen, sofern hierbei keine chemischen Mittel (etwa Herbizide) verwandt werden (§ 3 III WHG).

Aus der öffentlich-rechtlichen Bewirtschaftung des Wasserschatzes der oberirdischen Gewässer folgt, **daß das Grundeigentum weder zu einer gestattungspflichtigen Gewässerbenutzung noch zum Ausbau eines Gewässers ohne behördliche Zustimmung berechtigt** (§ 1a III WHG). Die unmittelbare Benutzung eines Gewässers bedarf stets einer **Eröffnungskontrolle** in Gestalt einer **Erlaubnis** oder **Bewilligung** . Ein Rechtsanspruch auf die Erteilung dieser Gestattungen besteht nicht, diese steht vielmehr grundsätzlich im Ermessen der zuständigen Behörde.

Nächst einer dem Allgemeinwohl verpflichteten Bewirtschaftung der oberirdischen Gewässer bildet deren **Reinhaltung (II. Abschnitt WHG)** ein weiteres wichtiges Ziel der Wasserwirtschaft. Diesem Anliegen wird entsprochen durch

- das Verbot, feste Stoffe in ein Gewässer in der Absicht einzubringen, sich ihrer zu entledigen (§ 26 I WHG), wobei schlammige Stoffe nicht zu den festen Stoffen gehören,

- das Gebot, Stoffe an einem Gewässer nur so zu lagern oder abzulagern, daß eine Verunreinigung des Wassers oder eine sonstige nachteilige Veränderung seiner Eigenschaften oder des Wasserabflusses nicht zu besorgen ist (§ 26 II WHG; **wasserrechtlicher Besorgnisgrundsatz**), welches entsprechend für die Beförderung von Flüssigkeiten und Gasen durch Rohrleitungen gilt,

- das Recht der Länder, als Rechtsverordnungen ausgestaltete **Reinhalteordnungen** zu erlassen (§ 27 WHG).

Die **Unterhaltung** der Gewässer als eine dritte wasserwirtschaftliche Schwerpunktaufgabe **(III. Abschnitt WHG)** umfaßt die **Erhaltung eines ordnungsgemäßen Zustandes für den Wasserabfluß** und an schiffbaren Gewässern die **Erhaltung der Schiffbarkeit** (§ 28 I WHG). Die Unterhaltung der Gewässer obliegt, soweit sie nicht Aufgabe von Gebietskörperschaften, Wasser- und Bodenverbänden oder gemeindlichen Zweckverbänden ist, **den Eigentümern der Gewässer, den Anliegern und denjenigen Eigentümern von Grundstücken und Anlagen, die aus der Unterhaltung Vorteile haben oder die Unterhaltung erschweren** (§ 29 I WHG). Falls letztere die ihnen obliegende Unterhaltungspflicht nicht oder nicht in gehöriger Weise erfüllen, haben die zuständigen Behörden sicherzustellen, daß die jeweils erforderlichen Unterhaltungsarbeiten durch eine Gebietskörperschaft oder einen Wasser- und Bodenverband oder einen gemeindlichen Zweckverband ausgeführt werden (§ 29 II WHG). Bei den Unterhaltungsarbeiten ist den Belangen des Naturhaushalts Rechnung zu tragen; Landschaftsbild und Erholungswert des betreffenden Gewässergebiets sind zu berücksichtigen.

Maßnahmen des **Ausbaus von Gewässern** gem. §§ 31 ff. WHG, definiert als „**die Herstellung, Beseitigung oder wesentliche Umgestaltung eines Gewässers oder seiner Ufer**" (§ 31 II WHG), bedarf der vorherigen **Durchführung eines Planfeststellungsverfahrens**, welches den Anforderungen des Gesetzes über die Umweltverträglichkeitsprüfung entspricht. Dies gilt nicht, wenn durch solche Maßnahmen ein Gewässer nur für einen **begrenzten Zeitraum** entsteht **und** dadurch **keine erhebliche nachteilige Veränderung** des Wasserhaushalts verursacht wird.

Indessen läßt sich dem § 31 I WHG entnehmen, daß es sich beim Ausbau eines Gewässers um eine ausgesprochen exzeptionelle Maßnahme handelt, welche nur bei Vorliegen gewichtiger Gründe in Betracht zu ziehen ist. Vorrang behalten grundsätzlich die Erhaltung der sich im natürlichen oder naturnahen Zustande befindlichen oder der Rückbau nicht naturnah ausgebauter Gewässer in einen naturnahen Zustand, falls nicht überwiegende Gründe des Wohls der Allgemeinheit dem entgegenstehen.

Das **Grundwasser** (§§ 33 ff. WHG) darf ebenfalls nur aufgrund einer wasserrechtlichen Erlaubnis oder Bewilligung genutzt werden, sofern es sich dabei nicht um generell gestattungsfreie, auf alten Rechten oder Befugnissen beruhende oder den Tatbeständen des § 17a WHG unterfallende Benutzungen handelt.
Erlaubnis- oder bewilligungspflichtig sind demnach insbesondere

- **das Einleiten von Stoffen in das Grundwasser** gem. § 3 I Ziff. 5 WHG; die Erteilung einer **Bewilligung** scheidet hier gem. § 8 II 2 WHG aus. Eine **Erlaubnis** darf gem. § 34 I WHG dann erteilt werden, „wenn eine schädliche Verunreinigung des Grundwassers oder eine sonstige nachteilige Veränderung seiner Eigenschaften nicht zu besorgen ist";

- **das Entnehmen, Zutagefördern, Zutageleiten und Ableiten von Grundwasser** gem. § 3 I Ziff.6 WHG;

- **das Aufstauen, Absenken oder Umleiten von Grundwasser** durch Anlagen, die hierzu bestimmt oder hierfür geeignet sind gem. § 3 II Ziff.1;

- **nicht primär und gezielt eine Grundwasserbenutzung bezweckende, jedoch zu dessen nachteiliger Veränderung geeignete Maßnahmen** gem. § 3 II Ziff. 2 WHG, welche ebenfalls nicht bewilligungs-, sondern nur erlaubnisfähig sind.

Zur Umsetzung der **Richtlinie 80/68/EWG** über den Schutz des Grundwassers gegen Verschmutzung durch bestimmte gefährliche Stoffe vom 17.12.1979 hat die Bundesregierung die **Grundwasserverordnung** vom 18.03.1997[1a] erlassen.

Die Grundwasserverordnung gilt für das Einleiten von Stoffen, welche in den Listen I und II der Anlage zu dieser Verordnung aufgeführt sind, in das Grundwasser sowie für sonstige Maßnahmen, die zu einem Eintrag dieser Stoffe in das Grundwasser führen können. Bei Stoffen der Liste I handelt es sich um organische Phosphor- oder Zinnverbindungen, Quecksilber und Quecksilberverbindungen, Cadmium und Cadmiumverbindungen, Cyanid, organische Halogenverbindungen sowie Stoffe, die im Wasser krebserregende, mutagene oder teratogene Wirkungen haben. Für ein Einleiten dieser Stoffe in das Grundwasser darf eine Erlaubnis nicht erteilt werden, ausgenommen im Zusammenhang mit einer künstlichen Anreicherung des Grundwassers zum Zwecke der öffentlichen Grundwasserbewirtschaftung entsprechend § 4 I 2 dieser Verordnung.

Das Einleiten von Stoffen der Liste II (Metalle wie Blei, Zink, Kupfer, Selen, Arsen, Antimon, Beryllium, Molybdän, Uran, Kobalt, Thallium, Tellur Titan oder Silber bzw. ihre Verbindungen, giftige oder langlebige organische Siliziumverbindungen, Fluoride, Ammoniak und Nitrite, reiner Phosphor und anorganische Phosphorverbindungen) in das Grundwasser sowie deren Ablagern, Lagern zum Zwecke der Beseitigung oder das sonstige Beseitigen dieser Stoffe, das zu deren Eintrag in das Grundwasser führen kann, bedürfen als Gewässerbenutzung gem. § 3 I Ziff. 5 und II Ziff. 2 WHG einer behördlichen Erlaubnis, soweit es nicht einer Planfeststellung oder Genehmigung aufgrund ab-

---

[1a] BGBl. 1997 Tl. I S.542.

fallrechtlicher Vorschriften bedarf. Eine solche Zulassung darf nur erteilt werden, wenn eine schädliche Verunreinigung des Grundwassers oder eine sonstige nachteilige Veränderung seiner Eigenschaften durch Stoffe der Liste II nicht zu besorgen ist, insbesondere wenn durch den Eintrag der Stoffe nicht die menschliche Gesundheit oder die Wasserversorgung gefährdet, die lebenden Bestände und das Ökosystem der Gewässer geschädigt oder die rechtmäßige Nutzung der Gewässer behindert werden. Bei der Entscheidung über die Erteilung einer solchen Erlaubnis, auf welche kein Rechtsanspruch des Antragstellers besteht, sind vor allem die natürliche Regenerationsfähigkeit des Gewässers und seine Fähigkeit, derartige Schadstoffeinträge zu neutralisieren, zu berücksichtigen, ebenso bereits bestehende Nutzungen, welche durch derartige Einleitungen von Schadstoffen beeinträchtigt werden könnten.

Demgemäß ist eine solche Erlaubnis sehr strikt und konkret abzufassen. Gem. § 6 I Grundwasserverordnung ist in ihr mindestens folgendes festzulegen:

1. Ort der Einleitung, Ablagerung, Lagerung zum Zwecke der Beseitigung oder sonstigen Beseitigung,

2. Verfahren der Einleitung, Ablagerung, Lagerung zum Zwecke der Beseitigung oder sonstigen Beseitigung,

3. höchstens zulässige Mengen und Konzentrationen von Stoffen der Liste I oder II,

4. sonstige Schutzmaßnahmen unter besonderer Berücksichtigung der Art und Konzentration der in der Ableitung vorhandenen Stoffe, der Verhältnisse an der Einleitungsstelle und der in der Nähe liegenden Wasserentnahmestellen, insbesondere für Trinkwasser, Thermalwasser und Mineralwasser,

5. soweit erforderlich, Maßnahmen im Sinne des § 5 II dieser Verordnung (Überwachung des Grundwassers).

Eine solche Erlaubnis ist nicht nur gem. § 7 I 1 WHG zu befristen (§ 6 II GrundwasserV), sondern auch mindestens alle vier Jahre zu überprüfen (§ 6 III GrundwasserV).

Der Reinhaltung des Grundwassers dient die allgemeine Festlegung des obenzitierten § 34 I WHG betreffend das Einleiten von Stoffen. § 34 II enthält - analog § 26 WHG - das Gebot, Stoffe nur so zu lagern oder abzulagern, daß eine schädliche Verunreinigung des Grundwassers oder eine sonstige nachteilige Veränderung seiner Eigenschaften nicht zu besorgen ist. Dies gilt - wie schon im Falle des Oberflächenwassers - auch für die Beförderung von Flüssigkeiten und Gasen durch **Rohrleitungen**. Deren Errichtung und Betrieb ist - sofern im Zusammenhange mit der Beförderung **das Grund- oder Oberflächenwasser gefährdender Stoffe** stehend - gem. § 19a ff. WHG (**Pipeline-Genehmigung**) durch die für das Wasser zuständige Behörde zu genehmigen. Ebenso zu genehmigen sind die wesentliche Änderung einer solchen Anlage bzw. ihres Betriebes.

Nicht genehmigungspflichtig sind Rohrleitungsanlagen, welche den Bereich eines Werksgeländes nicht überschreiten. Sie unterfallen jedoch, ebenso wie die Anlagen zum Umgang mit wassergefährdenden Stoffen im Bereich der gewerblichen Wirtschaft und öffentlicher Einrichtungen, dem Gebot, so beschaffen zu sein und so eingebaut, aufgestellt, unterhalten und betrieben zu werden, daß eine Verunreinigung der Gewässer oder eine sonstige nachteilige Veränderung ihrer Eigenschaften nicht zu besorgen ist (§ 19 g ff. WHG).

Zum Schutz der Nutzungsfähigkeit sowohl der Grund- als auch der Oberflächengewässer können außerdem durch die nach Landesrecht hierfür als zuständig erklärten Behörden gem. § 19 WHG **Wasserschutzgebiete** festgesetzt werden. Der Schwerpunkt dieser Regelung liegt auf der **Sicherstellung der öffentlichen Wasserversorgung**, jedoch bleibt sie auch unabhängig von existierenden oder geplanten Wasserversorgungsanlagen auch auf den Gewässerschutz an sich - insbesondere auf die Verhütung des Eintrags von Agrochemikalien in Grund- und Oberflächenwasser - gerichtet. In diesen Gebieten können sowohl bestimmte Handlungen verboten bzw. nur in beschränktem Ausmaße für zulässig erklärt als auch Grundstückseigentümer bzw. -nutzungsberechtigte zur Duldung bestimmter Maßnahmen (z.B. zur Überwachung des Bodens bzw. des Gewässers) verpflichtet werden.

In Schutzzonen sind insbesondere verboten:

- die Errichtung von Industrieanlagen, in welchen wassergefährdende Stoffe verwendet werden, von Pipelines zur Beförderung wassergefährdender Stoffe, das Versickern von Abwässern, die Einleitung schädlicher Abwässer in Vorfluter - **in der Schutzzone III,** welche der Vermeidung langfristig wirkender Beeinträchtigungen dient;

- die Errichtung von Bauwerken, Sportanlagen, Badeplätzen oder Parkgelegenheiten für Kfz, die Entnahme von Bodensubstanz, die Ausbringung von Dünger oder Pflanzenschutzmitteln etc. - **in der Schutzzone II,** welche als „engere Schutzzone" den Schutz des Einzugsbereichs einer Wasserversorgungsanlage bezweckt;

- jede andere Nutzung als Wald- oder Grünlandnutzung sowie die Verletzung der belebten Bodenschicht und der Deckschichten - **in der Schutzzone I,** zu welcher als „enge Schutzzone" der umzäunte Fassungsbereich einer Wasserversorgungsanlage gehört.

Bei der Sicherung der für die Entwicklung der Lebens- und Wirtschaftsverhältnisse notwendigen wasserwirtschaftlichen Voraussetzungen spielen die von den **Ländern** aufzustellenden **wasserwirtschaftlichen Rahmenpläne** eine wichtige Rolle (§ 36 f.). Sie erfassen **Flußgebiete** oder **Wirtschaftsräume** bzw. Teile von solchen und haben den nutzbaren Wasserschatz, die Erfordernisse des Hochwasserschutzes und die Reinhaltung der Gewässer zu berücksichtigen. Sie sind der Entwicklung fortlaufend anzupassen. Zur Sicherung der Planungen für wasserwirtschaftlich relevante Vorhaben können die Länder gem. § 36a WHG im Verordnungswege **Veränderungssperren** dekretieren, d.h. Verbote, auf den Flächen von Planungsgebieten wesentlich wertsteigernde oder die Durchführung der Planung wesentlich erschwerende Veränderungen vorzunehmen. Die Dauer einer solchen Veränderungssperre ist grundsätzlich auf **drei Jahre** begrenzt; die betreffende Verordnung kann auch einen kürzeren Zeitraum vorsehen. Sie kann bei Vorliegen besonderer Umstände um höchstens ein Jahr verlängert werden, maximal also 4 Jahre betragen.

Ferner sind die Länder gem. § 36b II WHG verpflichtet, **Bewirtschaftungspläne** für diejenigen oberirdischen Gewässer oder Gewässerteile aufzustellen,

- welche Nutzungen dienen, die eine zu erhaltende oder künftige öffentliche Wasserversorgung aus diesen Gewässern oder Gewässerteilen beeinträchtigen können,

- bei denen es zur Erfüllung bindender Beschlüsse der Europäischen Gemeinschaft oder zwischenstaatlicher Vereinbarungen erforderlich ist.

In solchen Plänen werden unter Berücksichtigung der natürlichen Gegebenheiten festgelegt :

- die Nutzungen, denen das Gewässer dienen soll,

- die Merkmale, die das Gewässer in seinem Verlauf aufweisen soll,

- die Maßnahmen, die erforderlich sind, um die festgelegten Merkmale zu erreichen oder zu erhalten, sowie die einzuhaltenden Fristen,

- sonstige wasserwirtschaftliche Maßnahmen.

Neben die von den zuständigen Behörden ausgeübte hoheitliche Gewässeraufsicht stellt das WHG die **betriebliche Eigenüberwachung** durch den **Betriebsbeauftragten für Gewässerschutz (§§ 21a-21g WHG)**. Benutzer von Gewässern, welche an einem Tage mehr als 750 Kubikmeter Abwasser einleiten dürfen, haben gem. § 21a I WHG einen oder mehrere derartige Betriebsbeauftragte zu bestellen. Eine derartige Bestellung kann die Behörde auch gegenüber anderen Einleitern von Abwasser anordnen. Seine Rechtsstellung entspricht im wesentlichen der des Immissionsschutzbeauftragten. Wie dieser fungiert er nicht als Organ oder Gehilfe der Behörde, sondern als **Mitarbeiter des Gewässerbenutzers** und hat als solcher fünf wesentliche Funktionen wahrzunehmen, nämlich die

- **Beratungsfunktion** (§ 21b I WHG),

- **Kontrollfunktion** (§ 21b II Ziff. 1 WHG),

- **Initiativfunktion** (§ 21b II Ziff. 2 u. 3 WHG),

- **Aufklärungsfunktion** (§ 21b II Ziff. 4 WHG) und

- **Berichtsfunktion** (§ 21b III WHG).

Der Gewässerbenutzer seinerseits ist dem Betriebsbeauftragten für Gewässerschutz gegenüber verpflichtet, ihn

- bei der Erfüllung seiner Aufgaben zu unterstützen (§ 21c IV WHG),

- an gewässerschutzrelevanten Entscheidungen bezüglich der Einführung neuer Produkte oder der Tätigung von Investitionen zu beteiligen (§ 21d WHG),

- mit seinen Vorschlägen und Bedenken anzuhören (§ 21e WHG),

- wegen der Erfüllung seiner Obliegenheiten nicht zu benachteiligen (§ 21f WHG).

Schließlich ist noch das **Abwasserabgabengesetz (AbwAG)**[2] zu erwähnen, welches gleichfalls dem Schutze der Gewässer, aber im Wege **indirekter Verhaltenssteuerung**, dient, indem es einen **ökonomischen Anreiz zu gewässerschonendem Verhalten** schafft.

Dem Abwasserbegriff des AbwAG unterfallen gem. § 2 AbwAG

- **das Schmutzwasser**, d.h. durch den Benutzer in seinen Eigenschaften veränderte Wasser zusamt dem bei trockenem Wetter mit ihm zusammen abfließende Wasser,

- das aus dem Bereich bebauter oder befestigter Flächen abfließende **Niederschlagswasser** sowie

- **das Deponiesickerwasser.**

Direkteinleiter von Abwasser in ein Gewässer gem. § 1 I WHG sind verpflichtet, eine Abgabe zu entrichten, deren Höhe durch den Schädlichkeitsgrad des Abwassers bestimmt wird. Die Abwasserabgabe wird für jeweils ein Kalenderjahr (§ 11 I AbwAG) festgesetzt. Die Veranlagung hierzu richtet sich nach den Schadstoffeinheiten des eingeleiteten Abwassers. Das Aufkommen der Abwasserabgabe ist

---

[2] i.d.F. d. Bek. v. 03.11.1994 BGBl. 1994 Tl. I S.3370.

gem. § 13 I AbwAG zweckgebunden für Maßnahmen zu verwenden, welche der Verbesserung der Gewässergüte dienen.

2.1.7   Chemikalien- und Gefahrstoffrecht

Literaturhinweise: Bender, B.; Sparwasser, R.; Engel, R. (1995): Umweltrecht-Grundzüge des öffentlichen Umweltrechts. Heidelberg: C.F. Müller, S. 505 ff.

Zum **Gefahrstoffrecht im weiteren Sinne** gehören alle Regelungen, welche dem Schutz des Menschen und seiner natürlichen Umwelt vor jeder Art von gefährlichen Stoffen dienen.

Hiernach könnte man schon die primär umweltmedienbezogenen Gesetze wie das BImschG oder das WHG zum Gefahrstoffrecht zählen, da sie die Einbringung derartiger Stoffe über den Luftweg in andere Umweltmedien (Wasser, Boden) bzw. in das Oberflächen- oder Grundwasser reglementieren. Ebenso richtet sich die ordnungsgemäße Entsorgung von umweltgefährliche Chemikalien enthaltenden Abfällen nach den für gefährliche Sonderabfälle geltenden Maßgaben des KrW-/AbfG. In diesem Sinne ließen sich auch beim AtG oder dem GenTG vor Gefahrstoffen schützende Zielrichtungen ausmachen.

Der charakteristische Zug des **Gefahrstoffrechts im engeren Sinne** hingegen besteht in seiner **stoffspezifischen** Ausrichtung. Seine Normen bezwecken den Schutz des menschlichen Lebens und der Gesundheit sowie der natürlichen Umwelt **durch ausschließlich auf bestimmte Stoffe bezogene Regelungen**.

An zentraler Stelle des Gefahrstoffrechts i.e.S. steht das **Chemikaliengesetz**[1] zusammen mit den aufgrund seiner Ermächtigungsregelungen ergangenen Rechtsverordnungen, wie etwa der Gefahrstoffverordnung, der Chemikalienverbotsverordnung oder der Prüfnachweisverordnung. Dabei ist jedoch nicht zu übersehen, daß das ChemG nicht alle Gefahrstoffbereiche beschlägt, sondern sein Anwendungsbereich durch spezielle, seinen allgemeiner gehaltenen Regelungen vorgehende Gefahrstoffgesetze und -verordnungen eingeengt wird (§ 2 ChemG).

Hier sind zu nennen: das Arzneimittelgesetz, das Lebensmittel- und Bedarfsgegenständegesetz, das Futtermittelgesetz, das Atomgesetz (für radioaktive Abfälle), das Abwassergesetz (soweit entsprechend verunreinigtes Abwasser in Gewässer oder Abwasseranlagen eingeleitet wird), das Wasch- und Reinigungsmittelgesetz, das Pflanzenschutzgesetz, das Düngemittelgesetz, das Medizinproduktegesetz oder das Gesetz über die Beförderung gefährlicher Güter.

---

[1] i.d.F. v. 25.07.1994, BGBl. 1994 Tl. I S.1703, zul. geänd. dch. G. v. 27.09.1994, BGBl. 1994 Tl. I S.2705.

Der Zweck des ChemG besteht seinem § 1 zufolge darin,

„den Menschen und die Umwelt vor schädlichen Einwirkungen gefährlicher Stoffe und Zubereitungen zu schützen, insbesondere sie erkennbar zu machen, sie abzuwenden und ihrem Entstehen vorzubeugen."

Mit dieser Aufnahme des **Vorsorgeprinzips** in die Schutzzielbestimmung, welche für die Auslegung der Eingriffs- und Verordnungsermächtigungen des Gesetzes von Bedeutung ist, wird die Eingriffsschwelle für Verbote und Beschränkungen spürbar gesenkt.

§ 3 ChemG enthält die für seinen Anwendungsbereich maßgeblichen begrifflichen Definitionen. Der hier an erster Stelle stehende chemikalienrechtliche Stoffbegriff ist dabei nicht mit dem Stoffbegriff der Chemie identisch, sondern umfaßt

„chemische Elemente oder chemische Verbindungen, wie sie natürlich vorkommen oder hergestellt werden, einschließlich der zur Wahrung der Stabilität notwendigen Hilfsstoffe und der durch das Herstellungsverfahren bedingten Verunreinigungen, mit Ausnahme von Lösungsmitteln, die von dem Stoff ohne Beeinträchtigung seiner Stabilität und ohne Änderung seiner Zusammensetzung abgetrennt werden können."

Hierbei sind **alte Stoffe** (§ 3 Ziff. 2), welche im Altstoffverzeichnis der Europäischen Gemeinschaften EINECS (European Inventory of Existing Commercial Chemical Substances) verzeichnet sind, von den **neuen Stoffen** (§ 3 Ziff. 3) zu unterscheiden, welche - per definitionem - „nicht alte Stoffe im Sinne der Nummer 2 sind."

Das EINECS umfaßt mittlererweile mehr als 10.000 Stoffe, welche sich europaweit in größeren Mengen im Verkehr befinden, und dient dem Ziel, deren Gefahrenpotential systematisch zu erfassen und zu bewerten.

Das Kernstück des Gesetzes, **die Regelungen der Anmelde- und Prüfungspflichten bzw. Prüfungsnachweispflichten** beziehen sich **ausschließlich** auf **neue Stoffe.** Ihr unterliegen die **Hersteller oder Importeure neuer Stoffe** sowie Unternehmen, welche zwar nicht nach Deutschland einführen, wohl aber aus einem Mitgliedstaat der EU in einen anderen, ausgenommen im Transitverkehr.

Diese Anmeldepflicht des Herstellers bzw. Importeurs besteht nur im Falle **gewerbsmäßigen oder im Rahmen sonstiger wirtschaftlichen Unternehmungen erfolgenden Handelns,** nicht aber bei rein privater oder unentgeltlicher Tätigkeit (§ 4 I ChemG). Die Anmeldung eines Stoffes **in einem EU-Mitgliedstaat oder EWR-Vertragsstaat** hat **transnationale Wirkung;** sie gilt in allen anderen Mitglieds- bzw. Vertragsstaaten genauso, als sei sie dort vollzogen und braucht nicht wiederholt zu werden.

Wer allerdings - sei es als natürliche Privat- oder juristische Person - in keinem EU-Mitgliedstaat oder EWR-Vertragsstaat niedergelassen ist, darf einen Stoff bzw. Zubereitungen aus einem solchen gewerbsmäßig oder sonst im Rahmen wirtschaftlicher Unternehmungen nicht nach Deutschland einführen (§ 4 III ChemG).

Anmeldestelle i.S. des ChemG **ist die Bundesanstalt für Arbeitsschutz** in Dortmund, welche in bezug hierauf der **Fachaufsicht** des Bundesministeriums für Umwelt, Naturschutz und Reaktorsicherheit untersteht (§ 12 ChemG). Ihre Befugnisse sind in § 11 ChemG geregelt. Die **Bewertung** der Eigenschaften angemeldeter Stoffe obliegt gem. Ziff. 1.2 der *ChemVwV-Bewertung* der **Bundesanstalt für Arbeitsschutz, dem Bundesinstitut für Verbraucherschutz und Veterinärmedizin** (Berlin) und dem **Umweltbundesamt** (ebenf. Berlin). Nach Bedarf werden die **Biologische Bundesanstalt für Land- und Forstwirtschaft** sowie die **Bundesanstalt für Materialprüfung** (beide ebenf. Berlin) hinzugezogen.

Der obligatorische Inhalt einer Anmeldung ergibt sich aus § 6 ChemG i.V.m. der **Verordnung über Prüfnachweise und sonstige Anmelde- und Mitteilungsunterlagen nach dem Chemikaliengesetz** vom 01.08.1994[1a]. Hiernach hat der Anmeldepflichtige der Anmeldestelle **schriftlich** seinen Namen und seine Anschrift, im Falle der Einfuhr auch den Namen und die Anschrift des Herstellers, den Standort des Herstellungsbetriebes sowie Angaben u.a. über die Identitätsmerkmale des Stoffes, Nachweis- und Bestimmungsmethoden, die vorgesehene Einstufung, Verpackung und Kennzeichnung, die Toxikokinetik, die Menge des jährlich in den Verkehr zu bringenden Stoffes und die **Prüfnachweise der Grundprüfung** einzureichen.

Nähere Details bezüglich der vorzulegenden Anmeldeunterlagen sind in § 3 ChemPrüfV, speziell zu Prüfnachweisen der Grundprüfung im § 4 ChemPrüfV geregelt. Die Grundprüfung gem. § 7 ChemG soll Aufschluß geben über

- die physikalischen, chemischen und physiko-chemischen Eigenschaften,

- Adsorption und Desorption.

- abiotische und leichte biologische Abbaubarkeit,

- reizende und ätzende Eigenschaften,

- die akute Toxizität,

- subakute Toxizität (28-Tage-Test),

[1a] BGBl. 1994 Tl. I S.1877.

- sensibilisierende Eigenschaften,

- Anhaltspunkte für krebserzeugende oder erbgutverändernde Eigenschaften,

- Anhaltspunkte für fortpflanzungsgefährdende Eigenschaften,

- Toxizität gegenüber Wasserorganismen nach kurzzeitiger Einwirkung,

- Hemmung des Algenwachstums,

- Bakterieninhibitition,

Die Prüfung der anzumeldenden Stoffe hat gem. § 19a ChemG nach den Grundsätzen der **Guten Laborpraxis** zu erfolgen.

Beträgt die Menge eines Stoffes, den ein Anmeldepflichtiger innerhalb der Mitgliedstaaten der EG bzw. der Vertragsstaaten des EWR in den Verkehr bringen will, **weniger als 1 Tonne jährlich**, so findet lediglich eine **eingeschränkte Anmeldung** nach Maßgabe des § 7a ChemG statt.
Ausnahmen von der Anmeldepflicht hat der Gesetzgeber gem. § 5 ChemG für die dort bezeichneten Stoffe zugelassen, die ausschließlich zu Zwecken der wissenschaftlichen Forschung (max. 100 kg pro Jahr und Hersteller) oder verfahrensorientierten Forschung und Entwicklung bzw. **generell** in Mengen von weniger als 10 kg pro Jahr und Hersteller innerhalb der EG- und EWR-Grenzen in den Verkehr gebracht werden, sowie für Polymere, sofern sie nicht zu zwei vom Hundert oder mehr ihres Massengehalts einen neuen Stoff in gebundener Form enthalten.

Die Anmeldestelle hat dem Anmeldepflichtigen im Falle einer **Anmeldung gem. § 6 ChemG** innerhalb von **60 Tagen**, bei einer **eingeschränkten Anmeldung gem. § 7a ChemG** innerhalb von **30 Tagen** nach Eingang der Anmeldung mitzuteilen, ob die Anmeldung als ordnungsgemäß anerkannt wird. Der Anmeldepflichtige seinerseits darf den Stoff im Falle der Anmeldung gem. § 6 ChemG frühestens nach 60 Tagen, bei eingeschränkter Anmeldung frühestens innerhalb von dreißig Tagen nach Eingang der Anmeldung bei der Bundesanstalt für Arbeitsschutz in Verkehr bringen. Bei Überschreiten bestimmter Mengenschwellen gem. §§ 9 bzw. 9a ChemG sind auf Verlangen der Anmeldestelle Zusatzprüfungen der 1. bzw. 2. Stufe vorzulegen.

Neben den Anmelde- und Prüfnachweispflichten für Stoffe und Zubereitungen bilden die **Pflichten zur Einstufung, Verpackung und Kennzeichnung (§§ 13-15)** einen tragenden Bestandteil des ChemG. Wer als Hersteller oder Einführer einen Stoff in den Verkehr bringt, hat diesen nach den Maßgaben der §§ 5 ff. der gem. § 14 ChemG ergangenen *Gefahrstoffverordnung*[2] zu kennzeichnen.

Als Kennzeichnung von Stoffen müssen gem. § 6 GefStoffV angegeben werden

1. die chemische Bezeichnung des Stoffes gem. Anhang I Nr. 1 GefStoffV,

2. die Gefahrensymbole und die dazugehörigen Gefahrenbezeichnungen gem. Anhang I Nr. 2 GefStoffV,

3. die Hinweise auf besondere Gefahren (R-Sätze) gem. Anhang I Nr. 3 GefStoffV,

4. die Sicherheitsratschläge (S-Sätze) gem. Anhang I Nr. 4 GefStoffV,

5. der Name, die vollständige Anschrift und die Telefonnummer des Herstellers, des Einführers oder des Vertriebsunternehmers; bei Herstellern mit Sitz außerhalb der Europäischen Gemeinschaften Name und vollständige Anschrift dessen, der den Stoff in die Europäischen Gemeinschaften einführt oder erneut in den Verkehr bringt,

6. die dem Stoff zugeordnete EWG (EINECS- oder ELINCS)-Nummer,

7. bei Stoffen, die in der Bekanntmachung gem. § 4a I GefStoffV aufgeführt sind, der Hinweis „EWG-Kennzeichnung".

Entsprechendes gilt gem. § 7 GefStoffV für Zubereitungen.

Steht dem Ergebnis einer Prüfung gem. §§ 7, 9 ChemG oder gesicherter wissenschaftlicher Erkenntnis zufolge die Gefährlichkeit eines Stoffes bereits fest, aber fehlt noch die normative Einstufung, so hat die Einstufung durch den Hersteller oder Einführer selbst als **Selbsteinstufung** zu geschehen. D.h., sofern der Stoff in der GefStoffV **nicht** aufgeführt ist, hat der Pflichtige

1. die ihm zugänglichen Angaben über die Eigenschaften des Stoffes zu ermitteln und

2. ihn einzustufen, zu verpacken und zu kennzeichnen (§ 13 I 2 ChemG).

Die Verpackungs- und Kennzeichnungspflicht trifft dabei nicht nur den Hersteller oder Einführer gefährlicher Stoffe, Zubereitungen oder Erzeugnisse, sondern auch deren Vertreiber bzw. Zwischenhändler, welche sie häufig umpacken oder umfüllen.

Die §§ 16-16e ChemG statuieren eine Reihe von **Mitteilungspflichten,** welche

---

[2] BGBl. 1993 Tl. I S.1782, zul. geänd. dch. VO v. 19.09.1994, BGBl. 1994 Tl. I S.2557.

- angemeldete Stoffe,

- von der Anmeldepflicht gem. § 5 ChemG ausgenommene neue Stoffe,

- neue Stoffe, die nicht oder nur außerhalb des Europäischen Wirtschaftsraumes in Verkehr gebracht werden,

- alte Stoffe,

- Zubereitungen und

- Mitteilungen für die Informations- und Behandlungszentren für Vergiftungen betreffen.

Durch die §§ 17-19 ChemG wird die Bundesregierung zum Erlaß von Rechtsvorschriften ermächtigt, welche zum Schutz des Menschen, seiner Gesundheit und der natürlichen Umwelt, aber auch zu diesbezüglichen Vorsorgemaßnahmen notwendig sind. An erster Stelle ist hier die schon obenerwähnte **Gefahrstoffverordnung** zu nennen, welche mit ihren detailliert gehaltenen Regelungen zur ordnungsgemäßen Einstufung, Verpackung und Kennzeichnung gefährlicher Stoffe und Zubereitungen sowie zum Umgang mit Gefahrstoffen **in allen Bereichen beruflicher Tätigkeit** dem Gesundheitsschutz am Arbeitsplatz, dem Verbraucherschutz und dem Schutze der Umwelt gleichermaßen dient.

Gleichfalls aufgrund der durch § 17 I ChemG ausgesprochenen Ermächtigung ist auch die *Chemikalien-Verbotsverordnung*[3] ergangen. Deren Festlegungen zur Erlaubnis- und Anzeigepflicht, Informations- und Aufzeichnungspflichten von Gefahrstoffen an Dritte, Selbstbedienungsverbot oder Sachkenntnis bezüglich des Umgangs mit diesen Substanzen entsprechen dem klassischen Giftrecht. Darüber hinaus enthält sie das mit bestimmten Einschränkungen und Ausnahmen versehene Verbot des Inverkehrbringens der in ihrem dreispaltigen Anhang genannten Substanzen (§ 1 I ChemVerbotsV).

Gem. § 18 ChemG wird die Bundesregierung außerdem ermächtigt, durch mit Zustimmung des Bundesrates ergehender Rechtsverordnung vorzuschreiben, daß

- bestimmte **giftige Tierarten** nicht oder nur nach vorheriger Anzeige bei der zuständigen Behörde bzw. unter der Bedingung der Verfügbarkeit geeigneter Gegenmittel und Behandlungsempfehlungen auf Seiten des Einführers oder Tierhalters eingeführt oder gehalten werden dürfen,

---

[3] BGBl. 1993 Tl. I S.1720, zul. geänd. dch. G. v. 25.07.1994, BGBl. 1994 Tl. I S.1689.

- bestimmte **giftige Pflanzenarten** auf bestimmten Flächen nicht angepflanzt oder öffentlich in Katalogen oder Warenlisten nur mit einem Hinweis auf ihre Giftigkeit angeboten werden dürfen.

Diese Ermächtigung wird durch § 18 II ChemG auch auf tote bzw. abgestorbene Exemplare giftiger Tiere oder Pflanzen, deren Teile oder Sämereien ausgedehnt.

Die Bundesregierung wird durch § 19 ChemG schließlich ermächtigt, durch Rechtsverordnung mit Zustimmung des Bundesrates Maßnahmen zur Gewährleistung des notwendigen Arbeitsschutzes vorzuschreiben, soweit dies zum Schutze des menschlichen Lebens und der menschlichen Gesundheit, insbesondere der Arbeitskraft sowie einer dementsprechenden Gestaltung der Arbeitsumwelt erforderlich ist. Dies betrifft nicht nur die Herstellung und Verwendung von Gefahrstoffen, sondern auch für alle Tätigkeiten in dem von ihnen beschlagenen Gefahrenbereich. Diese Verordnungsermächtigung erstreckt sich dabei nicht auf Sachverhalte, welche durch entsprechende Vorschriften nach dem BImSchG, dem AtG, PflSchG oder SprengstoffG bestehen.

Gem. § 19 III kann im Verordnungswege z.B. bestimmt werden

- wie derjenige, der andere mit der Herstellung oder Verwendung von Stoffen, Zubereitungen oder Erzeugnissen beschäftigt, zu ermitteln hat, ob es sich im Hinblick auf die vorgesehene Herstellung oder Verwendung um einen Gefahrstoff handelt, soweit nicht bereits eine Einstufung nach den Vorschriften des Dritten Abschnitts erfolgt ist (Gefahrenermittlungspflicht),

- daß derjenige, der andere mit der Herstellung oder Verwendung von Gefahrstoffen beschäftigt, verpflichtet wird, zu prüfen, ob Stoffe, Zubereitungen oder Erzeugnisse oder Herstellungs- oder Verwendungsverfahren mit einem geringeren Risiko für die menschliche Gesundheit verfügbar sind und daß er diese verwenden soll oder zu verwenden hat, soweit es ihm zumutbar ist (Alternativenermittlungspflicht),

- daß der Hersteller oder Einführer dem Arbeitgeber auf Verlangen die gefährlichen Inhaltsstoffe der Gefahrstoffe sowie die gültigen Grenzwerte und, falls solche noch nicht vorhanden sind, Empfehlungen für einzuhaltende Stoffkonzentrationen und die von den Gefahrstoffen ausgehenden Gefahren oder die zu ergreifenden Maßnahmen mitzuteilen hat,

- wie die Arbeitsstätte einschließlich der technischen Anlagen, die technischen Arbeitsmittel und die Arbeitsverfahren beschaffen, eingerichtet sein oder betrieben werden müssen, damit sie dem Stand der Technik, Arbeitsmedizin und Hygiene sowie den gesicherten sicherheitstechnischen, arbeitsmedizinischen, hygienischen und sonstigen arbeitswissenschaftlichen Erkenntnissen entsprechen, die zum Schutz der Beschäftigten zu beachten sind,

- wie den Beschäftigten die anzuwendenden Vorschriften in einer tätigkeitsbezogenen Betriebsanweisung dauerhaft zur Kenntnis zu bringen sind und in welchen Zeitabständen anhand der Betriebsanweisung über die auftretenden Gefahren und die erforderlichen Schutzmaßnahmen zu unterweisen ist,

- welche Vorkehrungen zur Verhinderung von Betriebsstörungen und zur Begrenzung ihrer Auswirkungen für die Beschäftigten und welche Maßnahmen zur Organisation der Ersten Hilfe zu treffen sind,

- daß ein Herstellungs- oder Verwendungsverfahren, bei dem besondere Gefahren für die Beschäftigten bestehen oder zu besorgen sind, der zuständigen Landesbehörde angezeigt oder von der zuständigen Landesbehörde erlaubt sein muß,

- daß Arbeiten, bei denen bestimmte gefährliche Stoffe oder Zubereitungen freigesetzt werden können, nur von dafür behördlich anerkannten Betrieben durchgeführt werden dürfen, etc. pp.

Die zuständigen Landesbehörden haben gem. § 21 I ChemG die Durchführung dieses Gesetzes und der daraufhin ergangenen Rechtsverordnungen zu überwachen. Dies betrifft auch EG/EU-Verordnungen, soweit die Überwachung ihrer Durchführung den Mitgliedstaaten obliegt.

Die mit der Überwachung beauftragten Personen sind befugt,

- zu den Betriebs- und Geschäftszeiten Grundstücke, Geschäftsräume oder Betriebsräume zu betreten und zu besichtigen, Proben nach ihrer Auswahl zu fordern und zu entnehmen und in die geschäftlichen Unterlagen des Auskunftspflichtigen Einsicht zu nehmen,

- die Vorlage der Unterlagen über Anmeldung und Mitteilung zu verlangen,

- Arbeitseinrichtungen und Arbeitsschutzmittel zu prüfen,

- Herstellungs- und Verwendungsverfahren zu untersuchen und insbesondere das Vorhandensein und die Konzentration gefährlicher Stoffe und Zubereitungen festzustellen und zu messen.

2.2   Gliederung und Befugnisse der Verwaltungsbehörden

Literaturhinweise: Badura, P.; Erichsen, H.-U.; Münch, I.v.; Ossenbühl. F.; Rudolf,W.; Rüfner, W.; Salzwedel, J. (1988): Allgemeines Verwaltungsrecht. Berlin - New York: W. de Gruyter, S. 657 ff.; **Maurer, H.** (1990): Allgemeines Verwaltungsrecht. München: C.H. Beck, S. 437 ff.

Die Ausübung der staatlichen Befugnisse und die Erfüllung staatlicher Aufgaben auch auf dem Gebiet des Umweltschutzes ist gem. Art. 30 GG Sache der Länder, soweit das Grundgesetz keine andere Regelung trifft oder zuläßt. Ebenfalls in diesem Sinne führen die Länder die Bundesgesetze als eigene Angelegenheit aus (Art. 83 GG), soweit eine verfassungsrechtliche Kompetenz des Bundes nicht besteht bzw. bis dahin nicht wahrgenommen wurde, in besonders genannten Fällen auch als Auftragsangelegenheit (Art. 85 GG).

Gem. Art. 87 III GG können für Angelegenheiten, für die dem Bund die Gesetzgebung zusteht, selbständige Bundesoberbehörden und neue bundesunmittelbare Körperschaften und Anstalten des öffentlichen Rechts durch Bundesgesetz errichtet werden. Hier sind solche Einrichtungen wie das Umweltbundesamt, das Bundesamt für Strahlenschutz, die Bundesanstalt für Arbeitsschutz, die Biologische Bundesanstalt für Land- und Forstwirtschaft, die Bundesanstalt für Materialprüfung oder das Robert-Koch-Institut (in Sachen der Genehmigung der Freisetzung gentechnisch veränderter Organismen und des Inverkehrbringens diesbezüglicher Produkte), welche wichtige Funktionen im Umweltverwaltungsapparat ausüben.

Auch auf dem Gebiet des Umweltverwaltungsrechts ist die Landeskompetenz der Regelfall. Dabei bleibt dementsprechend den Ländern die Entscheidung über ihre Verwaltungsorganisation überlassen. Deren Ausgestaltung beruht auf von Land zu Land verschiedenen Rechtsgrundlagen. In einigen Bundesländern ist dies durch **Landesverwaltungsgesetze** bzw. **Landesorganisationsgesetze** (nicht zu verwechseln mit den Landesverwaltungsverfahrensgesetzen !) geschehen; in anderen ist das Verwaltungsorganisationsrecht auf mehrere Gesetze verteilt und teilweise nur lückenhaft geregelt.
Dennoch lassen sich aus allen Unterschieden innerhalb dieser Gesetzesmaterie zwei wesentliche gemeinsame Strukturprinzipien herausfiltern:

1. In jedem Bundesland existieren **allgemeine Verwaltungsbehörden** und **Sonderverwaltungsbehörden.** Diese Unterscheidung stellt auf die **sachliche Zuständigkeit** der Behörden ab.

Die **sachliche Zuständigkeit** der Behörden wird durch die hierzu ergangenen Rechts- und Verwaltungsvorschriften bestimmt. Dabei kann die Zuständigkeit einer Behörde zur Ausführung von Rechtsvorschriften, welche in die Rechte der einzelnen Person eingreifen oder dazu ermächtigen, **nur durch Rechtsvorschrift** (also nie durch Verwaltungsvorschriften oder gar bloße behördeninterne Weisung) bestimmt werden.

Sonderverwaltungsbehörden sind nur für bestimmte, ihnen ausdrücklich durch entsprechende Rechtsvorschriften zugewiesene Verwaltungsaufgaben zuständig. Sie werden dann gebildet, wenn es um die Wahrnehmung von Verwaltungsaufgaben mit besonders hohem **fachspezifischem** Gehalt geht (Forstämter, Gesundheitsämter, Bergämter, Ämter für Statistik, Kriminalämter, Ämter für Verfassungsschutz, Schulämter etc.). Hingegen ist die Zuständigkeit der allgemeinen

Verwaltungsbehörden in einer bestimmten Angelegenheit immer dann anzunehmen, wenn nicht die Zuständigkeit einer Sonderverwaltungsbehörde gegeben ist.

2. Die Verwaltungsorganisation ist in der Mehrzahl der Fälle **dreistufig**, in manchen Fällen auch **zweistufig** aufgebaut. Man unterscheidet beim dreistufigen Aufbau

- **die Oberstufe,**

- **die Mittelstufe** und

- **die Unterstufe.**

Die **Oberstufe** besteht aus den **obersten Landesbehörden** und den **Landesoberbehörden.** Oberste Landesbehörden sind die Landesregierung, der Ministerpräsident und die Minister.

Oberste **Abfallbehörden** sind die auch für Umweltangelegenheiten zuständigen Landesministerien (z.B. gem. § 28 I Ziff.1 LAbfG Baden-Württemberg[1], § 23 AbfAG Thüringen[2], § 13 II Ziff.1 EGAB Sachsen[3]).

Die für den Umweltschutz zuständigen Ministerien fungieren auch als oberste Behörden für die **Durchführung der Wasserhaushaltsgesetze** (z.B. § 105 I Ziff. 1 Landeswassergesetz Schleswig-Holstein[4], § 124 I Ziff. 1 Wassergesetz Brandenburg[5]) oder den **Naturschutz** (z.B. § 52 I Ziff. 1 Brandenburgisches Naturschutzgesetz[6], § 28 I Saarländisches Naturschutzgesetz[7]).

Bei diesen Behörden handelt es sich um Regierungs- und Verwaltungsinstanzen in einem, bei welchen eine klare Trennung von Regierungs- und Verwaltungsaufgaben weder möglich noch tunlich ist. Die Minister sind für die ihnen zugewiesenen Geschäftsbereiche zuständig (und könnten insoweit als Sonderverwaltungsbehörden bezeichnet werden). Die notwendige Vereinheitlichung und Abstimmung ihrer Tätigkeit untereinander wird durch die **Richtlinienkompetenz des Ministerpräsidenten** und das innerhalb der Landesregierung waltende **Kollegialprinzip** erreicht. Den Ministerien als diesen unmittelbar nachgeordnete Ämter stehen die **Landesbehörden (Landesämter)** zur Seite, welche **sachlich für einen bestimmtem Aufgabenbereich** und **territorial für das gesamte Landesgebiet** zuständig

---

[1] Gbl. 1996 S.617.
[2] GVBl. 1991 S.273.
[3] GVBl. Sa. 1991, S.306, geänd. dch. Art.6 Sächs. AufbauG v. 07.07.1994, GVBl. 1994, S. 1261.
[4] GVOBl. Schl.-H. 1992 S.81.
[5] GVBl. BB 1994 S.302.
[6] GVBl. BB 1992 S.208.
[7] Abl. Saar 1993 S.346.

sind. Sie sind **Sonderverwaltungsbehörden der Oberstufe** und in dieser Eigenschaft **technische Fachbehörde** sowohl für die oberste Behörde als auch die nachgeordneten Behörden.

Die **Mittelstufe** (auch als **höhere oder obere Behörde** bezeichnet) wird durch das **Regierungspräsidium bzw. die Bezirksregierung** verkörpert, welches als **allgemeine Verwaltungsbehörde** sämtliche Angelegenheiten des Regierungsbezirkes wahrzunehmen hat, sofern nicht die Zuständigkeit einer (auf der Mittelstufe aber relativ selten anzutreffenden) Sonderverwaltungsbehörde gegeben ist (z.B. Forstamt). Der Regierungspräsident ist fachlich nicht nur dem Innenminister, sondern - bezogen auf die jeweiligen Ressorts - auch den anderen Fachministern, darunter auch dem für Umweltangelegenheiten zuständigen Minister nachgeordnet.

Gem. § 41 II Niedersächs. Abfallgesetz[8] ist die Bezirksregierung obere Abfallbehörde; in Baden-Württemberg und Sachsen das Regierungspräsidium (§ 28 II Ziff. 2 LandesabfallG Baden-Württemberg; § 13 II Ziff. 2 Erstes Gesetz über Abfallwirtschaft und Bodenschutz Sachsen).

Diese Mittelstufe fehlt beim **zweistufigen Verwaltungsaufbau**, wie man ihm z.B. in den Ländern Brandenburg, Thüringen oder dem Saarland begegnet.

In **Thüringen** werden die sonst den Regierungspräsidien zuzuordnenden Aufgaben etwa auf dem Gebiet der Abfallwirtschaft durch das **Landesverwaltungsamt, das Oberbergamt und in besonderen Fällen die obere Forstbehörde** als obere Abfallbehörden wahrgenommen (§ 23 II Thüringer Abfall- und Altlastengesetz).
In **Brandenburg** fungiert das **Landesumweltamt** als obere Wasserbehörde (§ 13 I Ziff. 2 Wassergesetz Brandenburg).
Im **Saarland** bestehen nächst dem Minister für Umwelt als oberster Naturschutzbehörde untere Naturschutzbehörden in Gestalt

- der Landräte als untere staatliche Verwaltungsbehörden,

- des Stadtverbandspräsidenten im Stadtverband Saarbrücken (mit Ausnahme der Landeshauptstadt Saarbrücken),

- der Oberbürgermeister in der Landeshauptstadt Saarbrücken und in den kreisfreien Städten.

Als technische Fachbehörde fungiert das Landesamt für Umweltschutz.

Dem für Kreislauf- und Abfallwirtschaft zuständigen Ministerium als oberster Abfallbehörde folgt in **Mecklenburg-Vorpommern** das Landesamt für Umwelt und Natur als obere Abfallbehörde und zugleich technische Fachbehörde für die oberste Abfallbehörde

---

[8] GVBl. 1994 S.467.

und die unteren Abfallbehörden. Untere Abfallbehörden sind hier die Staatlichen Ämter für Umwelt und Natur, die Landräte und Oberbürgermeister (Bürgermeister) der kreisfreien Städte sowie die Amtsvorsteher der Ämter und die Bürgermeister der amtsfreien Gemeinden (§ 29 Abfallwirtschafts- und Altlastengesetz Mecklenburg-Vorpommern[9]).

Allgemeine Verwaltungsbehörde der **Unterstufe** sind z.T. der **Landrat** (Landratsamt bzw. Kreisverwaltung mit dem Landrat an der Spitze), z.T. auch die **kreisfreien Städte** bzw. sonstige **Großstädte.** Der **Landrat** als untere staatliche Verwaltungsbehörde nimmt die in seinem sich mit dem Gebiet des Landkreises deckenden Verwaltungsbezirk anfallenden Aufgaben wahr. Dabei fungiert er nicht nur als staatliche Verwaltungsbehörde, sondern auch als Verwaltungsorgan des Landkreises, in welcher Eigenschaft er Aufgaben des Verwaltungsträgers Landkreis wahrzunehmen hat.

Bei den **kreisfreien Städten oder Stadtkreisen** handelt es sich um solche, die keinem Landkreis zugeordnet sind und daher nicht nur die Gemeinde-, sondern auch die Kreisangelegenheiten ihres Territoriums wahrnehmen. Sie sind somit in Personalunion Stadt und Kreis zugleich. Das zuständige Organ der Stadt wird entweder durch gesetzlichen Wortlaut ausdrücklich bezeichnet oder - im Falle des Fehlens einer solchen Vorschrift - ist den allgemeinen Regelungen der Gemeindeordnung über die Verteilung der gemeindlichen Aufgaben zu entnehmen. Dies ist i.d.R. der **Oberbürgermeister**, welcher allerdings nicht als staatliches, sondern kommunales Organ im staatlichen Auftrag tätig wird (Auftragsverwaltung). Damit untersteht er nicht nur der Rechtsaufsicht des Bundes, sondern auch dessen Aufsicht im Hinblick auf die Zweckmäßigkeit des Vollzuges seiner Verwaltungsakte. Die allgemeinen Verwaltungsbehörden wie auch die Sonderverwaltungsbehörden sind örtlich zuständig

- in Angelegenheiten, die sich auf unbewegliches Vermögen oder ein ortsgebundenes Recht oder Rechtsverhältnis beziehen, dann, wenn das in Rede stehende Vermögen oder der Ort in ihrem Zuständigkeitsbezirk liegt;

- in Angelegenheiten, die sich auf den Betrieb eines Unternehmens oder einer seiner Betriebsstätten, auf die Ausübung eines Berufes oder auf eine andere dauernde Tätigkeit beziehen, wenn in ihrem jeweiligen Amtsbezirk das Unternehmen oder die Betriebsstätte betrieben oder der Beruf oder die Tätigkeit ausgeübt wird bzw. ausgeübt werden soll;

- in Angelegenheiten, die eine natürliche Person betreffen, dann, wenn diese Person im Amtsbezirk der jeweiligen Behörde ihren gewöhnlichen Aufenthalt hat bzw. hatte;

---

[9] GVOBl. M.-V. 1997 S.43.

- in eine juristische Person oder Vereinigung betreffenden Angelegenheiten dann, wenn die betreffende Person bzw. Vereinigung im Amtsbezirk der jeweiligen Behörde ihren Sitz hat bzw. hatte.

Folgt in einer Angelegenheit keine Behördenzuständigkeit aus diesen angeführten Kriterien, so ist diejenige Behörde zuständig, in deren Bezirk sich der Anlaß für ihr Tätigwerden ergibt.

Detaillierte Zuständigkeitsregelungen und Aufgabenzuweisungen an die einzelnen Behörden erfolgen im Wege von **Zuständigkeitsverordnungen der Länder**. So ist für die Entscheidung über Anträge auf **Genehmigung** zur Errichtung und zum Betrieb oder zur wesentlichen Änderung von im förmlichen Verfahren **nach dem BImSchG** zu genehmigenden genehmigungsbedürftigen Anlagen im Land Sachsen-Anhalt das **Regierungspräsidium** (bzw. - für seinen eigenen Aufsichtsbereich - das jeweilige **Oberbergamt)** zuständig. Diese sind auch zuständig für den Widerruf einer Genehmigung gem. § 21 BImSchG. Die Entgegennahme von Änderungsmitteilungen gem. § 16 I 1 BImSchG oder Einstellungsmitteilungen gem. § 16 II 1 BImSchG erfolgt durch das jeweils zuständige Staatliche Umweltamt (bzw. - für seinen Aufsichtsbereich - das jeweilige Bergamt), ebenso die Untersagung des Betriebes sowie die Stillegung und Beseitigung genehmigungsbedürftiger Anlagen gem. § 19 I, II BImSchG oder die Untersagung des Betriebes wegen Unzuverlässigkeit des Betreibers gem. § 20 III BImSchG.

Gleichfalls bei den **Regierungspräsidien** ist in Sachsen-Anhalt die Durchführung der Bestimmungen des **Gentechnik-Gesetzes** konzentriert, wobei in Fragen des Gesundheits- und Arbeitsschutzes auch das Gewerbeaufsichtsamt tätig wird.

Die Überwachung der Durchführung des **Chemikaliengesetzes** und der darauf gestützten **Verordnungen für das Herstellen, die Einstufung, Kennzeichnung und Verpackung, das Inverkehrbringen und die Verwendung gefährlicher Stoffe und Zubereitungen** gem. § 21 I, II, III ChemG obliegt

- in Betrieben, die der Aufsicht der Bergbehörde unterstehen, dem jeweiligen **Bergamt,**

- im Falle des Schutzes von Arbeitnehmern dem **Gewerbeaufsichtsamt,**

- für den allgemeinen Umwelt- und Gesundheitsschutz (ausgenommen für den Bereich des Einzelhandels) dem **Staatlichen Umweltamt** und

- für den allgemeinen Umwelt- und Gesundheitsschutz im Bereich des Einzelhandels dem **Landkreis bzw. kreisfreien Stadt.**[10]

---

[10] GVOBl. Sachsen-Anhalt 1994, S.636.

3   Die Verwaltungsakte

Literaturhinweise: Badura,P.; Erichsen, H.-U.; Münch, I.v.; Ossenbühl. F.; Rudolf,W.; Rüfner, W.; Salzwedel, J. (1988): Allgemeines Verwaltungsrecht. Berlin-New York: W. de Gruyter, S. 171 ff.; **Bosch, E.; Schmidt, J.** (1988): Praktische Einführung in das verwaltungsgerichtliche Verfahren. Stuttgart: W. Kohlhammer; **Maurer, H.** (1990): Allgemeines Verwaltungsrecht. München: C.H. Beck, S. 149 ff.; **Redeker, K.; v. Oertzen, H.-J.** (1988): Verwaltungsgerichtsordnung - Kommentar. Stuttgart: Kohlhammer; **Verwaltungsverfahrensgesetz - Kommentar** (1993) München: C.H. Beck, S.661 ff.

Die Verwirklichung und Durchsetzung der Normen des öffentlichen Umweltrechts durch die zuständigen Verwaltungsbehörden erfolgt in einer Vielzahl von Formen des Verwaltungshandelns. Dieses Handeln kann sich **behördenintern** (konzeptionelle Tätigkeit, Planungen, Beteiligungen anderer Behörden an Entscheidungsprozessen z.B. durch Stellungnahmen, dienstliche Weisungen an Mitarbeiter oder nachgeordnete Instanzen) oder **mit Wirkung nach außen**, sei es durch tatsächliche Verrichtungen (Tathandlungen, auch Realakte genannt), durch rechtsverbindliche Anordnungen oder sonstige rechtserhebliche Willenserklärungen vollziehen.

Wenngleich Tathandlungen (Ergehenlassen einer Mitteilung, Beseitigung eines polizeiwidrigen Zustandes, Durchsuchung von Grundstücken oder Gebäuden, Inbetriebnahme und Unterhaltung von öffentlichen Einrichtungen, Abgabe von Erklärungen, welche lediglich eine Mitteilung oder Bewertung enthalten) zu den unverzichtbaren Bestandteilen der Verwaltungspraxis gehören, kommt ihnen aus der Sicht des Verwaltungsrechts eher eine nur nebensächliche Rolle zu.

Im Vordergrund des Verwaltungshandelns und seiner rechtlichen Regelung stehen die Rechtsakte, bei welchen es sich um

- **Verwaltungsakte**, d.h. um einseitige verwaltungsrechtliche Anordnungen,

- **Rechtsverordnungen**, d.h. generell-abstrakte verwaltungsrechtliche Regelungen, oder um

- **sonstige rechtserhebliche Erklärungen** handelt, zu welchen namentlich auf den Abschluß eines Verwaltungsvertrages gerichtete oder solche gehören, die auf öffentlich-rechtliche Aufrechnung gerichtet sind.

3.1   Die Definition des Verwaltungsaktes

Der Begriff des Verwaltungsaktes umfaßt eine sehr umfangreiche Gruppe von Verwaltungsmaßnahmen, welche der Behörde als Mittel zur schnellen, wirksamen und zwangsweise durchsetzbaren einseitigen Regelung eines konkreten Sachverhalts dienen.

Hierzu gehören die Genehmigung zur Errichtung von Betriebsanlagen, die Anordnung der Bestellung von Immissionsschutz- oder Gewässerbeauftragten, die Erteilung einer wasserrechtlichen Erlaubnis, die Sanierungsverfügung, die Gewerbeerlaubnis oder die Bauerlaubnis ebenso wie die Umleitung des Verkehrsstromes um eine Gefahrenstelle durch Hinweisschild oder Handzeichen eines Polizisten.
So vielfältig das äußere Erscheinungsbild der Verwaltungsakte auch ausfallen mag, so unterfallen sie doch sämtlich der Definition des **§ 35 Verwaltungsverfahrensgesetz (VwVfG)**[1] :

Verwaltungsakt ist jede Verfügung, Entscheidung oder andere hoheitliche Maßnahme, die eine Behörde zur Regelung eines Einzelfalles auf dem Gebiet des öffentlichen Rechts trifft und die auf unmittelbare Rechtswirkung nach außen gerichtet ist.

3.1.1   Der Regelungscharakter

Der Verwaltungsakt trägt Regelungscharakter. **Eine Regelung ist eine mit rechtsverbindlichem Befolgungsanspruch ausgestattete Willenserklärung, welche eine Rechtsfolge zu setzen, d.h. etwas anzuordnen, bestimmt ist.** Diese Rechtsfolgen bestehen darin, daß Rechte und Pflichten begründet, geändert oder aufgehoben werden oder ein Rechtszustand festgestellt wird.

Wenn ein Antrag auf Errichtung und Betrieb einer genehmigungsbedürftigen Anlage i.S. § 4 BImSchG durch die Immissionsschutzbehörde positiv beschieden wird, so ist der Antragsteller berechtigt, die durch den Genehmigungsbescheid erfaßten Handlungen auszuführen, und zugleich verpflichtet, die Betreiberpflichten gem. § 5 I, III BImSchG zu erfüllen. Die Behörde ihrerseits ist verpflichtet, die Genehmigung bei Vorliegen der im § 6 BImSchG genannten Voraussetzungen zu erteilen. Zugleich ist sie dem Betreiber gegenüber zu allen erforderlichen Maßnahmen in Wahrnehmung ihrer Überwachungbefugnisse gem. § 52 BImSchG berechtigt.
Erginge ein ablehnender Bescheid, so darf der Antragsteller keine der den Gegenstand seines Antrags bildenden Handlungen ausführen. Anderenfalls läge eine Ordnungswidrigkeit i.S. § 62 BImSchG bzw. eine Straftat i.S. § 327 II StGB vor.

---

[1] BGBl. 1976 Tl. I S.1253, zul. geänd. dch. Art. 1 GenehmigungsverfahrensbeschleunigungsG
v. 12.09.1996, BGBl. 1996 Tl. I S.1354.

Keine Regelungen sind demnach :

- die schon obenerwähnten **tatsächlichen Verwaltungshandlungen**, da sie, für sich genommen, keine Rechtswirkungen hervorbringen;

- **Vorbereitungs- oder Teilakte**, da diese **keine abschließende** Regelung enthalten, sondern eine solche lediglich vorbereiten sollen.

Als solche kommen in Betracht: die öffentliche Bekanntmachung eines dem förmlichen Genehmigungsverfahren des BImSchG zu unterwerfenden Vorhabens, die Auslegung der Antragsunterlagen, die Durchführung eines Erörterungstermins, die Aufforderung der Immissionsschutzbehörde an andere Behörden zur Abgabe von Stellungnahmen etc.

- **rechtserhebliche Willenserklärungen** der Behörde, **die keinen anordnenden Charakter tragen,**

etwa Aufrechnungserklärungen, Fristsetzungen, die Stundung von Forderungen im Rahmen verwaltungsrechtlicher Schuldverhältnisse oder die Ausübung eines Zurückbehaltungsrechts.

3.1.2   Der hoheitliche Charakter

Die Regelung muß hoheitlichen Charakter tragen, d.h. **in Ausübung staatlicher Befugnisse** gegenüber den jeweiligen Entscheidungsadressaten unabhängig von deren Zustimmung oder Ablehnung ergehen. Dies ist regelmäßig dann der Fall, wenn dies **in Vollzug öffentlich-rechtlicher Normen (Gebietsklausel des § 35 VwVfG)** geschieht.

Keine Verwaltungsakte sind demnach all diejenigen Rechtshandlungen einer Behörde, welche durch **privatrechtliche Normen** geregelt werden (v.a. des BGB oder HGB).

Hierzu gehören z.B. die Kündigung eines Mietvertrages über die von der Behörde genutzten Räumlichkeiten, der Kauf von Büromaterialien oder die Vergabe von Aufträgen im öffentlichen Beschaffungswesen.

Aber auch nicht jede öffentlich-rechtliche Handlung fällt unter den Begriff des Verwaltungsaktes, da nicht jedes öffentliche Recht Verwaltungsrecht ist. **So scheiden z.B. Maßnahmen, deren Vornahme durch das Verfassungsrecht, das Strafrecht, das Straf- bzw. Zivilprozeßrecht, das Kirchenrecht oder das Völkerrecht geregelt wird, aus dem Verwaltungsaktsbegriff aus.**

So handelt der Bundespräsident als Verfassungsorgan bei der Ausfertigung von Gesetzen (Art. 82 I GG), bei der Beglaubigung und beim Empfang von Gesandten (Art. 59 I GG) oder in Ausübung des Begnadigungsrechts für den Bund (Art. 60 II GG). Hingegen handelt er bei der Ernennung und Entlassung der Bundesrichter, Bundesbeamten und Soldaten zugleich und in erster Linie als Verwaltungsorgan. Desgleichen handelt der Bundestagspräsident verfassungsrechtlich, wenn er gem. Art. 39 III den Bundestag einberuft, hingegen als Verwaltungsorgan, wenn er gem. Art. 40 II GG das Hausrecht und die Polizeigewalt im Gebäude des Bundestags ausübt.

Nicht zu den Verwaltungsakten, sondern in den Bereich der Rechtsprechung gehören auch die Entscheidungen der Verwaltungsgerichte.

3.1.3   Die Einzelfallregelung

Der Verwaltungsakt regelt einen konkreten Einzelfall. Dadurch unterscheidet er sich von der Rechtsnorm, welche sich in der Regel auf eine nicht von vornherein bestimmbare Zahl von Sachverhalten und Personen bezieht und somit eine abstrakt-generelle Regelung darstellt. Kriterium dieser Abgrenzung ist also stets der sachliche Bezugspunkt einer Regelung:

Ein Verwaltungsakt liegt in jedem Falle dann vor, wenn eine behördliche Regelung sich auf einen zeitlich und räumlich individualisierbaren Sachverhalt bezieht und sich an eine bestimmte, mindestens aber bestimmbare natürliche oder juristische Person bzw. Personenmehrheit richtet.

Die Genehmigung einer genehmigungspflichtigen chemischen Industrieanlage für den Hoechst-Konzern Frankfurt a.M., die Erteilung einer Gewerbeerlaubnis an einen Gastwirt oder die Untersagung der Verwendung bestimmter Gefahrstoffe in einem Betrieb gem. § 41 VIII GefStoffV fallen hiernach klar unter den Begriff des Verwaltungsaktes.

Der individuelle Charakter einer behördlichen Regelung ist auch dann noch gegeben, wenn sich die konkrete Regelung nicht an einen namentlich, aber dennoch der Sache nach (insbesondere räumlich und zeitlich) individualisierbaren Personenkreis wendet.

Einen klassisch zu nennenden Fall bildet hier die Auflösung einer Versammlung, da selbst bei zahlreicher Teilnahme der Adressatenkreis individuell bestimmbar ist. Die behördliche Verfügung richtet sich eben an die Gesamtheit aller Personen, die im Zeitpunkt des Ergehens der Verfügung an dieser Versammlung teilnehmen. Ein Gleiches gilt bei einer Evakuierungsverfügung im Interesse der öffentlichen Sicherheit und Ordnung bei einer Leben und Gesundheit bedrohenden Umweltgefahr, etwa infolge einer Havarie in einem Chemiebetrieb.

Anders liegen die Dinge, wenn eine Regelung zwar einen bestimmten Sachverhalt betrifft, sich dabei jedoch an einen **seinem Umfang nach nicht bestimmbaren** Personenkreis richtet, demnach konkret-generellen Charakter besitzt.

Dies wäre dann der Fall, wenn die Polizei das Betreten eines einsturzgefährdeten Gebäudes oder eines gefährlich kontaminierten Geländes untersagt. Konkret ist hier der jeweilige Sachverhalt: die Einsturzgefahr eines **bestimmten** Gebäudes, die gefährliche Kontamination eines **bestimmten** Geländes. Zugleich aber trägt die Regelung generellen Charakter, weil der Adressatenkreis zum Zeitpunkt ihres Erlasses weder bestimmt noch bestimmbar ist. Wer das Gebäude bzw. das Gelände zu betreten beabsichtigt, läßt sich hier noch nicht sagen.

3.1.4   Die Tätigkeit der Behörde

Um die Rechtsqualität eines Verwaltungsaktes zu besitzen, muß eine Regelung von einer **Behörde** getroffen worden sein.

Als Behörde i. S. des § 1 IV VwVfG wird jede Organisationsgliederung bezeichnet, die aufgrund von Normen des öffentlichen Organisationsrechts als solche nach außen in Erscheinung tritt und Aufgaben der öffentlichen Verwaltung nach Maßgabe des diesbezüglichen Rechts wahrnimmt.

Diesem bewußt weitgefaßten Begriff unterfallen jedoch nicht nur Struktureinheiten der „eigentlichen" Verwaltung i.S. von Exekutive, sondern auch Instanzen aus dem Bereich der Gesetzgebung oder der Rechtsprechung.

So handelt, wie schon oben erwähnt, der Bundestagspräsident in Ausübung seiner Polizeigewalt im Bundestagsgebäude (etwa wenn er die Entfernung störender Zwischenrufer von der Galerie anordnet) als Behörde, ebenso der Oberlandesgerichtspräsident, wenn er gem. § 10 II des Ehegesetzes Befreiung von der Pflicht zur Vorlage eines Ehefähigkeitszeugnisses erteilt, oder ein Gemeinderat, wenn er in seiner Eigenschaft als dienstlicher Vorgesetzter des Gemeindedirektors diesem gegenüber Weisungen ergehen läßt, und auch Prüfungsausschüsse.

Sie sind insoweit Behörde, als sie von Rechts wegen mit der Wahrnehmung von Verwaltungsaufgaben betraut worden sind.

Keine Verwaltungsakte sind:

a) alle Maßnahmen von Privatpersonen, auch dann, wenn diese einseitigen Charakter tragen und im schlichten Wortsinne Verwaltungstätigkeit beinhalten (etwa Vermögens- oder Nachlaßverwaltung).

Jedoch können natürliche oder juristische Personen des Privatrechts Behördenfunktionen im eigenen oder fremden Namen dann wahrnehmen, wenn sie durch gesetzliche Regelung in die staatliche Organisationsstruktur einbezogen und mit einer Rechtsposition ausgestattet sind, welche sie in die Lage versetzt, Hoheitsgewalt Dritten gegenüber auszuüben. Hier spricht man von **Beleihung.** Als solche kommen z.B. in Betracht: die Jagdaufseher gem. § 25 Bundesjagdgesetz, Schiffs- und Flugkapitäne, die Bezirksschornsteinfeger, freiberuflich tätige Fleischbeschauer, technische Überwachungsvereine, Prüfingenieure für Baustatik oder Privatbanken, sofern sie bei der Subventionsvergabe hoheitliche Entscheidungsbefugnisse haben.

b) Maßnahmen der Gesetzgebungsorgane, der Regierungen sowie der Rechtsprechung, in deren Fällen sie nicht als Verwaltungsorgane handeln.

So beim Erlaß von Gesetzen oder Rechtsverordnungen, bei der Unterzeichnung internationaler Vereinbarungen oder bei der Entscheidung von Rechtsstreitigkeiten.

3.1.5   Der einseitige Charakter

Der Verwaltungsakt stellt stets eine **einseitige Regelung** dar, d.h., die Entscheidung über eine Verwaltungsmaßnahme und ihren Inhalt liegt ausschließlich bei der hierfür zuständigen Behörde. Der Behörde obliegt grundsätzlich die Entscheidung über die Einleitung eines entsprechenden Verfahrens (Offizialprinzip, § 22 VwVfG). Sie bestimmt von Amts wegen nicht nur den äußeren Ablauf des Verfahrens, sondern hat auch den für ihre Entscheidung maßgeblichen Sachverhalt ohne Bindung an das Vorbringen der Beteiligten oder an bestimmte Beweismittel von Amts wegen zu ermitteln.

Dieser Tatsache steht nicht entgegen, daß der Adressat eines Verwaltungsaktes im diesbezüglichen Verfahren auch über Mitwirkungsrechte verfügt, ja die Gesetze vielfach seinen Antrag als Voraussetzung für die Einleitung eines Verfahrens vorsehen und in diesen Fällen es ihm auch freisteht, das Verfahren - notfalls auch gegen den Willen der Behörde - durch Rücknahme seines Antrages zu beenden (Verfügungsfreiheit der Beteiligten). Er hat Anspruch auf rechtliches Gehör sowie darauf, daß die entscheidende Behörde sich gebührend mit seinem entscheidungserheblichen Vorbringen auseinandersetzt (§ 28 VwVfG).

Auch setzt der Erlaß bestimmter Verwaltungsakte eine Zustimmung des Betroffenen voraus (Immatrikulation eines Studenten, Beförderung von Beamten). Seine Zustimmungsverweigerung kann den Erlaß des Verwaltungsaktes durchaus verhindern. Aber auch in diesem Falle kann er nicht die inhaltliche Gestaltung der Regelung selbst beeinflussen; diese liegt in vollem Umfange bei der Behörde.

3.1.6   Die Rechtswirkung nach außen

Verwaltungsakte sind gem. § 35 VwVfG nur solche Regelungen, welche auf eine unmittelbare Rechtswirkung **nach außen** gerichtet sind. **Sie begründen** - über den behördeninternen Bereich hinausgreifend - **Rechte und Pflichten für den Bürger oder sonstige außerhalb der erlassenden Behörde stehende Rechtspersonen.** Die Regelung muß ihrem objektiven Sinngehalt nach dazu bestimmt sein, im behördlichen Außenbereich Rechtswirkungen hervorzubringen.

Mangels Außenwirkung scheiden somit aus dem Verwaltungaktsbegriff **aus:**

a) **Innerdienstliche Weisungen** und **Verwaltungsvorschriften.** Wenngleich sie unbestreitbar Regelungscharakter besitzen, entfalten sie ihre Rechtswirkungen nur innerhalb der Organisation des öffentlichen Verwaltungsträgers und berechtigen oder verpflichten die betreffenden Bediensteten lediglich als Glieder der Verwaltung.

Weist z.B. eine übergeordnete Behörde die ihr nachgeordnete an, ein kontaminiertes Gelände zu sperren oder den Abriß eines baurechtswidrig errichteten Gebäudes anzuordnen, so wirkt diese Weisung zunächst nur verwaltungsintern für die letztere. Erst die ihrerseits in Wahrnehmung ihrer Zuständigkeit erlassenen Verfügungen sind Verwaltungsakte. Und ebenso können die von diesen Verfügungen der nachgeordneten Behörde Betroffenen nicht gegen die dienstliche (das behördliche „Innenverhältnis" betreffende) Weisung der Oberbehörde, sondern nur gegen den auf diese Weisung hin ergangenen Verwaltungsakt der nachgeordneten Behörde mit Rechtsmitteln vorgehen, da nur er auf Außenwirkung gerichtet ist.

Betreffs der Verwaltungsvorschriften sei auf die unter 1.2.5 enthaltenen Ausführungen verwiesen.

b) Die Zustimmung anderer Verwaltungsbehörden oder Verwaltungträger bei den sog. mehrstufigen Verwaltungsakten.

So ist im Genehmigungsverfahren gem. § 10 V BImSchG i.V.m. § 11 der 9. BImSchV die Genehmigungsbehörde verpflichtet, die Stellungnahmen all jener Behörden einzuholen, deren Aufgabenbereich durch das zur Genehmigung unterbreitete Vorhaben berührt wird. Bei einer solchen Zustimmung handelt es sich prinzipiell um eine rein verwaltungsinterne Erklärung, da sie gegenüber der Genehmigungsbehörde und nicht dem Antragsteller abzugeben ist. Wenn also die Genehmigungsbehörde die Genehmigung einer Anlage wegen der Verweigerung des Einvernehmens der Gemeinde oder der Naturschutzbehörde ablehnt, so kann der Antragsteller ebenfalls nicht gegen die ihre Zustimmung verweigernden Instanzen, sondern nur gegen die Genehmigungsbehörde, etwa mit einer Leistungsklage auf Erteilung der Genehmigung, vorgehen. Wenngleich das Verwaltungsgericht in diesem Falle auch darüber zu befinden hätte, ob die Verweigerung der Zustimmung rechtens war, könnte im Falle eines der Klage stattgebenden Urteils wiederum nur die Genehmigungsbehörde zur Erteilung der Genehmigung, nicht aber die ihre Zustimmung verweigernden Stellen zu deren Erteilung verurteilt werden.

3.2   Der Unterschied zwischen Verwaltungakten der Behörden und Urteilen der Verwaltungsgerichte

Dem Verwaltungsakt und dem Urteil des Verwaltungsgerichts ist zunächst die Gemeinsamkeit eigen, daß beide **Akte der Rechtserkenntnis** sind, d.h. feststellen, was in einem konkreten Einzelfall Rechtens ist. Darüber hinaus ergeben sich in bezug auf die erkennenden Organe und die Erkenntnisverfahren eine Reihe von Unterschieden.

1. Der Verwaltungsakt ist ein **zukunftsoffenes Gestaltungsmittel** der Verwaltung. Er stellt keine unumstößlich endgültige Entscheidung dar, sondern ist der Aufhebung infolge Anfechtung seitens des Adressaten ebenso zugänglich wie derjenigen aufgrund der Entscheidung der ihn erlassen habenden Behörde und kann insbesondere sachlicher Ausgangspunkt eines gerichtlichen Verfahrens sein. Ein abgelehnter Antrag kann immer wieder neu gestellt, die Aufhebung eines Verwaltungsaktes immer wieder begehrt werden. Das verwaltungsgerichtliche Urteil hingegen ist auf die allgemeinverbindliche und definitive Beendigung eines Verwaltungsrechtsstreits über die Rechtmäßigkeit eines Verwaltungsaktes im Interesse des Rechtsfriedens gerichtet. Das erkennende Gericht ist - anders als die Behörde - an sein ergangenes Urteil gebunden. Dieses kann nur mit den Rechtsmitteln der Berufung bzw. Revision angefochten werden, solange es noch nicht in Rechtskraft erwachsen ist. Ist das Urteil rechtskräftig geworden, kann die entschiedene Angelegenheit prinzipiell nicht ein weiteres Mal Gegenstand eines Erkenntnisverfahrens sein.

2. Das verwaltungsgerichtliche Urteil ergeht nur auf der Grundlage der geltenden Gesetze. Der Verwaltungsakt hingegen kann innerhalb des jeweiligen gesetzlich vorgegebenen Ermessensrahmens auch in bedeutendem Maße von Zweckmäßigkeitserwägungen bestimmt sein.

3. Die Behörde kann, außer auf entsprechenden Antrag hin, auch von Amts wegen tätig werden, das Gericht hingegen nur auf Antrag. Wo kein Kläger, da auch kein Richter.

4. Das Gericht entscheidet einen ihm unterbreiteten Rechtsstreit zwischen dessen Parteien als unabhängige und nur dem Gesetz verpflichtete Instanz (Art. 97 I GG i.V.m. § 25 DRiG). Die Richter üben ihr Amt weisungsfrei aus und unterliegen

einer Dienstaufsicht nur insoweit, als hierdurch nicht ihre richterliche Unabhängigkeit beeinträchtigt wird (§ 26 DRiG).
Hingegen entscheidet die Behörde in den ihr zugewiesenen Verwaltungsangelegenheiten, also in „eigener" Sache, und ist damit selbst Partei. Ihre Bediensteten handeln, im Gegensatz zu den Richtern, bei ihrer Entscheidungstätigkeit stets weisungsgebunden.

5. Das Verwaltungsverfahren erfolgt im Interesse einer zügigen und effizienten Verwaltungstätigkeit in den meisten Fällen formlos und wird nur durch wenige elementare Verfahrensgarantien bestimmt. Hingegen ist das Verwaltungsgerichtsverfahren in seinen wesentlichen Aspekten streng förmlich gestaltet und mit zahlreichen Verfahrensgarantien ausgestattet, um eine in der Sache richtige Entscheidung zu gewährleisten.

3.3   Die Arten der Verwaltungsakte

Die Vielfalt der Verwaltungsakte läßt sich nach einer Reihe verschiedener Kriterien klassifizieren, von welchen hier nur in aller Kürze genannt seien die Einteilung in:

a) Befehlende, gestaltende und feststellende Verwaltungsakte

- **Befehlende Verwaltungsakte** verpflichten stets zu einem bestimmten Tun, Dulden oder Unterlassen.

Dies betrifft Gebührenbescheide, das verkehrsregelnde Handzeichen des Polizisten, die Untersagung des Betriebs einer Anlage, eine Sanierungsverfügung, ein Gewerbeverbot gem. § 35 GewO.

- **Rechtsgestaltende Verwaltungsakte** begründen, ändern oder beendigen ein bestimmtes Rechtsverhältnis.

Hier sind zu nennen: Einbürgerung, Erteilung bzw. Widerruf einer Genehmigung, Beamtenernennung, Immatrikulation. Der Verwaltungsakt kann sich auch auf ein privatrechtlich geregeltes Rechtsverhältnis beziehen, wie die Ausübung des gemeindlichen Vorkaufsrechts bezüglich eines Grundstücks gem. §§ 24 ff. BauGB. In diesem Falle handelt es sich um einen privatrechtsgestaltenden Verwaltungsakt.

- **Feststellende Verwaltungsakte** dienen dazu, subjektive Rechte bzw. Pflichten von Personen oder rechtserhebliche Eigenschaften von Personen oder Sachen festzustellen.

So z.B. die behördliche Festlegung des Sanierungsverantwortlichen für ein altlastenbehaftetes Grundstück, die Feststellung der Betreibereigenschaft einer Person bzgl. einer Anlage, der Genehmigungsbedürftigkeit einer Anlage nach dem BImSchG oder der Fachkunde eines für eine solche zu bestellenden Umweltbeauftragten.

b) Begünstigende und belastende Verwaltungsakte

Diese Unterscheidung stellt auf die Rechtswirkung eines Verwaltungsaktes für dessen Adressaten ab.

- Der **begünstigende Verwaltungsakt** gem. § 48 I 2 VwVfG spricht dem Adressaten ein Recht oder einen rechtlich erheblichen Vorteil zu.

Z.B. die Bewilligung von Sozialhilfe oder Wohngeld, die Erteilung einer Baugenehmigung, die Erteilung einer wasserrechtlichen Bewilligung oder Erlaubnis, die Ernennung zum Beamten, die dienstliche Beförderung.

- Der **belastende Verwaltungsakt** hingegen zeitigt Nachteile für den Betroffenen, sei es, daß er in seine Rechte eingreift, sei es, daß er eine beantragte Vergünstigung ablehnt.

Dem unterfallen alle seitens der Behörde ausgesprochenen Gebote und Verbote, die Ablehnung einer beantragten Genehmigung oder Zuwendung.

Ein Verwaltungsakt kann für den Adressaten begünstigend und belastend zugleich sein, sei es, daß dem Antrag des letzteren nur teilweise entsprochen, sei es, daß eine Genehmigung oder staatliche Leistung mit Verpflichtungen verbunden wird.

c) Gebundene Verwaltungsakte und Ermessensakte

Ein **gebundener Verwaltungsakt** liegt vor, wenn die Behörde ihn bei Vorliegen des in einer relevanten Rechtsnorm beschriebenen Tatbestandes mit gesetzlich vorgegebenem Inhalt **erlassen muß**.

Prominente Beispiele sind die Baugenehmigung, welche zu erteilen ist, wenn ein geplantes Bauvorhaben den durch die öffentlich-rechtlichen Vorschriften gestellten Anforderungen entspricht, und die Gewerbeerlaubnis. Gem. § 6 I BImSchG ist die Genehmigung der Errichtung und des Betriebs einer genehmigungsbedürftigen Anlage dann zu erteilen, „wenn 1. sichergestellt ist, daß die sich aus § 5 und einer auf Grund des § 7 erlassenen Rechtsverordnung ergebenden Pflichten erfüllt werden und 2. andere öffentlich-rechtliche Vorschriften und Belange des Arbeitsschutzes der Errichtung und dem Betrieb der Anlage nicht entgegenstehen.“

Einer Genehmigung gem. § 7 II AtG bedarf, „wer eine ortsfeste Anlage zur Erzeugung oder zur Bearbeitung oder Verarbeitung oder zur Spaltung von Kernbrennstoffen oder zur Aufarbeitung bestrahlter Kernbrennstoffe errichtet, betreibt oder sonst innehat oder die Anlage oder ihren Betrieb wesentlich verändert, ..." Sie ist ebenfalls zu erteilen, wenn die in § 7 II genannten Voraussetzungen sämtlich vorliegen.

Von **Ermessensakten** spricht man, wenn der Gesetzgeber der Verwaltung in bezug auf bestimmte Angelegenheiten einen Spielraum zu eigener und eigenverantwortlicher Wahl und Entscheidung eingeräumt hat. Diese Wahlfreiheit gibt der Behörde die Möglichkeit, den besonderen Umständen des Einzelfalles Rechnung zu tragen und ihn seiner Eigenart entsprechend gerecht zu entscheiden. Dabei ist die Behörde gem. § 40 VwVfG verpflichtet, dann, wenn sie ermächtigt ist, nach ihrem Ermessen zu handeln, „... ihr Ermessen entsprechend dem Zweck der Ermächtigung auszuüben und die gesetzlichen Grenzen des Ermessens einzuhalten." Demnach darf eine Ermessensausübung nur stattfinden, wenn eine gesetzliche Ermächtigungsnorm vorliegt.

So liegt die Zuteilung wasserrechtlicher Benutzungsrechte oder -befugnisse im Bewirtschaftungsermessen der zuständigen Wasserbehörde, welche hierbei dem umweltrechtlichen Vorsorgeprinzip entsprechend auf einen schonenden Umgang mit der Ressource Wasser, insbesondere bei der Wasserentnahme (Zurverfügunghalten von ausreichenden Wasserreserven) und der Emissionsbegrenzung bzw. -geringhaltung bei der Einleitung von Abwässern (Sicherung von Belastungsreserven), Bedacht zu nehmen hat. Höchstrichterlicher Verwaltungsrechtsprechung zufolge verfügt die Wasserbehörde bei der Bewirtschaftung der Gewässer ihres Zuständigkeitsbereichs über einen planerischen Gestaltungsfreiraum, innerhalb dessen sie über die Erteilung oder Versagung einer wasserrechtlichen Genehmigung entscheiden kann. Auf die Erteilung einer wasserrechtlichen Erlaubnis oder Bewilligung besteht angesichts dessen kein Anspruch, und zwar auch dann nicht, wenn die Gemeinwohlverträglichkeit der Gewässernutzung offen zutage liegt.

Aus dieser Bestimmung ergibt sich damit das Verbot des Ermessensmißbrauchs bzw. Ermessensfehlgebrauchs und das Verbot der Ermessensüberschreitung. Ermessensausübung berechtigt nicht zur Willkür; sie unterliegt vielmehr einer ganzen Reihe verfassungs- und verwaltungsrechtlicher Bindungen.

So ist die Verwaltung verpflichtet, sich ausschließlich **von sachlichen und zweckgerichteten Erwägungen** leiten zu lassen, die von der gesetzlichen Ermächtigung gedeckt sind. Der Erlaß eines Ermessensaktes darf dabei durchaus von einer Gegenleistung des Adressaten abhängig gemacht werden, sofern hierdurch Gründe ausgeräumt werden, durch welche sich die Behörde an einer antragsgemäßen Ermessensentscheidung gehindert sieht. Jedoch darf letztere nicht auf wirtschaftliche Gegenleistungen hin gewährt werden, welche sich außerhalb des Rahmens der öffentlich-rechtlichen Zwecksetzung der beantragten Verwaltungsentscheidung bewegen, ergo nicht in einem sachlichen Zusammenhang mit dieser stehen (Kopplungsverbot). Ebenso muß bei der Ausübung des Ermessens durch die Behörde strikt darauf geachtet werden, daß die bei ihrer Tätigkeit angewandten Mittel zur Erreichung der gesetzlichen Zwecke geeignet und notwendig sind und in angemessener Relation zueinander stehen (**Grundsatz der Verhältnismäßigkeit**).

Der **Gleichheitssatz des GG (Art. 3)** verpflichtet die Verwaltung zu gleichmäßiger Ermessensausübung. Gleichgelagerte Sachverhalte sollen hiernach wesentlich gleich und ungleiche entsprechend ungleich behandelt werden. Wenn und sofern sich also eine erkennbar feste Verwaltungsübung herausgebildet hat, folgt aus dem Gleichheits- und Gleichbehandlungsgebot eine **Bindung der Behörde an ihre bisherige Verwaltungsübung**, von welcher nicht ohne hinreichenden sachlichen Grund abgewichen werden darf. Voraussetzung für die berechtigte Annahme einer Selbstbindung ist hierbei allerdings die Rechtmäßigkeit des bisherigen behördlichen Handelns; ein Recht auf Wiederholung von Fehlern oder eine „Gleichheit im Unrecht" liefe den Intentionen des GG sichtlich zuwider.

3.4   Das Zustandekommen von Verwaltungsakten

Verwaltungsakte kommen entweder in einem **nichtförmlichen** (**§10 VwVfG**) oder in einem **förmlichen Verwaltungsverfahren (§§ 63 ff. VwVfG)** zustande. Für beide Arten gilt die **Definition des § 9 VwVfG**:

Das Verwaltungsverfahren im Sinne dieses Gesetzes ist die nach außen wirkende Tätigkeit der Behörden, die auf die Prüfung der Voraussetzungen, die Vorbereitung und den Erlaß eines Verwaltungsaktes oder auf den Abschluß eines öffentlich-rechtlichen Vertrages gerichtet ist; es schließt den Erlaß des Verwaltungsaktes oder den Abschluß des öffentlich-rechtlichen Vertrages ein.

Die Nichtförmlichkeit des Verwaltungsverfahrens ist die Regel. Das nichtförmliche oder auch allgemeine Verwaltungsverfahren kommt immer dann in Anwendung, wenn keine andere Art des Verfahrens gesetzlich vorgesehen ist. Außer der Grundsatzregelung des § 10 gelten nur die allgemeinen Verfahrensregelungen des VwVfG und die diesbezüglichen allgemeinen Verfahrensprinzipien. Auch beim nichtförmlichen Verwaltungsverfahren ist die Behörde z.B. zur Führung von Akten verpflichtet, um eine sachgerechte, auch die Rechte der Betroffenen nachweisbar sichernde Durchführung des Verwaltungsverfahrens zu gewährleisten.
Nur in den gesetzlich eigens angeordneten Fällen wird das förmliche Verwaltungsverfahren durchgeführt.

Dies ist namentlich dann der Fall, wenn ein bestimmtes Vorhaben die Rechte und rechtlich geschützten Interessen mehrerer hiervon Betroffener tangiert. Ein förmliches Verwaltungsverfahren findet statt im Falle der Genehmigung genehmigungsbedürftiger Anlagen gem. § 4 ff. BImSchG, der Erteilung wasserrechtlicher Bewilligungen gem. § 8 ff. WHG, des Baus einer Fernstraße gem. § 17, 18 BFStrG oder der Errichtung eines Flughafens gem. § 8 ff. LuftVG.

Das förmliche Verwaltungsverfahren wird, wie schon der Bezeichnung zu entnehmen, durch besondere, eben „förmliche" Verfahrensvorschriften charakterisiert. So muß ein erforderlicher Antrag schriftlich oder zu Protokoll bei der Behörde gestellt werden. D.w. sind die die Anhörung der Beteiligten und die Mitwirkung von Zeugen und Sachverständigen betreffenden Regelungen eingehender und stringenter gehalten als im allgemeinen Verwaltungsverfahren. Auch die mündliche Verhandlung ist eher die Regel; und schließlich bedarf die Entscheidung der schriftlichen Abfassung und Begründung sowie des Zugangs beim Adressaten.

Das Verwaltungsverfahren ist kein dem Bereich der Rechtspflege zuzurechnendes Verfahren, sondern gehört zur Ausübung der vollziehenden Gewalt (Exekutive). Anders als beispielsweise im gerichtlichen Verfahren ist die Behörde nicht nur entscheidende Instanz, sondern zugleich - in Wahrnehmung der ihr gesetzlich zugewiesenen Aufgaben - Partei. Es ist auf die Gestaltung bzw. Feststellung von Rechten, Pflichten bzw. Rechtssituationen durch behördliche Entscheidung gerichtet, hat ein gesetzlich bestimmtes Verfahrensziel und ist aufgrund der gesetzlich zugewiesenen Kompetenzen von einem Staatsorgan oder anderen rechtsfähigen Verwaltungseinheiten durchzuführen.

Das Verwaltungsverfahren zerfällt in drei wesentliche Schritte:

- die Einleitung des Verfahrens,

- das Verfahren vor der Entscheidung,

- die Entscheidung.

3.4.1 Die Einleitung des Verwaltungsverfahrens

Das Verwaltungsverfahren wird entweder von Amts wegen (Offizialprinzip) oder durch den Antrag dessen eingeleitet, der eine behördliche Entscheidung begehrt. Gem. § 22 VwVfG entscheidet die Behörde „nach pflichtgemäßem Ermessen, ob und wann sie ein Verwaltungsverfahren durchführt. Dies gilt nicht, wenn die Behörde aufgrund von Rechtsvorschriften

1. von Amts wegen oder auf Antrag tätig werden muß;

2. nur auf Antrag tätig werden darf und ein Antrag nicht vorliegt."

Das **Offizialprinzip** wirkt vorwiegend in denjenigen Verwaltungsbereichen, deren Behörden mit dem Ziel der Abgabenerhebung, der Lenkung oder der Gefahrenabwehr durch Gebote, Verbote oder durch Auferlegung von Pflichten tätig werden (**sog. Eingriffsverwaltung**). Die Behörde wird hier aufgrund eigener, nach pflichtgemäßem Ermessen getroffener Entscheidung oder der sich aus dem Gegenstande ihrer Tätigkeit bzw. einer konkreten Situation zwingend ergebenden verfassungsmäßigen Pflicht zum Gesetzesvollzug ungeachtet weiteren Zutuns Dritter tätig.

Der Einleitung des Verfahrens **aufgrund eines Antrages** begegnet man vorwiegend im Bereich der **Leistungsverwaltung** (Wohnbeihilfe, Sozialhilfe, Arbeitslosengeld, Ausbildungsförderung) und in Fällen, da das Tätigwerden von Privatpersonen nur vorbehaltlich einer behördlichen Genehmigung rechtmäßig ist (Baugenehmigung, Errichtung und Betrieb von Anlagen nach dem BImSchG bzw. AtG, Gewässernutzung, Inverkehrbringen von chemischen Produkten nach dem ChemG). **Ein solcher Antrag ist eine Willenserklärung des öffentlichen Rechts**, auf deren Behandlung, da anderweitig nicht geregelt, die Vorschriften des BGB über Willenserklärungen anzuwenden sind.

Er kann **formgebunden**, d.h., es kann von Rechts wegen eine schlicht-schriftliche oder fomularmäßige Antragstellung vorgesehen sein und zusätzlich die Einreichung erforderlicher Unterlagen verlangt werden. **Anträge im förmlichen Verfahren sind stets formgebunden (§ 64 VwVfG);** darüber hinaus kann die Behörde auch ohne spezielle rechtlich normierte Anordnung eine schlicht-schriftliche oder formularmäßige Antragstellung dann und insofern verlangen, wann und inwiefern eine ordnungsgemäße und zügige Bearbeitung des Antrags dergleichen erfordert. Soweit Formvorschriften lediglich eine Ordnungsfunktion zukommt, steht ihre Nichteinhaltung einer wirksamen Antragstellung nicht entgegen. Fehler im Verfahren, welche sich aus Mängeln der behördlichen Formulare ergeben, gehen zu Lasten der verwendenden Behörde.

Fristen haben im Zusammenhang mit der Einleitung eines Verwaltungsverfahrens unterschiedliche Funktionen. Antragsfristen dienen in den meisten Fällen dazu, innerhalb eines festgesetzten Zeitraumes der Behörde einen Überblick über die geltend gemachten Ansprüche zu verschaffen und von einem gewissen Zeitpunkt an im Interesse der Rechtssicherheit und des Rechtsfriedens einen Schlußstrich zu ziehen. Durch die Versäumung einer solchen Frist wird der Antragsteller mit seinem Vorbringen präkludiert (ausgeschlossen), d.h., die Behörde ist berechtigt und verpflichtet, die Einleitung eines entsprechenden Verfahrens abzulehnen. Durch Fristenbestimmungen können aber auch Ansprüche ausgeschlossen werden, deren Verfolgung im Wege eines Verwaltungsverfahrens, insbesondere hinsichtlich der Feststellung von Sachverhalten, nach allgemeiner Erfahrung nicht mehr oder nur noch unter unverhältnismäßigem Aufwand möglich wäre.

Gleich den Gerichten obliegt der Behörde gem. § 25 VwVfG die Pflicht, schon im Stadium der Einleitung des Verwaltungsverfahrens auf die Stellung sachdienlicher Anträge, die Beseitigung von darin enthaltenen Formfehlern, die Erläuterung von Unklarheiten und die Ergänzung ungenügender Tatsachendarstellungen hinzuwirken. Für die Reihenfolge der Antragsbearbeitung gilt grundsätzlich das **Prioritätsprinzip**.

3.4.2   Das Verfahren vor der Entscheidung

Im Verwaltungsverfahren gilt gem. § 24 der Untersuchungsgrundsatz, d.h. die Behörde hat den Sachverhalt von Amts wegen zu ermitteln. Sie bestimmt, ohne an das Vorbringen und die Beweisanträge der Beteiligten gebunden zu sein, Art und Umfang der zur Entscheidung notwendigen Ermittlungen. Sie hat allen am Verwaltungsverfahren Beteiligten Gelegenheit zu geben, ihre Rechte und rechtlich geschützten Interessen zur Geltung zu bringen und sämtliche für den Einzelfall relevanten, auch die für die Beteiligten günstigen Umstände adäquat zu berücksichtigen. Schließlich hat sie auch die Mitwirkung der durch das Verfahren in ihrem Aufgabenbereich berührten Behörden zu veranlassen.

Die Beteiligten des Verwaltungsverfahrens, deren Kreis durch § 13 VwVfG umschrieben wird, haben sowohl im allgemeinen (nach Maßgabe des § 28 I VwVfG) als auch im förmlichen Verwaltungsverfahren (gem. § 66 VwVfG) ein **Recht auf Anhörung.**

Rechtliches Gehör bedeutet im Verwaltungs- wie auch im Gerichtsverfahren gleichermaßen, daß eine Entscheidung nur auf Grund solcher Umstände ergehen darf, zu denen der jeweilige Beteiligte sich vorher äußern konnte. Auch im Verwaltungsverfahren gilt prinzipiell das Verbot des „kurzen Prozesses". Die Behörde ist verpflichtet, entscheidungserhebliche Darlegungen des sich äußernden Beteiligten zur Kenntnis zu nehmen und sich mit ihnen substantiiert auseinanderzusetzen und dies ggf. in der Begründung ihrer Entscheidung zu dokumentieren. Das Recht auf Anhörung ist gewahrt, wenn der Beteiligte die **Gelegenheit zur Äußerung** hatte; hierzu ist die Einräumung der Gelegenheit zur schriftlichen Äußerung gegenüber der Behörde ausreichend. Nimmt der Beteiligte dieses

Recht nicht oder nicht hinreichend wahr, kann er nicht geltend machen, von der Behörde darin verletzt worden zu sein. Eine Verletzung des Rechts auf Anhörung ist ein Verfahrensfehler, welcher durch Nachholung der Anhörung, auch noch bei Gelegenheit des Widerspruchsverfahrens, geheilt werden kann. Wenngleich sowohl § 28 I als auch § 66 VwVfG das Recht auf Anhörung grundsätzlich fixieren, wird es dennoch im Falle des allgemeinen Verwaltungsverfahrens durch die Bestimmungen des § 28 II und III eingeschränkt.

Die Verfahrensbeteiligten haben gem. § 29 VwVfG ein **Recht auf Einsicht in die Akten des sie betreffenden Verfahrens,** soweit deren Kenntnis zur Geltendmachung oder Verteidigung ihrer rechtlich geschützten Belange notwendig ist. Dieses Recht besteht allerdings nur während eines laufenden Verwaltungsverfahrens bzw. nur insoweit, als die das Verfahren durchführende Behörde keine der in § 29 II aufgeführten Gründe für eine Verweigerung der Einsichtnahme geltend machen kann. Weiterhin hat jeder Beteiligte gem. § 30 VwVfG **ein Recht auf Wahrung seiner persönlichen und Geschäftsgeheimnisse.**

Dieses **Verwaltungsgeheimnis** stellt eine Art Seitenstück zu den in anderen Gesetzen für die Behörden festgelegten Geheimhaltungsvorschriften dar, so zum Steuergeheimnis gem. § 30 AO, zum Bankgeheimnis gem. § 30a AO, zum Sozialgeheimnis gem. § 35 SGB I i.V.m. §§ 67 ff. SGB X und zum Datenschutz gem. § 5 BDSG.

Dieser Geheimnisschutz endet, sobald die Behörde die Befugnis zur Offenbarung durch Zustimmung des Betroffenen erlangt oder durch spezielle gesetzliche Regelungen hierzu ermächtigt oder verpflichtet wird (etwa aufgrd. § 116 des Bundessozialhilfegesetzes (BSHG) oder gegenüber Strafverfolgungsbehörden). Eine Offenbarung unter bloßem Hinweis auf ein zwingendes öffentliches Interesse ist unzulässig.

Wie schon bei Einleitung des Verwaltungsverfahrens haben die Beteiligten auch in dem der Entscheidung vorausgehenden Verfahren ein **Recht auf Beratung und Auskunft** seitens der durchführenden Behörde (Grundsatz der Betreuungspflicht).

Verfassungsrechtliche Grundlage der Betreuungspflicht der Behörden ist das Rechts- und Sozialstaatprinzip, mit welchem im Hinblick auf Art. 1 GG (Schutz der Menschenwürde) die Behandlung des verwaltungsunterworfenen Bürgers als gesichtsloses Objekt des behördlichen Verfahrens unvereinbar ist. Ihr Umfang richtet sich dabei nach den konkreten Umständen des Einzelfalles. Dabei sind besonders in Betracht zu ziehen:

- die Kompliziertheit des Verfahrensgegenstandes;

- der sich im Verlaufe des Verfahrens offenbarende Kenntnisstand des Beteiligten betreffs der Verfahrensmaterie;

- seine Unerfahrenheit im Umgang mit den Behörden oder

- seine besondere Fürsorgebedürftigkeit (z.B. Gebrechliche, Behinderte oder Ausländer).

Je höher die Bedeutung des vom Verfahrensbeteiligten verfolgten Rechts für seine Lebensgestaltung und je geringer seine Kenntnisse und Fähigkeiten zu einem entsprechenden schlüssigen Handeln, desto umfangreicher fällt die behördliche Betreuungspflicht aus. Ihr ist v.a. nur dann Genüge getan, wenn die notwendige Beratung in einer dem Beratungssuchenden verständlichen Sprache erfolgt, sei es im Behördengespräch, sei es auf Merkblättern. Das bloße Rezitieren von Gesetzestexten ohne Erläuterung im Hinblick auf die beabsichtigte Antragstellung oder eine andere Verfahrenshandlung ist in der Mehrheit der Fälle keinesfalls ausreichend.

Und schließlich sind die Verfahrensbeteiligten gem. § 14 VwVfG berechtigt, **sich durch Bevollmächtigte oder Beistände im Verwaltungsverfahren vertreten zu lassen**.

Die **Pflichten der Verfahrensbeteiligten** finden sich - höchst allgemein gehalten - im § 26 II VwVfG geregelt. Hiernach sollen die Beteiligten

„bei der Ermittlung des Sachverhalts mitwirken. Sie sollen insbesondere ihnen bekannte Tatsachen und Beweismittel angeben. Eine weitergehende Pflicht, bei der Ermittlung des Sachverhalts mitzuwirken, insbesondere eine Pflicht zum persönlichen Erscheinen oder zur Aussage, besteht nur, soweit sie durch Rechtsvorschrift besonders vorgesehen ist.“

Durch diese Sollvorschrift wird der Verfahrensbeteiligte - namentlich der Antragsteller - zu keinem erzwingbaren Verhalten verpflichtet. Jedoch hat er im Falle seines Schweigens oder sonst in einem behördlichen Verfahren untätigen Verhaltens die hieraus erwachsenden nachteiligen Folgen hinzunehmen.

Wenn im Falle eines Antrags auf Genehmigung der Errichtung und des Betriebs einer genehmigungsbedürftigen Anlage der Antragsteller für eine Antragsprüfung gem. § 6 BImSchG unzureichende weil unvollständige Unterlagen einreicht, so hat die Behörde ihn unter Setzung einer angemessenen Frist zu deren Ergänzung aufzufordern (§ 10 I 2 BImSchG). Sie kann den Antragsteller zwar nicht mit Zwangsmitteln dazu anhalten, ist aber, wenn er die Frist ungenutzt verstreichen läßt, zur Ablehnung seines Antrages berechtigt. Allerdings bleibt die Behörde auch bei Untätigkeit eines Antragstellers oder anders am Verwaltungsverfahren-Beteiligten gem. § 24 VwVfG zur Aufklärung des Sachverhalts im Rahmen des ihr Möglichen und Zumutbaren verpflichtet.

3.4.3   Die Entscheidung im Verwaltungsverfahren

Die behördliche Entscheidung im Verwaltungsverfahren, welche unter Würdigung des Gesamtergebnisses des Verfahrens zu ergehen hat, manifestiert sich im Erlaß eines Verwaltungsaktes. Er bringt das Verfahren zum Abschluß und gibt der getroffenen Entscheidung eine der Bestandskraft fähige Gestalt (prozessuale Wirkung). Seiner materiellen Wirkung nach stellt er je nach seiner Wirkung auf die Rechte- und Pflichtenlage des oder der Entscheidungsadressaten eine begünstigende, belastende oder feststellende Verwaltungshandlung dar.

Der Verwaltungsakt ist nur dann **formgebunden,** wenn dies durch Rechtsvorschriften vorgesehen ist. **Im förmlichen Verwaltungsverfahren ist die Schriftform obligatorisch und Voraussetzung der Wirksamkeit des Verwaltungsaktes.** Aus Gründen der Verwaltungsklarheit und ordnungsgemäßer Aktenführung wird die Schriftform jedoch auch dort praktiziert, wo sie nicht ausdrücklich vorgeschrieben ist. Läßt die Behörde ihren Verwaltungsakt aufgrund gesetzlicher Vorschrift oder aus den letztgenannten praktischen Gründen schriftlich ergehen, kann er nur dann Gültigkeit beanspruchen, **wenn er die erlassende Behörde erkennen läßt (§ 37 III i.V.m. § 44 II Ziff. 1 VwVfG).** Er muß ferner handschriftlich oder durch Faksimile unterschrieben sein; bei vorgenormten Massenverwaltungsakten kann die Unterschrift gedruckt werden oder entfallen (§ 37 III u. IV VwVfG). Ist für ihn die Urkundenform vorgeschrieben, ist nicht nur eigenhändige Unterschrift, sondern auch die Angabe des Datums des Erlasses Bedingung der Formgültigkeit (so bei Ernennungen oder Beförderungen).

Ein schriftlicher oder schriftlich bestätigter Verwaltungsakt ist gem. § 39 I VwVfG schriftlich zu begründen. Durch die Notwendigkeit, ihre Entscheidung schriftlich zu begründen, wird **die Behörde** angehalten, deren tatsächliche und rechtliche Voraussetzungen mit der rechtsstaatlich gebotenen Sorgfalt zu überprüfen. **Der Adressat des Verwaltungsaktes** soll in die Lage versetzt werden, Inhalt und Konsequenzen der ergangenen Entscheidung zu erfassen, die ihr von der Behörde zugrundegelegten Tatsachen und Schlußfolgerungen auf ihre Stichhaltigkeit zu überprüfen und sich auch von der gebührenden Berücksichtigung der seinerseits vorgebrachten Darlegungen überzeugen können.
Der Verwaltungsakt ist mit einer **unzweideutigen und korrekten Rechtsmittelbelehrung** zu versehen. Eine fehlende Rechtsmittelbelehrung hat zwar keinen Einfluß auf die Bestandskraft des Verwaltungsaktes, verhindert jedoch, daß die normale Anfechtungsfrist (§§ 70, 74 VwGO) in Gang gesetzt wird und statt dessen gem. § 58 VwGO eine besondere Anfechtungsfrist zu laufen beginnt.

Der Verwaltungsakt muß schließlich dem Adressaten amtlich bekanntgegeben werden (§ 41 VwVfG). Der Verwaltungsakt ist eine einseitige empfangsbedürftige Willenserklärung. Seine Bekanntgabe ist nicht nur Rechtmäßigkeits-, sondern sogar Existenzvoraussetzung; ohne Bekanntgabe der behördlichen Entscheidung ist das Verwaltungsverfahren nicht abgeschlossen, der nicht bekanntgegebene Verwaltungsakt mangels Verifizierbarkeit durch den Adressaten kein rechtsgültiger Verwaltungsakt. Darüber hinaus muß die Bekanntgabe **durch die zuständige Behörde** und **individuell an den jeweiligen Adressaten** erfolgen.

3.5 Die Bestandteile des Verwaltungsaktes

Verwaltungsakte, welche ein bestimmtes Handeln erlauben, bestehen oft nicht nur aus der diesbezüglichen begriffsnotwendigen **(eigentlichen) Regelung**, sondern darüber hinaus aus **zusätzlichen Bestimmungen**, welche deren Inhalt modifizieren, ergänzen oder beschränken. Als solche kommen **Befristung, Bedingung, Auflagen und Auflagenvorbehalt sowie der Widerrufsvorbehalt** in Betracht. Gerade in der Praxis des Umweltverwaltungsrechts spielen diese Nebenbestimmungen eine wichtige Rolle, da es hier vielfach darum geht, ein unter dem Gesichtspunkt sinnvoller wirtschaftlicher Tätigkeit durchaus wünschenswertes, aber unter dem Gesichtspunkt ökologischer Verträglichkeit durchaus problematisches Vorhaben so zu ermöglichen, daß **allen** zu berücksichtigenden Belangen optimal Rechnung getragen wird.
Wenn die Behörde sich außerstande sieht, z.B. einem Antrag auf Errichtung und Betrieb einer genehmigungspflichtigen Anlage nach dem BImSchG in seiner ihr vorliegenden Form zuzustimmen, ist sie deswegen noch nicht gehalten, diesen Antrag abschlägig zu bescheiden. Vielmehr kann sie ihre Genehmigung mit bestimmten Vorbehalten erteilen, um sich aus den gesetzlichen Vorschriften ergebende Hindernisse auszuräumen bzw. die Einhaltung des Gesetzes bei der Verwirklichung eines derartigen Vorhabens zu gewährleisten.

3.5.1 Die Befristung

Gem. § 36 II 1 VwVfG handelt es sich bei der Befristung um **eine Bestimmung, „nach der eine Vergünstigung oder Belastung zu einem bestimmten Zeitpunkt beginnt, endet oder für einen bestimmten Zeitraum gilt ...".**

Stets befristet wird die wasserrechtliche Bewilligung (§ 8 V WHG), deren Dauer nur in besonderen Fällen 30 Jahre überschreiten darf. Die wasserrechtliche Erlaubnis gem. § 7 I WHG kann befristet werden.
Gem. § 18 I BImSchG erlischt eine erteilte Genehmigung, wenn

1. innerhalb einer von der Genehmigungsbehörde gesetzten angemessenen Frist nicht mit der Errichtung oder dem Betrieb der Anlage begonnen oder

2. eine Anlage während eines Zeitraums von mehr als drei Jahren nicht mehr betrieben

worden ist.

3.5.2   Die Bedingung

Eine als **Bedingung** gefaßte Bestimmung besagt gem. § 36 II 2 VwVfG, **daß der Eintritt oder der Wegfall einer durch den Verwaltungsakt ausgesprochenen Vergünstigung oder Belastung von dem ungewissen Eintritt eines künftigen Ereignisses abhängt.** Man unterscheidet hierbei die **aufschiebende** und die **auflösende** Bedingung. Der mit einer **aufschiebenden Bedingung** versehene Verwaltungsakt ist **vor Eintritt des in der Bedingung bezeichneten Ereignisses noch nicht,** der mit einer **auflösenden Bedingung** versehene **mit Eintritt des Ereignisses nicht mehr wirksam.**

Einen besonderen Fall der auflösenden Bedingung bildet der **Widerrufsvorbehalt.** Hier ist der behördliche Widerruf des erlassenen Verwaltungsaktes das dessen Wirksamkeit beendende Ereignis. **Ein im Verwaltungsakt ausgesprochener Widerrufsvorbehalt schließt in dem von ihm bezeichneten Umfange die Entstehung schutzwürdigen Vertrauens des Adressaten in die Bestandskraft des Verwaltungsaktes aus.**

Gem. § 49 II VwVfG darf ein rechtmäßiger begünstigender Verwaltungsakt auch dann, nachdem er unanfechtbar geworden ist, ganz oder teilweise mit Wirkung für die Zukunft widerrufen werden,

„ 1. wenn der Widerruf durch Rechtsvorschrift zugelassen oder im Verwaltungsakt vorbehalten ist;

 2. wenn mit dem Verwaltungsakt eine Auflage verbunden ist und der Begünstigte diese nicht oder nicht innerhalb einer ihm gesetzten Frist erfüllt hat;

 3. wenn die Behörde auf Grund nachträglich eingetretener Tatsachen berechtigt wäre, den Verwaltungsakt nicht zu erlassen, und wenn ohne den Widerruf das öffentliche Interesse gefährdet würde;

 4. wenn die Behörde auf Grund einer geänderten Rechtsvorschrift berechtigt wäre, den Verwaltungsakt nicht zu erlassen, soweit der Begünstigte von der Begünstigung noch keinen Gebrauch gemacht oder auf Grund des Verwaltungsaktes noch keine Leistungen empfangen hat, und wenn ohne den Widerruf das öffentliche Interesse gefährdet würde,

5. um schwere Nachteile für das Gemeinwohl zu verhüten oder zu beseitigen".

Eine dem § 49 II VwVfG analoge Regelung enthält § 21 BImSchG.

3.5.3   Die Auflage

Hinsichtlich ihrer praktischen Bedeutung im Verwaltungsverfahren rangiert die Auflage weit vor allen anderen Nebenbestimmungen. Besonders wichtig ist sie als Instrument der Wirtschaftsverwaltung und des Umweltschutzes. Bei der Auflage handelt es sich um **eine Nebenbestimmung, durch die dem Adressaten eines Verwaltungsaktes ein Tun, Dulden oder Unterlassen auferlegt wird (§ 36 II Ziff. 4 VwVfG).** Anders als die Befristung oder Bedingung ist sie **nicht** Bestandteil des Verwaltungsaktes, sondern eine **zusätzliche Verpflichtung** und damit eigentlich selbst ein Verwaltungsakt. Jedoch bleibt sie eine Nebenbestimmung, da sie auf eine Hauptregelung bezogen ist und ihr Bestand von deren Wirksamkeit abhängt.

Gem. § 4 II WHG können im Zusammenhang mit der Erteilung einer wasserrechtlichen Erlaubnis oder Bewilligung Auflagen betreffend

- Maßnahmen zur Beobachtung oder zur Feststellung des Zustandes vor der Benutzung und von Beeinträchtigungen und nachteiligen Wirkungen durch die Benutzung,

- die Bestellung verantwortlicher Betriebsbeauftragter, soweit nicht die Bestellung eines Gewässerschutzbeauftragten gem. § 21a WHG vorgeschrieben ist,

- Maßnahmen zum Ausgleich einer auf die Benutzung zurückgehenden Beeinträchtigung der physikalischen, chemischen oder biologischen Beschaffenheit des Wassers oder angemessene Beiträge des Nutzers zu den Kosten der Abwehr oder des Ausgleichs der von der Benutzung herrührenden Beeinträchtigung des Wohls der Allgemeinheit ergehen.

Eine Genehmigung von Rohrleitungsanlagen zum Befördern wassergefährdender Stoffe gem. § 19a WHG kann gem. § 19b I gleichfalls mit Auflagen versehen werden, die den Erfordernissen des Gewässerschutzes, insbesondere des Grundwassers, geschuldet sind.

Der mit einer Auflage versehene Verwaltungsakt wird - im Gegensatz zu dem mit einer Bedingung versehenen - **sofort wirksam,** die Erfüllung der Auflage ist nicht Voraussetzung der Wirksamkeit seiner Hauptregelung. Dies hindert die Behörde allerdings nicht daran, den Verwaltungsakt zu widerrufen, wenn der Adressat den Bestimmungen der Auflage nicht nachkommt. Die Auflage stellt eine selbständige Verpflichtung dar und ist ggf. zwangsweise durch Ersatzvornahme der Behörde, Zwangsgeld oder Zwangshaft durchsetzbar.

3.5.4   Der Auflagenvorbehalt

Der Auflagenvorbehalt ist die mit einem Verwaltungsakt verbundene Erklärung
der erlassenden Behörde, daß sie sich die Anordnung einer Auflage bzw. die Änderung oder Ergänzung einer bereits ausgesprochenen für die Zukunft vorbehalte.

Auf eine solche Möglichkeit nimmt z.B. § 17 BImSchG Bezug. Gem. § 5 I WHG stehen
die wasserrechtliche Erlaubnis und die Bewilligung unter dem Vorbehalt, daß **nachträglich**

- zusätzliche Anforderungen an die Beschaffenheit einzubringender oder einzuleitender
Stoffe gestellt,

- Maßnahmen gem. §§ 4 II Ziffn. 2, 2a u.3, 21a II,

- Maßnahmen für die Beobachtung der Wasserbenutzung und ihrer Folgen sowie

- Maßnahmen für eine mit Rücksicht auf den Wasserhaushalt sparsame Verwendung des
Wassers

angeordnet werden können.

Ein solcher Vorbehalt ist immer dann angebracht, wenn sich zur Zeit des Erlasses
eines Verwaltungsaktes noch nicht alle Konsequenzen des durch ihn gestatteten
Handelns absehen lassen bzw. feststellbar sind. Gleich dem Widerrufsvorbehalt
schließt auch der Auflagenvorbehalt die Entstehung schutzwürdige Vertrauenstat-
bestände auf seiten des Adressaten aus.

3.5.5   Die Zulässigkeit von Nebenbestimmungen

Gem. § 36 I VwVfG darf ein Verwaltungsakt, auf den ein Anspruch besteht (sog.
gebundener Verwaltungsakt, s. unter 3.3), nur dann mit einer Nebenbestimmung
versehen werden, wenn sie durch eine Rechtsvorschrift zugelassen ist oder wenn
sie sicherstellen soll, daß die gesetzlichen Voraussetzungen des Verwaltungsaktes
erfüllt werden.

So ist die Genehmigung der Errichtung und des Betriebes genehmigungspflichtiger Anlagen gem. § 10 BImSchG ein gebundener Verwaltungsakt, d.h., er ist bei Vorliegen der
in § 6 BImSchG genannten Genehmigungsvoraussetzungen zwingend zu erlassen.
Nichtsdestotrotz sieht der § 12 I BImSchG die Möglichkeit vor, eine solche Genehmigung mit Auflagen zu verbinden, welche sicherstellen sollen, daß der Betreiber die Genehmigungsvoraussetzungen jederzeit erfüllt.

Hingegen sind bei Ermessensverwaltungsakten gem. § 36 II VwVfG Nebenbestimmungen prinzipiell zulässig. Wenn der Erlaß des Verwaltungsaktes in das behördliche Ermessen gestellt ist, so muß sie fraglos auch befugt sein, ihn mit im Hinblick auf ihren Aufgabenbereich sachdienlichen Nebenbestimmungen zu versehen.

So ist im Falle der Genehmigung nuklearer Anlagen der Genehmigungsbehörde ein Versagungsermessen auch dann eingeräumt, wenn auf seiten des Antragstellers die subjektiven und objektiven Genehmigungsvoraussetzungen gem. § 7 II AtG vorliegen, obwohl es sich bei der Regelung des § 7 AtG nicht um ein repressives, sondern präventives Verbot mit Erlaubnisvorbehalt handelt. Demgemäß hat die Behörde die Möglichkeit, die Genehmigung einer atomaren Anlage gem. § 17 I AtG mit Auflagen und inhaltlichen Beschränkungen zu versehen.
Ebenso unterliegen wasserrechtliche Erlaubnisse und Bewilligungen wegen des der Wasserbehörde durch § 1a WHG eingeräumten Bewirtschaftungsermessens dem Auflagenvorbehalt.

Ungeachtet der behördlichen Ermessensfreiheit müssen alle ergangenen Nebenbestimmungen in einem sachlichen Zusammenhang mit der Hauptregelung stehen und auch dem Grundsatz der Verhältnismäßigkeit entsprechen. D.w. darf eine Nebenbestimmung gem. § 36 III VwVfG dem Zweck des Verwaltungsaktes nicht zuwiderlaufen.

3.6   Bestandskraft, Rücknahme und Widerruf von Verwaltungsakten

3.6.1   Die Bestandskraft

Gem. § 43 I VwVfG wird ein Verwaltungsakt gegenüber demjenigen, für den er bestimmt ist oder der von ihm betroffen wird, **in dem Zeitpunkt und mit demjenigen Inhalt wirksam, mit dem er ihm bekanntgegeben wird. Er bleibt wirksam, solange und soweit er nicht zurückgenommen, widerrufen, anderweitig aufgehoben oder durch Zeitablauf oder auf andere Weise erledigt ist (§ 43 II VwVfG).**

Der Verwaltungsakt besitzt sowohl in **formeller** als auch in **materieller** Hinsicht Bestandskraft. Dabei entspricht die **formelle Bestandskraft** der formellen Rechtskraft des Prozeßrechts, d.h., der Verwaltungsakt kann nicht oder nicht mehr mit den ordentlichen Rechtsmitteln (Widerspruch, Anfechtungsklage) angefochten werden.

Dies kann der Fall sein, wenn der Adressat die Rechtsmittelfristen hat ungenutzt verstreichen lassen, auf die Einlegung des Rechtsmittels verzichtet oder den Rechtsweg erschöpft hat bzw. ein Rechtsmittel nicht zulässig war.

Die **materielle Bestandskraft** äußert sich in der **Bindungswirkung** des Verwaltungsaktes und seiner **beschränkten Aufhebbarkeit**. Hiernach ist der Verwaltungsakt zunächst verbindlich, u. zw. sowohl für den Adressaten als auch für die erlassende Behörde. Der Verwaltungsakt ist zwar einseitig durch die Behörde ergangen, bindet jedoch alle Beteiligten. Wie die Gerichte an ihre Urteile, so sind auch die Behörden an die von ihnen erlassenen Verwaltungsakte gebunden, jedoch können sie diese unter bestimmten gesetzlich geregelten Voraussetzungen auch außerhalb eines Rechtsmittelverfahrens aufheben, d. h. zurücknehmen oder widerrufen, wodurch die Bindungswirkung beseitigt wird.

3.6.2   Die Aufhebung des Verwaltungaktes

Die Aufhebung bezeichnet jede Beseitigung der Rechtswirksamkeit eines Verwaltungsaktes entweder durch behördliche Entscheidung oder durch verwaltungsgerichtlichen Rechtsspruch. Rücknahme und Widerruf bilden Unterfälle der Aufhebung. Sie erfolgen außerhalb eines Rechtsmittelverfahrens durch die erlassende Behörde. Der **Widerruf** erfolgt im Falle **ursprünglich rechtmäßiger (§ 49 VwVfG)**, die **Rücknahme** hingegen **bei rechtswidrigen Verwaltungsakten (§ 48 VwVfG)**.

Sowohl der Widerruf als auch die Rücknahme kommen **nur bei rechtswirksamen Verwaltungsakten** in Betracht. Hat der Verwaltungsakt hingegen infolge Nichtigkeit nie Rechtswirksamkeit erlangt, dann genügt deren Feststellung durch die Behörde (§ 44 V VwVfG) oder durch das Verwaltungsgericht (§ 43 I VwGO). Dabei ist es unerheblich, ob der zu widerrufende bzw. zurückzunehmende Verwaltungsakt noch anfechtbar ist oder nicht.
Der Widerruf als auch die Rücknahme von Verwaltungsakten sind selbst Verwaltungsakte, welche den diesbezüglichen gesetzlichen Bestimmungen unterliegen, d.h. ihrer Entstehung, Form und Inhalt nach den an Verwaltungsakte zu stellenden Anforderungen entsprechen müssen.

3.6.2.1   Die Rechtswidrigkeit des Verwaltungsaktes

Die Rücknahme setzt das Vorliegen eines rechtswidrigen Verwaltungsaktes voraus. Ein Verwaltungsakt ist rechtswidrig oder auch fehlerhaft, wenn er in irgendeiner Beziehung den Anforderungen, welche die Rechtsordnung an ihn stellt, nicht entspricht. Der für die Beurteilung der Rechtmäßigkeit des Verwaltungsaktes maßgebliche Zeitpunkt ist derjenige seines Erlasses. Nachträgliche Änderungen der Tatsachen- oder Gesetzeslage beeinflussen die Rechtmäßigkeit oder Rechtswidrigkeit des Verwaltungsaktes grundsätzlich nicht mehr.

Rechtswidrig ist derjenige Verwaltungsakt, der **nicht**

- von der zuständigen Behörde,

- im richtigen Verfahren,

- in der gehörigen Form und

- frei von inhaltlichen Mängeln

erlassen wurde. Zu beachten ist dabei, daß auch der rechtswidrige Verwaltungsakt grundsätzlich mit seiner Bekanntgabe ebenso Rechtswirksamkeit erlangt wie ein rechtmäßiger. Er ist jedoch **anfechtbar und aufhebbar**. Auch kann der Eintritt seiner Rechtswirksamkeit durch die Einlegung eines Rechtsmittels gem. § 80 I VwGO gehemmt werden (aufschiebende Wirkung des Rechtsmittels), falls nicht behördlich oder von Gesetzes wegen die sofortige Wirksamkeit angeordnet wird. **Strikt hiervon zu unterscheiden ist der nichtige Verwaltungsakt. Auch ein nichtiger Verwaltungsakt ist rechtswidrig, aber nicht jeder rechtswidrige Verwaltungsakt ist zugleich nichtig.** Der schlicht rechtswidrige Verwaltungsakt ist - im Gegensatz zum nichtigen - hinsichtlich seines Mangels nachträglich heilbar, etwa durch die Nachholung einer nicht vorgenommenen Verfahrenshandlung (§ 45 VwVfG), er kann ebenso in einen rechtmäßigen umgedeutet werden (§ 47 VwVfG). Bei offenkundiger Unrichtigkeit kann er berichtigt werden (§ 42 VwVfG). Auch eine fehlende oder unrichtige Rechtsmittelbelehrung läßt seine Rechtswirksamkeit unberührt, führt aber anstelle der regulären einmonatigen Rechtsmittelfrist zu einer gem. §§ 58, 70 II VwGO auf ein Jahr verlängerten.

3.6.2.2   Die Voraussetzungen der Nichtigkeit

Ein nichtiger Verwaltungsakt ist unwirksam (§ 43 III VwVfG). Ein solcher liegt vor, wenn er mit materiellen und formellen Fehlern von solcher Schwere behaftet ist, die von der Rechtsordnung unter keinen Umständen hingenommen werden kann. Diese Unwirksamkeit besteht ex tunc, d.h. von Anfang an. Ein nichtiger Verwaltungsakt erzeugt zu keiner Zeit irgendeine Rechtswirkung und braucht vom Adressaten oder sonst Betroffenen weder beachtet noch angefochten zu werden. Er bedarf auch nicht der behördlichen oder gerichtlichen Aufhebung; die auf Antrag durch die Behörde erfolgende simple Feststellung der Nichtigkeit gem. § 44 V VwVfG ist ausreichend.

Die Nichtigkeit ergibt sich gem. **§ 44 I VwVfG** aus einem **besonders schwerwiegenden Fehler, welcher bei verständiger Würdigung aller in Betracht kom-**

mender Umstände offenkundig ist. In **jedem** Falle nichtig ist gem. § 44 II VwVfG derjenige Verwaltungsakt, der

- schriftlich erlassen worden ist, die erlassende Behörde jedoch nicht erkennen läßt,

(in diesem Falle wäre der Betroffene nicht in der Lage, die Behörde auszumachen, gegenüber welcher er Rechtsmittel einzulegen hätte)

- der nach einer Rechtsvorschrift nur durch die Aushändigung einer Urkunde erlassen werden kann, aber dieser Form nicht genügt,

(ein Beamter wird „per Handschlag" ernannt, aber ihm keine oder eine den gesetzlich vorgeschriebenen Wortlaut nicht enthaltende Ernennungsurkunde verabfolgt)

- durch eine Behörde außerhalb ihrer Zuständigkeit gem. § 3 I 1 VwVfG für Angelegenheiten, die sich auf unbewegliches Vermögen oder ein ortsgebundenes Recht oder Rechtsverhältnis beziehen, erlassen wird, ohne daß die erlassende Behörde hierzu ermächtigt war,

(die für den Landkreis Bautzen zuständige Immissionsschutzbehörde genehmigt eine in Ribnitz-Damgarten zu errichtende und zu betreibende Anlage)

- aus tatsächlichen Gründen von niemandem ausgeführt werden kann,

(etwa die Stillegung einer nicht oder nicht mehr existenten Anlage oder die Auflage, eine stillgelegte Abfalldeponie im Zuge ihrer Rekultivierung mit Tropenhölzern zu bepflanzen, Genehmigung zur Bebauung eines nicht existenten Grundstücks)

- die Begehung einer rechtswidrigen Tat verlangt, welche einen Straf- oder Bußgeldtatbestand verwirklicht,

(etwa die Anordnung des Eindringens in eine fremde Wohnung oder der Zerstörung einer fremden Sache ohne hinreichenden gesetzlichen Rechtfertigungsgrund, Erlaubnis für ein verbotenes Glücksspiel)

- gegen die guten Sitten verstößt

(Machtmißbrauch, baurechtlicher Vorbescheid, der von kostenloser Grundstücksabtretung abhängig gemacht wird, Begründung einer Baulast, an der die Behörde ein eigenes Interesse hat)

- unter Mitwirkung eines Beteiligten des Verfahrens an der Entscheidungsfindung der Behörde zustandegekommen ist (Umkehrschluß aus § 44 III Ziff. 2 VwVfG).

Sofern die Nichtigkeit nur einen Teil des Verwaltungsaktes betrifft, ist dieser im Ganzen nichtig, wenn der nichtige Teil so wesentlich ist, daß die Behörde den Verwaltungsakt ohne den nichtigen Teil nicht erlassen hätte (§ 44 IV VwVfG). Für sich allein genommen begründen noch keine Nichtigkeit des Verwaltungsaktes

- Verstöße gegen die Vorschriften über die örtliche Zuständigkeit, außer im Falle eines Verstoßes gegen § 3 I Ziff.1 VwVfG (s.o.),

- die Mitwirkung einer gem. § 20 I Ziff.2 - 6 VwVfG ausgeschlossenen Person im diesbezüglichen Verwaltungsverfahren (z.B. Angehörige),

- die nicht erfolgte Fassung eines für den Erlaß des Verwaltungsaktes erforderlichen Beschlusses durch einen zur Mitwirkung berufenen Ausschuß oder die Fassung eines solchen bei fehlender Beschlußfähigkeit dieses Ausschusses,

- das Unterbleiben der nach einer Rechtsvorschrift erforderlichen Mitwirkung einer anderen Behörde.

Wenn also die nach dem BImSchG zuständige Genehmigungsbehörde es im Widerspruch zu § 10 V BImSchG unterläßt, die Stellungnahmen der durch das zu genehmigende Projekt in ihrem Aufgabenbereich tangierten Behörden einzuholen, so ist ihr Genehmigungsbescheid zwar nicht nichtig, sondern vielmehr durchaus rechtswirksam, aber der Rücknahme durch die Behörde bzw. der Aufhebung aufgrund verwaltungsgerichtlichen Urteils durchaus zugänglich.

3.6.3   Die Rücknahme des Verwaltungsaktes

Ein rechtswidriger Verwaltungsakt kann auch dann, wenn er unanfechtbar geworden ist, ganz oder teilweise mit Wirkung für die Zukunft oder für die Vergangenheit zurückgenommen werden (§ 48 I VwVfG). Dies gilt sowohl für belastende als auch für begünstigende Verwaltungsakte. Im Rahmen ihrer Ermessensbindung steht es der Behörde frei, in welchem Umfang und mit Wirkung für welchen Zeitraum sie einen Verwaltungsakt zurücknehmen will. Eine solche Rücknahme ist grundsätzlich nur innerhalb eines Jahres, gerechnet von dem Zeitpunkt an, da die Behörde von den eine Rücknahme rechtfertigenden Tatsachen Kenntnis erhalten hat, möglich.
Die freie Rücknehmbarkeit wird allerdings gem. § 48 II und III in bezug auf **begünstigende Verwaltungsakte** erheblich eingeschränkt. Dies betrifft einmal die

sog. Leistungsbescheide, also Verwaltungsakte, welche eine einmalige oder laufende Geldleistung oder teilbare Sachleistung gewähren bzw. hierfür Voraussetzung sind (§ 48 II VwVfG), und alle übrigen (begünstigenden) Verwaltungsakte (§ 48 III VwVfG).

Wird ein der letztgenanten Bestimmung unterfallender rechtswidriger Verwaltungsakt zurückgenommen (und um solche handelt es sich z.B. bei umweltrechtlichen Genehmigungen), so hat die Behörde dem Betroffenen den Vermögensnachteil auszugleichen, den dieser dadurch erlitten hat, daß er auf den Bestand des Verwaltungsaktes vertraut hat, **soweit sein Vertrauen unter Abwägung mit dem öffentlichen Interesse schutzwürdig ist.**

Letzteres dürfte regelmäßig nicht der Fall bei erteilten Erlaubnissen zur Gewässernutzung nach § 7 WHG sein, da diese von vornherein im öffentlichen Interesse einer ökologisch und ökonomisch gleichermaßen optimalen Gewässernutzung unabhängig von der Rechtsqualität des sie erteilenden Verwaltungsaktes von vornherein mit dem Vorbehalt der freien Widerruflichkeit ausgestattet wurde. Auf schutzwürdiges Vertrauen und damit auf Ausgleichsansprüche kann sich der Betroffene gegenüber der rücknehmenden Behörde nicht berufen, sofern er

- den Verwaltungsakt durch arglistige Täuschung, Drohung oder Bestechung erwirkt hat;

- den Verwaltungsakt durch Angaben erwirkt hat, die in wesentlicher Beziehung unrichtig oder unvollständig waren;

- die Rechtswidrigkeit des Verwaltungsaktes kannte oder infolge **grober Fahrlässigkeit** nicht kannte (§ 48 III 2 i.V.m. II 3 VwVfG).

Der auszugleichende Vermögensnachteil wird durch die Behörde festgesetzt und darf nicht den Betrag des Interesses überschreiten, das der Betroffene am Bestand des zurückgenommenen Verwaltungsaktes hat (§ 48 III 3 und 4). Der Ausgleichsanspruch kann nur innerhalb eines Jahres geltend gemacht werden. Diese Frist beginnt für den Betroffenen zu laufen, sobald die Behörde ihn ausdrücklich auf diese hingewiesen hat.

3.6.4   Der Widerruf von Verwaltungsakten

Der Widerruf betrifft stets ursprünglich rechtmäßige Verwaltungsakte, unbeschadet dessen, ob belastenden oder begünstigenden Charakters. Die Frage des Widerrufs stellt sich vor allem dann, **wenn sich bei einem Verwaltungsakt mit Dauerwirkung die seinem Erlaß zugrunde liegende Sach- oder Rechtslage geändert hat.** Der Widerruf ist nur mit Wirkung für die Zukunft möglich und kann auch dann erfolgen, nachdem der zu widerrufende Verwaltungsakt unanfechtbar geworden ist.

Für den **Widerruf belastender Verwaltungsakte** gilt gem. § 49 I VwVfG, daß er prinzipiell im Ermessen der Behörde liegt. Er ist unzulässig, wenn ein Verwaltungsakt gleichen Inhalts erneut erlassen werden müßte, also ein gebundener Verwaltungsakt vorliegt und die Voraussetzungen für seinen Erlaß weiterhin vorliegen. Ebenso ist der Widerruf unzulässig, wenn ihm andere Gründe entgegenstehen, etwa die Zusage der Behörde an einen Dritten, den betreffenden Verwaltungsakt nicht zu widerrufen, oder eine aus gleichmäßiger Behördenpraxis erwachsende Selbstbindung, allgemeine Rechtsgrundsätze, Sinn und Zweck der zugrunde liegenden gesetzlichen Regelung etc. Hierunter fallen auch Gründe, die unmittelbar nur verwaltungsintern wirken, d.h. in einschlägigen Verwaltungsvorschriften aufgeführt sind. Hingegen muß ein belastender Verwaltungsakt dann zurückgenommen werden, wenn sich die für seinen Erlaß maßgeblichen faktischen oder rechtlichen Verhältnisse zugunsten des Adressaten dergestalt verändert haben, daß dieser Verwaltungsakt nicht mehr, zumindest nicht in seiner bestehenden Gestalt, erlassen werden dürfte. Ein solcher „rechtswidrig gewordener Verwaltungsakt" liegt z.B. dann vor, wenn seine Aufrechterhaltung den Adressaten entgegen den Bestimmungen des GG in seinen Grundrechten beschränken würde.

Unter die Regelung des § 49 I VwVfG fallen nicht nur solche Verwaltungsakte, die dem Adressaten ein Tun, Dulden oder Unterlassen auferlegen, sondern auch solche, die den Erlaß eines ihn begünstigenden Verwaltungsaktes ablehnen, etwa die Erteilung von Genehmigungen, oder welche eine im Hinblick auf seine Interessenlage negative Feststellung enthalten.

Der Widerruf rechtmäßiger begünstigender Verwaltungakte ist an die durch § 49 II Ziffn. 1-5 VwVfG abschließend aufgezählten Gründe gebunden. Hiernach kann er erfolgen,

- wenn der Widerruf durch Rechtsvorschrift zugelassen oder im Verwaltungsakt vorbehalten ist;

(So stellt die wasserrechtliche Erlaubnis gem. § 7 WHG einen widerruflichen Verwaltungsakt dar. Die Widerrufsregelung des § 21 BImSchG entspricht hinsichtlich der daselbst aufgeführten Widerrufsgründe sogar im wesentlichen dem § 49 II VwVfG. Auch das AtG enthält in seinem § 17 III einen entsprechenden Katalog von Widerrufsgründen. Zu beachten ist im Hinblick auf den im Verwaltungsakt selbst vorbehaltenen Widerruf, daß ein solcher nicht gegen bestehendes Recht verstoßen darf und durch sachliche Gründe gerechtfertigt sein muß.)

- wenn mit dem Verwaltungsakt eine Auflage verbunden ist und der Begünstigte diese nicht oder nicht innerhalb einer ihm gesetzten Frist erfüllt hat;

- wenn die Behörde auf Grund nachträglich eingetretener Tatsachen berechtigt
wäre, den Verwaltungsakt nicht zu erlassen, und wenn ohne den Widerruf das
öffentliche Interesse gefährdet würde;

(Auch eine Vervollkommnung des wissenschaftlich-technischen Wissens- und Erkenntnisstandes kann Tatsachen im Sinne dieser Bestimmung setzen, die Genehmigung eines
Anlagenbetriebes also widerrufen werden, da im Lichte neuerer wissenschaftlicher Ergebnisse die hieraus erwachsenden Gefahren bei weitem kritischer zu betrachten sind, als
aufgrund des traditionellen Wissensstandes.)

- wenn die Behörde auf Grund einer geänderten Rechtsvorschrift berechtigt wäre,
den Verwaltungsakt nicht zu erlassen, soweit der Begünstigte von der Vergünstigung noch keinen Gebrauch gemacht hat oder aufgrund des Verwaltungsaktes
noch keine Leistungen empfangen hat, und wenn ohne Widerruf das öffentliche
Interesse gefährdet wäre;

- um schwere Nachteile für das Gemeinwohl zu verhüten oder zu beseitigen.

Der Widerruf muß innerhalb eines Jahres, nachdem die Behörde von den ihn
rechtfertigenden Tatsachen Kenntnis erhält, erfolgen. Gem. § 49 V VwVfG wird
dem vom Widerruf des ihn begünstigenden Verwaltungsaktes Betroffenen in den
Fällen der Ziffn. 3-5 des § 49 II VwVfG Entschädigung für den erlittenen Vertrau-
ensschaden gewährt, nicht aber in denen gem. 1 und 2, da bei Vorliegen der dort
genannten Voraussetzungen der Begünstigte mit der Aufhebung rechnen mußte.
Für die die Entschädigung betreffenden Streitigkeiten ist der ordentliche Rechtsweg (d.h. zu den Zivilgerichten) gegeben.

3.7   Widerspruch und Verwaltungsklagen

Der Adressat eines **belastenden Verwaltungaktes**, sei es ein solcher, der von ihm
ein bestimmtes Tun, Dulden oder Unterlassen verlangt, oder ein eine begehrte
Begünstigung ablehnender, kann sich hiergegen durch **Widerspruch** und **Anfech-
tungsklage, gegen den Nichterlaß von begehrten Verwaltungsakten mit der
Leistungsklage und gegen Unsicherheiten hinsichtlich des Bestehens oder
Nichtbestehens eines verwaltungsrechtlichen Verhältnisses durch die Fest-
stellungsklage** zur Wehr setzen. Die diesbezüglichen Vorschriften sind nicht dem
VwVfG, sondern der **Verwaltungsgerichtsordnung (VwGO)**[1] zu entnehmen.

---

[1] BGBl. 1960 Tl. I S. 17, zul. geänd. dch. 6. VwGO - ÄndG. v. 01.11. 1996, BGBl. Tl. I S. 1626.

3.7.1   Der Widerspruch

Gem. § 68 I **Verwaltungsgerichtsordnung (VwGO)** geht der Anfechtungsklage ein **Vorverfahren** voraus, welches mit der **Erhebung des Widerspruchs** beginnt (§ 69 VwGO). Dieser Widerspruch ist **binnen eines Monats** nach Bekanntgabe des Verwaltungsaktes dem Beschwerten gegenüber **schriftlich oder zur Niederschrift** bei der Behörde zu erheben, die den Verwaltungsakt erlassen hat (§ 70 I VwGO). Schriftliche Erhebung des Widerspruches erfordert ein vom Widerspruchsführer bzw. seinem Bevollmächtigten eigenhändig unterzeichnetes Widerspruchsschreiben. Wird der Widerspruch zur Niederschrift bei der Behörde erhoben, so muß er **in Anwesenheit des Widerspruchsführers und von einem hierzu befugten Bediensteten zu Protokoll genommen werden**. Eine nur mündliche Erklärung gegenüber dem Sachbearbeiter dahingehend, mit dem Verwaltungsakt nicht einverstanden zu sein, ist unzureichend. Dies gilt auch dann, wenn über diese Äußerung ein nachträglicher Aktenvermerk angefertigt wird.

Hinsichtlich des **Inhalts** werden keine speziellen Anforderungen an den Widerspruch gestellt. Insbesondere braucht er weder einen bestimmten Sachantrag noch eine Begründung enthalten. Auch die ausdrückliche Bezeichnung als Widerspruch ist entbehrlich; die Bezeichnungen „Einspruch" oder „Beschwerde" bringen das Anliegen des Widerspruchsführers ebenfalls hinreichend zum Ausdruck. Jedoch muß aus der diesbezüglichen Erklärung ersichtlich sein, **daß und durch welchen Bescheid sich der Widerspruchsführer beschwert fühlt und daß er dessen Aufhebung oder Änderung begehrt.** Bloße Gegenvorstellungen reichen nicht aus !
Der Widerspruch ist grundsätzlich bei der Behörde, welche den angegriffenen Verwaltungsakt erlassen hat, oder bei der Widerspruchsbehörde zu erheben. Auch im letzteren Falle ist die einmonatige Frist gewahrt. **Nicht fristwahrend** hingegen wirkt die Einlegung des Widerspruchs **bei einer anderen Behörde** oder **die** Erhebung einer Anfechtungs- oder Verpflichtungsklage **anstelle** des Widerspruchs.

Gem. § 72 VwGO ist **die Behörde, die den Verwaltungsakt erlassen hat**, auf den eingelegten Widerspruch hin verpflichtet, **ihre Entscheidung** in tatsächlicher und rechtlicher Hinsicht sowie unter dem Gesichtspunkt der Zweckmäßigkeit nochmals **zu überprüfen.** Hält sie den Widerspruch für begründet, so hat sie ihm abzuhelfen, indem sie den angegriffenen Verwaltungsakt aufhebt oder den vom Widerspruchsführer begehrten erläßt. In dem das Widerspruchsverfahren beendenden Abhilfebescheid ist gem. § 72 VwGO über die Kosten des Verfahrens zu entscheiden. Hilft sie dem Widerspruch nicht ab, so ist sie verpflichtet, den Widerspruch zusamt den diesbezüglichen Verfahrensakten unverzüglich der Widerspruchsbehörde zur Entscheidung vorzulegen; ein förmlicher Nichtabhilfebeschluß ist nicht erforderlich.

Die **Widerspruchsbehörde** hilft dem Widerspruch entweder ab oder läßt im Falle der Nichtabhilfe einen Widerspruchsbescheid ergehen. Widerspruchsbehörde ist gem. § 73 I 1 VwGO prinzipiell stets **die nächsthöhere Behörde**, sofern nicht durch Gesetz eine andere höhere Behörde bestimmt wird.

In Abweichung von dieser Bestimmung hat die Behörde, welche den Verwaltungsakt erlassen hat, selbst über den Widerspruch zu entscheiden, wenn

- die nächsthöhere Behörde eine oberste Bundes- oder Landesbehörde ist (§ 73 I 2 Ziff. 2 VwGO);

- der Verwaltungsakt von einer obersten Bundes- oder Landesbehörde erlassen wurde (in diesem Falle gibt es keine nächsthöhere Behörde) und in Abweichung vom Regelfall gem. § 68 I 2 Ziff. 1 VwGO ein Vorverfahren vorgesehen ist;

- es sich um eine Angelegenheit der Selbstverwaltung handelt, in welcher die Entscheidung der Selbstverwaltungsbehörde vorbehalten bleibt (§ 73 I 2 Ziff. 3 VwGO).

Die Widerspruchsbehörde trifft, ohne an den angegriffenen Verwaltungsakt gebunden zu sein, **eine neue Sachentscheidung. Sie prüft** die Entscheidung der unteren Behörde in vollem Umfang **auf Rechtmäßigkeit und** - soweit der erlassenden Behörde hier ein Ermessens- bzw. Beurteilungsspielraum eingeräumt war - auch **auf Zweckmäßigkeit**. In diesem Zusammenhang hat sie den Sachverhalt nochmals **von Amts** wegen zu ermitteln und nötigenfalls auch Beweis zu erheben. Dem Untersuchungsgrundsatz (Prinzip der materiellen Wahrheit) folgend, ist sie hier nicht an das Vorbringen bzw. die Beweisanträge der Beteiligten gebunden. Auch sie hat dem Widerspruchsführer rechtliches Gehör zu gewähren, ihm insbesondere Gelegenheit zu geben, sich zu Veränderungen in der Sach- oder Rechtslage sowie zu den Ergebnissen einer Beweisaufnahme zu äußern. **Ein Verstoß hiergegen ist ein wesentlicher Verfahrensfehler !**

Der im Falle der Nichtabhilfe zu erlassende **Widerspruchsbescheid** bedarf gem. § 73 III VwGO der **Schriftform** und der **Zustellung** an den Adressaten. Er muß in jedem Falle mit einer **Begründung**, einer **Rechtsmittelbelehrung** sowie einer **Kostenentscheidung** versehen sein. **Ein Verstoß gegen die Begründungspflicht stellt ebenfalls einen schweren Verfahrensfehler dar !**
Erkennt die Widerspruchsbehörde nicht nur auf Zulässigkeit, sondern auch auf Begründetheit des Widerspruchs, so hebt sie den angegriffenen Verwaltungsakt auf. Im Falle des Widerspruchs gegen die Ablehnung eines beantragten begünstigenden Verwaltungsaktes erläßt sie letzteren selbst oder weist die betreffende untere Behörde, die den angegriffenen Verwaltungsakt erlassen hat, an, dies zu tun. Im Gegensatz zum strafrechtlichen Rechtsmittelverfahren besteht im verwaltungsrechtlichen Widerspruchsverfahren **kein Verbot der reformatio in pejus** (vulgo

„Verschlimmbesserung" zuungunsten des Adressaten), d.h., die Widerspruchsbehörde ist berechtigt, den vom Widerspruchsführer angegriffenen Verwaltungsakt bei Vorliegen der gesetzlichen Voraussetzungen durchaus zu dessen Nachteil zu verändern bzw. anstelle eines ihn begünstigenden einen belastenden zu erlassen, **soweit dem nicht Gründe des Vertrauensschutzes entgegenstehen.**
Außer durch Erlaß eines Abhilfe- bzw. Widerspruchsbescheids kann das Widerspruchsverfahren auch durch **Erledigung der Hauptsache** oder **Rücknahme des Widerspruchs** durch den Widerspruchsführer beendet werden.

Der Widerspruch hat - ebenso wie die weiter unten zu behandelnde Anfechtungsklage - **prinzipiell aufschiebende Wirkung (§ 80 I VwGO).** Dies bedeutet, daß die Vollziehung des angegriffenen Verwaltungsaktes gehemmt, dieser dadurch aber nicht rechtsunwirksam gemacht wird! Die aufschiebende Wirkung tritt mit der Einlegung des Widerspruchs ein und endet mit dessen Zurückweisung. Bis zum Zeitpunkt der Widerspruchseinlegung kann der Verwaltungsakt allerdings vollzogen werden. Die Verwaltung braucht die Vollziehung des Verwaltungsaktes nicht bis zu dessen Unanfechtbarkeit hinauszuschieben, da die Möglichkeit des Rechtsmittels an sich keine aufschiebende Wirkung auslöst. Jedoch steht dann die Vollziehung des Verwaltungsaktes unter dem Vorbehalt des Eintritts der aufschiebenden Wirkung aufgrund eines eingelegten Widerspruchs. Dies gilt auch dann, wenn der Verwaltungsakt vor Eintritt der formellen Rechtskraft - ggf. auch freiwillig durch den Adressaten - vollzogen worden ist und dieser fristwahrend Widerspruch erhebt. In einem solchen Falle ist die Vollziehung auf Antrag hin rückgängig zu machen, da sie a posteriori unzulässig geworden ist.

Mit der aufschiebenden Wirkung des Widerspruchs soll verhindert werden, daß durch den Vollzug des belastenden Verwaltungsakts ein fait accompli zuungunsten des Widerspruchsführers geschaffen wird, angesichts dessen er sich - selbst im Falle einer erfolgreichen Anfechtung - lediglich auf Schadensersatz- oder Folgebeseitigungsansprüche verwiesen sähe.
Eine aufschiebende Wirkung des Widerspruchs **tritt** gem. § 80 II VwGO **nicht ein** bei:

- **der Anforderung von öffentlichen Abgaben und Kosten** (§ 80 II Ziff. 1 VwGO);

(Dies betrifft zunächst Steuern, Gebühren und Abgaben i.S. der Abgabenordnung. Bei Forderungen auf Gebühren oder Beiträge muß geprüft werden, ob sie wirklich hoheitlichen oder lediglich privatrechtlichen Charakter tragen (etwa Kostenbeteiligungsbeiträge für Kindertagesstätten).

- **unaufschiebbaren Anordnungen und Maßnahmen** von Polizeivollzugsbeamten (§ 80 II Ziff. 2 VwGO);

(Dies betrifft Fälle, in denen ein sofortiges Handeln von Polizeivollzugsbeamten in Gestalt tatsächlicher Verwaltungsakte notwendig ist, sei es bei der Regelung des Straßenverkehrs, sei es bei der Stillegung einer havarierenden oder unmittelbar havariegefährdeten Anlage zur Vermeidung bzw. Begrenzung von Umwelt- und Gesundheitsschäden.)

- in anderen durch **Bundesgesetz** vorgeschriebenen Fällen (§ 80 II Ziff. 3 VwGO);

(So tritt bei einem Widerspruch gegen die gem. § 11 III ChemG ergehende Entscheidung der Bundesanstalt für Arbeitsschutz, das Inverkehrbringen eines Stoffes oder einer Zubereitung zu untersagen, keine aufschiebende Wirkung ein, d.h. auch im Zeitraum bis zur Entscheidung über diesen Widerspruch darf der Widerspruchsführer sein Erzeugnis nicht in den Verkehr bringen (§ 11 IV ChemG).)

- **besonderer Anordnung** der sofortigen Vollziehung **durch die** den Verwaltungsakt erlassende **Behörde**, sofern dies **im öffentlichen Interesse** oder **im überwiegenden Interesse eines Beteiligten** geboten ist.

Der Gewährung einer aufschiebenden Wirkung des Widerspruchs müssen hier das Interesse des Widerspruchsführers an der Hemmung des Vollzuges überragende Belange wie der Schutz des menschlichen Lebens und der Gesundheit, der öffentlichen Ordnung, besonders der Sicherung und Aufrechterhaltung der Rechtsordnung oder erheblicher Vermögenswerte, entgegenstehen. Dies ist bei umweltschützenden Anordnungen der Behörde vielfach der Fall, so bei der Stillegung einer genehmigungspflichtigen, aber nicht genehmigten Anlage i.S. des BImSchG, dem Abbruch eines illegal in freier Landschaft errichteten Bauwerkes oder dem ungenehmigten Betrieb eines Tiergeheges.

Ordnet die Behörde die sofortige Vollziehung ihres erlassenen Verwaltungsaktes **an,** so hat sie das besondere Interesse hieran **schriftlich** zu begründen, es sei denn, sie handelt in dieser Sache angesichts einer Gefahr im Verzuge (§ 80 III VwGO) durch Notstandsmaßnahme.

3.7.2   Die Verwaltungsklagen

Wie der zivile, so kennt auch der Verwaltungsprozeß **drei Grundtypen der Klage**:

- **die Leistungsklage**, welche die Verurteilung des Antragsgegners zur Erbringung oder Unterlassung eines bestimmten Verhaltens begehrt,

- **die Feststellungsklage**, die die Feststellung des Bestehens oder Nichtbestehens eines Verwaltungsrechtsverhältnisses bzw. einer hierfür maßgeblichen Tatsache oder die Nichtigkeit eines Verwaltungsaktes beantragt, und

- **die Gestaltungsklage**, gerichtet auf die Begründung, Änderung oder Aufhebung eines Verwaltungsrechtsverhältnisses durch verwaltungsgerichtliches Urteil.

Gem. § 42 **VwGO** kann durch Klage zum Verwaltungsgericht die Aufhebung eines Verwaltungsaktes **(Anfechtungsklage)** sowie die Verurteilung zum Erlaß eines abgelehnten oder unterlassenen Verwaltungsaktes **(Verpflichtungsklage)** begehrt werden. Sie ist prinzipiell nur zulässig, wenn der Kläger geltend macht, durch den Verwaltungsakt oder seine Ablehnung oder Unterlassung in seinen Rechten verletzt zu sein.

Die Verletzung der Rechte **des Adressaten** des angegriffenen Verwaltungsaktes ist eine Sachurteilsvoraussetzung, d.h., ihr Vorliegen ist entscheidend für die Befugnis des Gerichts, in der geltend gemachten Sache für Recht erkennen zu dürfen. Liegt sie nicht vor, ist die Klage als unzulässig abzuweisen. Daher ist die Popularklage, mit der der Kläger ein nicht ihm, sondern allenfalls Dritten zustehendes Recht geltend macht, von vornherein ausgeschlossen. Auch Verbände, deren Aufgaben satzungsgemäß im Bereich des Umwelt- oder Landschaftsschutzes angesiedelt sind, können im allgemeinen selbst dann keine Klage aus § 42 VwGO erheben, wenn die Wahrnehmung der Mitgliederinteressen in den genannten Bereichen Verbandszweck ist. Würde durch Verwaltungsakt ein bisher unter Naturschutz stehendes Gelände für die Errichtung gewerblicher Einrichtungen freigegeben, wären seine Rechte in keiner verwaltungsrechtliches Rechtsschutzinteresse begründenden Weise berührt, da hierdurch seine satzungsgemäße Tätigkeit in der Regel nicht generell be- oder verhindert wird.   Erst dann, wenn Maßnahmen der Verwaltung die Wahrnehmung des Vereinszwecks entscheidend erschweren oder gänzlich unmöglich machen, stünde dem Verein ein aus Art. 9 I GG im Klagewege verfolgbares Recht auf Bestehen zu. Allerdings haben die Naturschutzgesetze einzelner Bundesländer den nach § 29 II BNatSchG anerkannten Verbänden das Recht der sog. „altruistischen Verbandsklage" eingeräumt.

Eine weitere Sachurteilsvoraussetzung der Verwaltungsklage ist **ein ordnungsgemäß durchgeführtes**, d.h. ein auf die frist- und formgerechte Einlegung eines Widerspruches hin eingeleitetes **Vorverfahren.** Ist dies nicht geschehen, hat das Gericht die Klage ebenfalls als unzulässig abzuweisen.

Die **Anfechtungsklage** muß gem. **§ 74 I VwGO innerhalb eines Monats nach Zustellung des Widerspruchsbescheides** erhoben werden. Ist nach Maßgabe des § 68 kein Widerspruchsbescheid erforderlich, so ist die Klage innerhalb eines Monats nach Bekanntgabe des Verwaltungsaktes zu erheben. Diese Frist kann **nur durch Erhebung der Klage** gewahrt werden. Die Klageerhebung hat durch die **Einreichung einer Klageschrift** beim örtlich und sachlich zuständigen Gericht oder **zur Niederschrift des Urkundsbeamten der dortigen Geschäftsstelle** zu erfolgen (**§ 81 I VwGO**). Der Klage und allen übrigen Schriftsätzen sind Abschriften für die übrigen Beteiligten beizufügen. **Die Klagefrist ist auch dann gewahrt,** wenn die Klage bei einem sachlich oder örtlich unzuständigen Gericht eingereicht und von diesem erst dann an das zuständige Gericht verwiesen wird. Dies gilt auch dann, wenn der Verweisungsantrag nach Ablauf der Frist gem. § 74 I VwGO gestellt wird.

Nicht gewahrt werden kann die Klagefrist durch Klageerhebung zur Behörde, welche den angegriffenen Verwaltungsakt erlassen hat, oder zu deren Widerspruchsbehörde. Auch die Einlegung eines Widerspruchs in Fällen, in denen kein Vorverfahren vorgesehen ist, wirkt nicht fristwahrend. Ebenfalls nicht vor Verfristung bewahrt die Einreichung eines Prozeßkostenhilfeersuchens, jedoch kann bei nachträglicher Bewilligung der Prozeßkostenhilfe Wiedereinsetzung gewährt werden.

Die Klageschrift muß **den Kläger** (mit Namen und ladungsfähiger Anschrift), **den Beklagten** (dessen Bezeichnung und ladungsfähige Adresse sich schon aus der Rechtsmittelbelehrung ergeben) **und den Gegenstand des Klagebegehrens** (Angabe des angefochtenen bzw. begehrten Verwaltungsaktes) bezeichnen und soll außerdem einen bestimmten Antrag enthalten. **Ohne diese Angaben muß die Klage als unzulässig abgewiesen werden!** Ebenso sollen die zur Begründung der Klage dienenden Tatsachen und Beweismittel angegeben und die angefochtene Verfügung sowie der Widerspruchsbescheid in Urschrift beigefügt werden.

Gem. § 78 I VwGO ist die Klage grundsätzlich gegen die Körperschaft zu richten, deren Behörde den angegriffenen Verwaltungsakt erlassen oder den begehrten Verwaltungsakt abgelehnt hat. Dies sind

- der Bund, das Land oder eine andere Körperschaft (Universität, Gemeinde), wobei für die Bezeichnung des Beklagten die Angabe der Behörde genügt;

- sofern das Landesrecht dies bestimmt, die Behörde selbst.

Die **Anfechtungsklage** stellt eine **Gestaltungsklage** dar. Ihr Ziel ist **die Aufhebung des** den Adressaten in seiner rechtlich geschützten Sphäre beeinträchtigenden **Verwaltungsaktes**, kraft dessen ihm die Behörde Pflichten auferlegt, seine Rechte beschränkt bzw. entzieht oder ein Rechtsverhältnis entgegen seinem Willen verändert u. zw. insbesondere durch:

- Erlaß von Ver- oder Geboten;

(Verbot einer Gewerbeausübung, Anordnung der Bestellung weiterer Umweltbeauftragter für einen Betrieb, die Anordnung sicherheitstechnischer Prüfungen einer genehmigungsbedürftigen Anlage auf Kosten des Betreibers gem. §§ 29a, 30 BImSchG, Anordnung der Beseitigung einer nicht genehmigten Anlage oder des Abrisses eines Gebäudes.)

- Entzug einer durch begünstigenden Verwaltungsakt eingeräumten Rechtsposition;

(Widerruf einer rechtmäßig erteilten Genehmigung gem. § 21 BImSchG, Widerruf einer wasserrechtlichen Erlaubnis gem. § 7 WHG oder der Zulassung eines Pflanzenschutzmittels gem. § 7 III PflSchG.)

- Erlaß von Vollstreckungsmaßnahmen zur Durchsetzung eines belastenden Verwaltungsaktes;

(Androhung und Festsetzung von Zwangsgeldern, Anordnung einer Ersatzvornahme durch die Behörde.)

- Erteilung von einen Dritten begünstigenden Verwaltungsakten, welche ein die Rechte des Klägers verletzendes Verhalten gestatten.

Die Errichtung und der Betrieb von Anlagen, welche die Rechte von Nachbarn verletzen.

Gegenstand der Anfechtungsklage ist **der ursprüngliche** (belastende) **Verwaltungsakt**, und zwar grundsätzlich **in der Gestalt, die er durch den Widerspruchsbescheid gefunden hat (§ 79 I Ziff. 1 VwGO)**. Dies bedeutet, wie oben bereits erwähnt, daß das ordnungsgemäß durchgeführte Vorverfahren eine prozessuale conditio sine qua non des verwaltungsgerichtlichen Verfahrens bildet.

Der Widerspruchsbescheid ist nur in zwei Fällen als alleiniger Gegenstand der Anfechtungsklage vorgesehen, nämlich dann,

1. wenn **ein Dritter** (also nicht der Adressat selbst) **erstmalig** durch ihn belastet wird (§ 79 I Ziff. 2 VwGO) und

2. wenn und soweit er gegenüber dem ursprünglichen Verwaltungsakt **eine zusätzliche selbständige Beschwer enthält** (Fall der reformatio in pejus); als zusätzliche Beschwer gilt dabei auch die Verletzung einer wesentlichen Verfahrensvorschrift, soweit der Widerspruchsbescheid auf dieser beruht (§ 79 II VwGO).

Von der Anfechtungsklage ist **die Verpflichtungsklage** zu unterscheiden, welche eine Leistungsklage darstellt. Dabei handelt es sich entweder um

a) eine **Vornahmeklage**, gerichtet auf den Erlaß eines **abgelehnten** Verwaltungsaktes (§ 42 I i.V.m. 113 IV VwGO);

(Z.B. Klage gegen die behördlich versagte Genehmigung der Errichtung und des Betriebes einer genehmigungsbedürftigen Anlage, obwohl nach Meinung des Klägers die Genehmigungsvoraussetzungen gem. § 6 BImSchG vorliegen, oder gegen die Ablehnung, eine wasserrechtliche Erlaubnis oder Bewilligung zu erteilen, im Falle derer sich die Behörde bei Ausübung ihres Ermessens an sachfremden Gesichtspunkten orientierte.)

oder um

b) **eine Untätigkeitsklage**, welche den Erlaß eines **unterlassenen** Verwaltungsaktes begehrt. In diesem Falle ist die Behörde auf den Antrag des Klägers hin überhaupt nicht tätig geworden. Sie schiebt den Fall aus Gründen der Verantwortungsscheu oder chaotischer Zustände in der Organisation ihres Dienstbetriebes vor sich her, während der Antragsteller „kalte Füße" bekommt.

Wenn sich aus der Sicht eines Klägers die Notwendigkeit ergibt, gegen einen **nichtigen** Verwaltungakt vorzugehen, weil diesem, obwohl zu keiner Zeit rechtswirksam, dennoch ein gewisser Rechtsschein eigen ist, muß der Weg einer **Feststellungsklage** gem. 43 I VwGO beschritten werden. Außer auf Feststellung der Nichtigkeit von Verwaltungsakten richtet sich die Feststellungsklage auf die Feststellung des Bestehens oder Nichtbestehens von Verwaltungsrechtsverhältnissen. Gegenstand der Feststellung sind u.a. in diesem Zusammenhang nicht einzelne, wenn auch rechtserhebliche Eigenschaften einer Person oder Sache schlechthin, sondern wenn, dann nur solche, aus welchen sich öffentlich-rechtliche Verpflichtungen und damit das Vorliegen eines Verwaltungsrechtsverhältnisses ergeben.

Die Sachkunde oder Zuverlässigkeit von Umweltbeauftragten z.B. kommt demnach nicht als Gegenstand einer Feststellungsklage in Betracht, sehr wohl aber die Eigenschaft eines Grundstücks als Wald i.S. des BWaldG oder einer Gewässernutzung als erlaubnispflichtig bzw. erlaubnisfrei i.S. § 33 WHG oder einer Anlage als genehmigungspflichtig oder genehmigungsfrei i.S. BImSchG.

Voraussetzung für die Zulässigkeit der Feststellungsklage ist allerdings ein **berechtigtes Feststellungsinteresse** des Rechtssuchenden. Dies fehlt regelmäßig dann, wenn er seine Rechte durch Anfechtungs- oder Leistungsklage verfolgen kann oder hätte verfolgen können.

Wenn der Feststellungskläger die Folgen der versäumten Fristen für Widerspruch oder Anfechtungsklage elegant mit der **nicht fristgebundenen** Feststellungsklage zu umschiffen beabsichtigt, ein ihm gegenüber ergangener Verwaltungsakt sei nicht rechtens, wird er scheitern, da das Gericht seine Klage mit dem freundlichen Hinweis darauf, er habe die Möglichkeit versäumt, den ihn belastenden Verwaltungsakt mit der viel praktikableren Anfechtungsklage anzugreifen, als unzulässig abweisen wird.

4 Umweltrechtliche Gestattungsverfahren

4.1 Das Planfeststellungsverfahren

Literaturhinweise: Badura, P.; Erichsen, H.-U.; Münch, I.v.; Ossenbühl. F.; Rudolf,W.; Rüfner, W.; Salzwedel, J. (1988): Allgemeines Verwaltungsrecht. Berlin-New York: W. de Gruyter, S. 294 ff.; **Bender, B.; Sparwasser, R.; Engel, R.** (1995): Umweltrecht - Grundzüge des öffentlichen Umwelrechts. Heidelberg: C.F. Müller, S. 69 ff.; **Hoppe, W.; Beckmann, M.** (1989): Umweltrecht - Juristisches Kurzlehrbuch für Studium und Praxis. München: C.H. Beck, S. 89 ff.; **Kloepfer, M.** (1989): Umweltrecht, München: C.H. Beck, S. 99 ff.; **Prümm, H. P.** (1989): Umweltschutzrecht - Eine systematische Einführung. Frankfurt a.M.: Alfred Metzner, S. 64 ff.; **Ketteler, G.; Kippels, K.** (1988): Umweltrecht. Köln: W. Kohlhammer, S. 84 ff.; **Maurer, H.** (1990): Allgemeines Verwaltungsrecht. München: C.H. Beck, S. 356 ff.; **Verwaltungsverfahrensgesetz - Kommentar** (1993) München: C.H. Beck, S.1430 ff.

Planungen wie die Umweltplanung, welche die zukunftsgerichtete, namentlich vorsorgende Bewältigung räumlicher Probleme durch den Staat zum Inhalt haben, finden in verschiedenen Formen statt. Man unterscheidet zunächst **Gesamtplanung** und **Fachplanung**.

Die **Gesamtplanung** geht darauf aus, **sämtliche innerhalb eines bestimmten Raumes auftretende Probleme** zu lösen. Träger der Planungshoheit ist hier eine bestimmte Gebietskörperschaft, welche den Plan durch demokratisch legitimierte Verwaltungsorgane beschließt (Gemeinderat, Kreistag, Verbandsversammlung, Landtag). Zur Gesamtplanung zählen insbesondere **die Bauleitplanung, die Regionalplanung sowie die Landesplanung**. In diesen Planungen, welche des weiteren Vollzuges bedürfen, stellt der Umweltschutz nur eines von mehreren Planungszielen dar.

Als **Fachplanung** wird die gleichfalls auf allen staatlichen Ebenen durchgeführte **sektorale Planung** bezeichnet. Sie umfaßt

a) **Fachpläne** (z.B. Abfallwirtschaftspläne und Abfallentsorgungskonzepte),

b) **Planfeststellungen**, welche sich auf die direkte Verwirklichung raumbedeutsamer Vorhaben beziehen,

c) **Schutzgebietsausweisungen**, welche auf den Schutz der Natur und übrigen Umwelt bezogene Handlungsgebote und -verbote beinhalten.

Die Planfeststellungen sind demnach der **förmlichen projektbezogenen Fachplanung** zuzuordnen, welche immer ein **konkretes Projekt** betrifft (Anlegung einer Abfalldeponie oder eines Flughafens, einer Bahnlinie oder einer Straße).

Unter der projektbezogenen Planfeststellung ist dergestalt **die nach Durchführung eines förmlichen Verfahrens mit rechtsgestaltender Wirkung ergehende rechtsverbindliche behördliche Feststellung eines Plans zur Verwirklichung eines konkreten raumbezogenen (dinglichen, ortsfesten) Vorhabens mit (lokalen) Punkt- oder (überörtlichen) Streckenauswirkungen** zu verstehen.

Vorhaben mit **punktuellen Auswirkungen** sind z.B. die Anlage eines Flughafens, einer Abfallanlage, eines Zwischen- bzw. Endlagers. Demgegenüber handelt es sich bei **überörtlichen Streckenvorhaben** um solche mit einer räumlich weitausgreifenden Auswirkung durch Trassen- oder Streckenführung, wie im Falle von Schiffahrtswegen, Fernstraßen oder Eisenbahnlinien.

Raumbezogen o.a. raumbedeutsam ist ein entweder **raumbeanspruchendes** oder **raumbeeinflussendes** Vorhaben.

Wesen und Bedeutung der Planfeststellung bestehen darin, daß über ein (zumindest auch) im **öffentlichen Interesse liegendes Planungsvorhaben** eines **öffentlichen Rechtsträgers** und dessen öffentlich-rechtliche Zulässigkeit in einem Verfahren durch **eine Behörde** eine **einheitliche Sachentscheidung** mit umfassender Rechtswirkung und Problembewältigung ergeht.

Neben der gemeinnützigen Planfeststellung gibt es außerdem auch privatnützige Planfeststellungen, etwa gem. § 31 WHG (Naßentkiesung) oder im Abfallrecht. Privatnützig sind Planfeststellungsverfahren dann, wenn sie zur Durchführung eines im alleinigen Interesse der privaten, mit Grundrechten ausgestatteten Vorhabensträger liegenden Vorhabens beantragt werden.   Ein rechtlicher Unterschied zwischen ihnen besteht nicht.

Es liegt also ein **konzentriertes Verfahren** vor. Die Entscheidung der Planfeststellungsbehörde ersetzt die Teilentscheidungen anderer Fachbehörden, deren jeweiliger Aufgabenbereich von einzelnen Aspekten des im Wege der Planfeststellung zu genehmigenden Projekts betroffen wird. Durch dieses konzentrierte Verfahren unterscheidet sich das Planfeststellungsverfahren von anderen gestuften oder parallelen Verwaltungsverfahren.

Im Rahmen des Planfeststellungsverfahrens bildet die **Umweltverträglichkeitsprüfung** einen wichtigen, wenn auch unselbständigen Bestandteil und Abwägungsfaktor. Sie hat aufgrund des Artikelgesetzes des UVPG in **allen Planfeststellungsverfahren** stattzufinden.

Von ihrer inhaltlichen Seite her besteht die Aufgabe der Planfeststellung darin, bei der planerischen Festlegung der Schritte zur Verwirklichung eines Vorhabens dessen Auswirkungen auf hiervon betroffene Belange abwägend in die Entscheidung

einzubeziehen mit dem Ziel, einen optimalen Ausgleich zwischen den mit diesem Vorhaben verfolgten Interessen und den davon betroffenen Belangen zu erreichen. Planfeststellungsverfahren sind durch eine ganze Reihe von Bundes- und Landesgesetzen angeordnet.
Die Befugnis zu einer derartigen Anordnung setzt die Gesetzgebungskompetenz für die zu regelnde Materie voraus, ist also den Art. 70 ff. bzw. 83 ff. GG zu entnehmen. Es steht im freien Ermessen des auf diesen Grundlagen zuständigen Gesetzgebers, sich im Falle raumbedeutsamer Vorhaben für ein Planfeststellungsverfahren oder ein anderes Plangenehmigungsverfahren zu entscheiden; er hat dabei jedoch die allgemeinen im GG normierten Anforderungen an ein rechtsstaatliches Verwaltungsverfahren zugrundezulegen.

Im einzelnen sind Planfeststellungsverfahren vorgesehen:

a) gemäß Bundesrecht

- für den Bau und die Änderung von Bundesfernstraßen (§§ 17-18e Fernstraßengesetz) die **bundesfernstraßenrechtliche Planfeststellung;**

(Derartige Vorhaben sind zwar gegenüber den Festsetzungen und Ausweisungen kommunaler Flächennutzungs- oder Bebauungspläne und auch sonstigen bauplanungsrechtlichen Regelungen über die Zulässigkeit von Vorhaben (gem. §§ 34, 35 BauGB) gem. § 38 BauGB privilegiert. Der Bundesstraßenplanung wird auch durch § 16 III 3 FStrG ein prinzipieller Vorrang vor den Orts- und Landesplanungen eingeräumt. Die Planfeststellungsbehörde ist jedoch gehalten, die Planungsbelange der hiervon betroffenen Gebietskörperschaften im Rahmen des Abwägungsgebots gebührend zu berücksichtigen.)

- für den Bau oder die Änderung einer Eisenbahnbetriebsanlage (Neuanlage einer Trasse bzw. Ausbau einer schon vorhandenen, Errichtung bzw. Ausbau eines Bahnhofs) die **eisenbahnrechtliche Planfeststellung** gem. §§ 18 ff. Allgemeines Eisenbahngesetz (AEG);

- für die Anlage oder Änderung eines Verkehrsflughafens bzw. Landeplatzes mit beschränktem Bauschutzbereich die **luftverkehrsrechtliche Planfeststellung** gem. § 8 Luftverkehrsgesetz (LuftVG);

(Derartige Vorhaben fallen ebenfalls unter die privilegierende Regelung gem. § 38 BauGB. Zusätzlich zu dieser Planfeststellung bedarf es einer Unternehmergenehmigung gem. § 6 LuftVG.)

- für den Bau von Betriebsanlagen für Straßenbahnen und den Omnibusbetrieb die **personenbeförderungsrechtliche Planfeststellung** gem. §§ 28 ff., 41 Personenbeförderungsgesetz;

(Ebenfalls gem. § 38 BauGB privilegiert und zusätzliches Erfordernis der Unternehmergenehmigung gem. §§ 9 I Ziff. 1, 28 IV PBefG.)

- für den Ausbau von Gewässern und ihrer Ufer die **wasserrechtliche Planfeststellung** gem. § 31 WHG;

(Sie betrifft namentlich den Ausbau eines Gewässers, d.h. die für Dauer angelegte Herstellung, Beseitigung oder wesentliche Umgestaltung eines Gewässers oder seiner Ufer
sowie die Errichtung, Änderung oder Beseitigung von Dämmen oder Deichen für den
Hochwasserschutz.)

- für den Neu- bzw. Ausbau von Bundeswasserstraßen die **bundeswasserstraßen-
rechtliche Planfeststellung** gem. § 14 Wasserstraßengesetz;

(Gem. § 13 III WaStrG handelt es sich hierbei ebenfalls um privilegierte Vorhaben.)

- für die Feststellung eines Weg- und Gewässerplanes im Flurbereinigungsgebiet
die **flurbereinigungsrechtliche Planfeststellung** gem. § 41 Flurbereinigungsgesetz ;

(Eine solche betrifft gemeinschaftliche und öffentliche Anlagen im Flurbereinigungsgebiet, also das neu anzulegende Wege- und Gewässernetz und die diesbezüglichen land-
schaftspflegerischen Maßnahmen.)

- für die Errichtung und den Betrieb einer Anlage des Bundes zur Sicherstellung
und Endlagerung radioaktiver Abfälle bzw. zu deren wesentlicher Änderung die
atomrechtliche Planfeststellung gem. § 9b AtG;

- für die Errichtung und den Betrieb bzw. die wesentliche Änderung ortsfester
Abfallentsorgungsanlagen die **abfallrechtliche Planfeststellung** gem. § 29 II
KrW-/AbfG;

(Ebenfalls gem. § 38 BauGB privilegiert.)

- für die Errichtung neuer oder die wesentliche Änderung vorhandener Fernmeldelinien der Deutschen Telekom die **fernmelderechtliche Planfeststellung** gem.
§ 7 I Telegrafenwegegesetz;

(Dieses Planfeststellungsverfahren findet statt, wenn mit einem o.g. Vorhaben ein Ver-
kehrsweg (öffentliche Wege, Plätze, Brücken oder öffentliche Gewässer einschl. ihrer im
öffentlichen Gebrauch stehender Ufer) benutzt werden soll und betrifft sämtliche Tele-
grafen- und Fernsprechlinien, einschließlich aller Fernmeldelinien in Gestalt von Freilei-
tungen oder Kabeln. Auch diese Planfeststellung ist gem. § 38 BauGB privilegiert.)

- für die Aufstellung eines Rahmenbetriebsplanes i.S. § 52 II Ziff.1 Bundesberggesetz dann, wenn ein betriebsplanpflichtiges bergbauliches Vorhaben einer Umweltverträglichkeitsprüfung bedarf, die bergrechtliche Planfeststellung gem. § 52
II a BBergG.

Neben den bundesrechtlich geregelten Planfeststellungsverfahren, welche den §§
72 ff. VwVfG unterfallen, existieren noch eine Reihe weiterer Planungsverfahren,
welche zwar keine Planfeststellungsverfahren sind, mittels derer jedoch in Ge-
nehmigungs- und Zulassungsverfahren über die Zulässigkeit auch raumbezogener
Vorhaben entschieden wird.

Diesen Verfahren fehlen die für das Planfeststellungsverfahren charakteristische
planerische Konfliktbewältigung und die Zusammenfassung mehrerer Verwaltungsverfahren zu einem einheitlichen Entscheidungsprozeß in den Händen einer
Behörde. Derartige Planungsverfahren sind jenes gem. § 4 Energiewirtschaftsge-
setz, das Planungsverfahren gem. § 30 LuftVG, das Planungsverfahren nach dem
Landbeschaffungsgesetz und das gewöhnliche bergrechtliche Betriebsplanverfah-
ren.

Keinem Planfeststellungsverfahren unterliegen die Umlegung und der Umle-
gungsplan gem. §§ 45 ff., 66 BBauG/ BauGB, der Flurbereinigungsplan gem. §§
56 ff. Flurbereinigungsgesetz sowie der Flächennutzungs- und Bebauungsplan
gem. BBauG/ BauGB. Ebenso scheiden Wirtschafts-, Sozial- oder Haushaltspläne
wegen ihrer fehlenden raum- und konkret projektbezogenen Wirkung als Gegenstände eines Planfeststellungsverfahrens aus.

b) gemäß Landesrecht

Im Landesrecht sind Planfeststellungsverfahren vor allem im Straßen-, Eisen-
bahn-, Wasserhaushalts-, Abfallbeseitigungs-, und im Enteignungsrecht angeordnet.

4.1.1   Der Ablauf des Verfahrens

Das Planfeststellungsverfahren als ein einheitliches Verwaltungsverfahren i.S. § 9
VwVfG gliedert sich in **zwei unselbständige Verfahrensabschnitte** :

- das **Anhörungsverfahren** (§73 VwVfG) und

- das **Planfeststellungsverfahren** im engeren Sinne (§§ 74, 75 VwVfG).

4.1.1.1   Das Anhörungsverfahren

a) Die Einreichung des Planes gem. § 73 I VwVfG

Das Anhörungsverfahren wird damit eingeleitet, daß der **Träger eines Vorhabens** seinen Plan zur Durchführung des Anhörungsverfahrens bei der Anhörungsbehörde einreicht. Träger des Vorhabens ist der Antragsteller (Unternehmer) und Baulastverpflichtete, d.h. derjenige, welcher das Vorhaben für eigene oder fremde Zwecke verwirklichen will. Dabei ist unerheblich, ob der Träger auch tatsächlich imstande sein wird, das Vorhaben finanziell zu realisieren. Grundsätzlich hat nur er einen Anspruch auf Einleitung und Durchführung eines Planfeststellungsverfahrens.

Der einzureichende Plan besteht aus den Zeichnungen und Erläuterungen, die das Vorhaben, seinen Anlaß und die von dem Vorhaben betroffenen Grundstücke und Anlagen erkennen lassen (§ 73 I VwVfG).

Der notwendige Inhalt der Planunterlagen kann - je nach dem Gegenstande des Projekts - verschieden ausfallen. So gehören im Falle von Straßen zum Plan:

- der Erläuterungsbericht des Antragstellers mit einer Darstellung der Auswirkungen des Vorhabens auf die Umwelt und einer allgemeinverständlichen Kurzfassung des Planfeststellungsantrags ;

- Bauwerksverzeichnis, Ausbauquerschnitt, Lage-, Höhen- und Leitungsplan;

- Grunderwerbsverzeichnis, Grunderwerbsplan;

- Unterlagen zur Regelung wasserwirtschaftlicher und lärmschutztechnischer Sachverhalte;

- der landschaftspflegerische Begleitplan mit Vermeidungs-, Minimierungs- und Ersatzmaßnahmen etc. pp.

Dieser Verfahrensabschnitt dient mehreren unterschiedlichen Zwecken:

1. Mit der Einreichung und anschließenden Auslegung des Planes (§ 73 III VwVfG) sollen **die Absichten des Trägers des Vorhabens offengelegt** und für jedermann durchschaubar gemacht werden. Andere Behörden wie auch Betroffene sollen hinreichend **informiert** werden. Die bei dieser Gelegenheit abgegebenen Stellungnahmen und Äußerungen sollen in Verbindung mit weiteren Prüfungen der Planfeststellungsbehörde eine **Planungsoptimierung,** namentlich in Richtung auf einen bestmöglichen Ausgleich widerstreitender Interessen ermöglichen.

2. Er verwirklicht den **Grundsatz des rechtlichen Gehörs im Verwaltungsverfahren** für einen weiten Kreis von Einwendungsberechtigten und stellt mit dieser weitgehenden Öffentlichkeitsbeteiligung eine Art **vorgezogenen Rechtsschutz** für die möglicherweise vom Vorhaben Betroffenen dar. Auch das Anhörungsverfahren dient der Entscheidungsvorbereitung, stellt aber kein Rechtsmittelverfahren i.S. §§ 68 ff. VwGO dar.

3. Im Verlauf des Anhörungsverfahrens sollen im öffentlichen Interesse **Erkenntnisse über den maßgeblichen Sachverhalt** und die gesamte **Rechtslage** sowie über die allgemeinen Auffassungen zum fraglichen Vorhaben gewonnen und der Planfeststellungsbehörde aufgrund der vorgebrachten Einwendungen und Bedenken ein besserer Überblick über mögliche Auswirkungen des Vorhabens verschafft werden. Mit der Beteiligung von anderen in ihren Aufgabenbereichen durch das Projekt tangierten Behörden soll deren **Zuständigkeitsverlust** zugunsten der Planfeststellungsbehörde zumindest teilweise **ausgeglichen werden**.

Die Planunterlagen sind bei der Anhörungsbehörde einzureichen. Welche Behörde als Anhörungsbehörde zu fungieren hat, ist den jeweiligen spezialgesetzlichen Regelungen zu entnehmen. Anhörungs- und Planfeststellungsbehörde können funktionell identisch sein oder auseinanderfallen. Im letzteren Fall wirkt die Anhörungsbehörde nicht an der Entscheidung mit, sondern nimmt nur vorbereitende Aufgaben wahr, insbesondere im Bereich der Informationsbeschaffung und -auswertung. **Sie handelt** dabei jedoch **in eigener Zuständigkeit** und leistet keine Amtshilfe für die Planfeststellungsbehörde.

Dabei ist sie berechtigt wie auch verpflichtet, für die **Vollständigkeit der Planunterlagen** zu sorgen. Soweit diese behebbare Mängel, namentlich Lückenhaftigkeit, aufweisen, hat sie den Träger des Vorhabens zur Ergänzung aufzufordern. Dabei ist sie sowohl gem. §§ 24, 25 VwVfG zur Ermittlung des Sachverhalts sowie zu Beratung und Auskunft ihm gegenüber verpflichtet und hat auch ggf. die Zulässigkeitsvoraussetzungen des Antrags zu prüfen. Allerdings hat die Anhörungsbehörde kein Ablehnungsrecht in der Sache; dieses bleibt in jedem Falle der Planfeststellungsbehörde vorbehalten.

b) Die Einholung von Stellungnahmen gem. § 73 II VwVfG

Gem. § 73 II VwVfG hat die Anhörungsbehörde die Stellungnahmen all der Behörden einzuholen, deren Aufgabenbereich durch das Vorhaben berührt wird. Vom Vorhaben berührt wird der Aufgabenbereich derjenigen Behörde, deren Entscheidungen wegen der Konzentrationswirkung des Planfeststellungsverfahrens gem. § 75 I 1 nicht mehr erforderlich sind. Zu diesem Aufgabenbereich gehören nur öffentlich-rechtliche Zuständigkeiten (z.B. die Planungshoheit der Gemeinden als wesentlicher Teil der kommunalen Selbstverwaltung). In diesem Sinne sind v.a. diejenigen Behörden aufzufordern, deren Einverständnis sonst im Sinne eines mitentscheidenden Beteiligungsaktes notwendig gewesen wäre, etwa im Falle einer erforderlichen Genehmigung, Verleihung, Erlaubnis, Bewilligung oder Zustimmung. Berührt wird auch der Aufgabenbereich derjenigen Behörden, die zu dem Erlaß einer der vorstehend genannten Rechtsakte unverbindlich Stellung zu nehmen gehabt hätten.

c) Die Auslegung des Planes gem. § 73 III VwVfG

Der Plan ist auf Veranlassung der Anhörungsbehörde in den Gemeinden, in denen sich das Vorhaben voraussichtlich auswirkt, **einen Monat** zu jedermanns Einsicht auszulegen. Gem. § 9b V Ziff.1 AtG i.V.m. § 6 I AtVfV verlängert sich diese Auslegungsfrist im Falle eines atomrechtlichen Planfeststellungsverfahrens auf zwei Monate. Bei der Berechnung der Monatsfrist wird der Tag, an welchem die Planunterlagen erstmalig ausgelegt wurden, mitgerechnet (§ 31 I VwVfG i.V.m. §§ 187 II, 188 II 2. Alt. BGB). Die Gemeinden sind in diesem Zusammenhang verpflichtet, eine solche Auslegung mindestens eine Woche zuvor ortsüblich bekannt zu machen. Dies geschieht zweckmäßigerweise in den jeweiligen Lokalanzeigern bzw. regionalen Tageszeitungen. Bei dieser Wochenfrist handelt es sich um eine Mindestfrist, welche also durchaus überschritten werden kann und bei deren Berechnung der Tag der Bekanntmachung mitzuzählen ist. Der **Inhalt** der Bekanntmachung ist in § 73 V 2 **zwingend geregelt**.

Gem. § 73 III 2 VwVfG kann die allgemeine Planauslegung im Interesse einer Vereinfachung des Verfahrens aufgrund des Ermessens der Anhörungsbehörde bzw. der auslegenden Gemeinde durch die Gelegenheit zu individueller Einsichtnahme dann ersetzt werden, wenn der Kreis der Betroffenen bekannt ist, d.h. sich ohne zusätzliche Ermittlungsarbeit aus den vorliegenden Akten ergibt.

d) Einwendungen gem. § 73 IV VwVfG

Jeder, dessen Belange durch das Vorhaben berührt werden, kann **bis zwei Wochen nach Ablauf der Auslegungsfrist** schriftlich oder zur Niederschrift bei der Anhörungsbehörde oder bei der Gemeinde Einwendungen gegen den Plan erheben. Diese Einwendungen sind ihrem rechtlichen Charakter nach keine förmlichen Rechtsbehelfe i.S. § 79 VwVfG, sondern Äußerungen zum Planentwurf in Gestalt von Anregungen, Änderungswünschen oder Bedenken. Sie bestehen in einem sachlichen Gegenvorbringen, durch welches das vom Vorhaben betroffene Rechtsgut und die Art seiner gemutmaßten Beeinträchtigung einsichtig gemacht werden. Damit ist klargestellt, daß die Einwendungsbefugnis nur für diejenigen

Rechtssubjekte (natürliche und juristische Personen) besteht, deren **eigene** Belange durch das Vorhaben berührt werden bzw. berührt werden können. Belange i.S. dieser Bestimmung sind alle öffentlich- oder privatrechtlich begründeten eigenen Rechte bzw. wirtschaftliche, kulturelle, soziale o.a. redlich erworbenen und somit anerkennenswerten eigenen Interessen des Einwenders. Er kann betroffen sein als Eigentümer, Mieter, Pächter, Nießbrauchsberechtigter etc.; notwendig ist in jedem Falle immer ein Mindestmaß an individuell gerichteter Tangierung der einer bestimmten Person zuzuordnenden rechtlich geschützten Sphäre. Die Wahrnehmung von Interessen allein zum Schutz der Allgemeinheit oder des Gemeinwohls etwa in Gestalt einer Popularеinrede ist rechtlich unbeachtlich, sofern nicht gesetzlich etwas anderes bestimmt ist.

Dies wäre der Fall bei gem. § 29 I Ziff. 4 BNatSchG anerkannten Naturschutzverbänden, welche über ein eigenes Beteiligungs- und Einwendungsrecht zur Wahrung von Naturschutzbelangen verfügen. Ebenso ist gem. § 9b V Ziff. 1 AtG i.V.m. § 7 I 1 AtVfV im atomrechtlichen Planfeststellungsverfahren jedermann zur Geltendmachung von Einwänden befugt (sog. Popular- oder auch Jedermannbeteiligung).

Indessen können Einwendungen nicht nur von einzelnen Personen, sondern auch in Gestalt gleichlautender bzw. gleichartiger Eingaben in Massenverfahren erhoben werden. Erforderlich ist aber auch in diesem Falle stets die individuelle Betroffenheit der noch so zahlreichen Einwender.

Die Einwendung bedarf zwar nicht unbedingt einer mehr oder weniger ausführlichen Begründung, jedoch in jedem Falle **eines Mindestmaßes an Substantiierung**, d.h. einer Darlegung der Umstände, aus welchen sich eine Berührung der Belange des Einwenders durch das Vorhaben ergibt. Kann der Einwender die Betroffenheit seiner Belange nicht dartun oder ergibt sich aus seinen Darlegungen, daß diese durch das Vorhaben gar nicht berührt sein können, so steht ihm keine Einwendungsbefugnis zu. Das gleiche gilt, wenn die Rechte und Interessen, deren er sich als ihm zustehend berühmt, entweder unter keinem rechtlichen Gesichtspunkt bestehen oder speziell ihm zustehen.

Die Einwendungen sind schriftlich oder zur Niederschrift entweder gegenüber der Anhörungsbehörde oder der Gemeinde zu erheben. Diese sind zur Entgegennahme der Einwände verpflichtet und haben dafür zu sorgen, daß sie ohne weiteres eingebracht werden können und die Ausschöpfung der Frist durch eine maximale Zahl potentieller Einwender möglich ist. Soweit Einwendungen irrigerweise bei anderen als den o.g. Behörden eingehen, haben diese sie entgegenzunehmen und an die zuständige Behörde weiterzuleiten.

Gem. § 73 IV 1 können Einwendungen innerhalb von **zwei Wochen** nach Ablauf der Auslegungsfrist erhoben werden. **Der Lauf der Frist setzt** allerdings die **ord-**

nungsgemäße Auslegung der Planunterlagen voraus. Eine nicht erfolgte oder mit Mängeln behaftete Auslegung (etwa unvollständige Auslegung der Planunterlagen, unzureichende Gelegenheiten zur Erhebung von Einwänden) führt dazu, daß die Frist für die Einwendungsberechtigten nicht zu laufen beginnt. Sie wären in diesem Falle berechtigt, ihre Einwendungen auch zu einem späteren Zeitpunkt zu erheben, und die Anhörungsbehörde wäre verpflichtet, diese Einwände als fristgemäß vorgebracht zu behandeln.

Die Einwendungsfrist beginnt mit dem Tag nach Ablauf der einmonatigen Auslegungsfrist gem. § 73 III 1 VwVfG und endet mit Ablauf des vierzehnten Tages (§31 I VwVfG i.V.m. §§ 187 I, 188 II BGB).

Wird die Einwendungsfrist unverschuldet versäumt, so ist **Wiedereinsetzung in den früheren Stand** möglich. Eine **behördliche Verlängerung oder Verkürzung** der Einwendungsfrist ist prinzipiell **unzulässig**. Die diesbezügliche **Ausnahme** ergibt sich aus § 73 IV VwVfG i.V.m. Abs. III (bei dem obenerwähnten Fall der behördlichen Bekanntheit des Kreises der Betroffenen). Allgemein aber gilt, daß nach Ablauf der Einwendungsfrist alle Einwendungen ausgeschlossen sind, welche nicht auf besonderen privatrechtlichen Titeln beruhen (Verträge, Dienstbarkeiten).

Der befugte Einwender ist mit seinem Vorbringen entweder nur **formell** oder auch **materiell** präkludiert (sog. **Verwirkungspräklusion**), d.h. mit seinem Vorbringen vom rechtlichen Gehör ausgeschlossen. Die formelle Präklusion bedeutet lediglich, daß der verfristete Einwand **im Erörterungstermin nicht berücksichtigt zu werden braucht,** dem befugten, aber verspäteten Einwender nichtsdestoweniger es unbenommen bleibt, sein Anliegen im Wege einer nachmalig zu erhebenden verwaltungsgerichtlichen Klage geltend zu machen.

Ist hingegen in den jeweils anzuwendenden rechtlichen Bestimmungen die **materielle Präklusion** des verfristeten Einwandes vorgesehen, so bedeutet dies, daß der verspätete Einwender nicht nur im Erörterungstermin nicht mehr gehört zu werden braucht, sondern auch **eine spätere verwaltungsgerichtliche Klage nicht mehr auf diejenigen Umstände gestützt werden kann, welche bereits im Wege einer (fristgemäßen) Einwendung vorzubringen gewesen wären.**

Um vor allem komplexe Genehmigungsverfahren zu beschleunigen und den Planfeststellungen gegenüber den Rechtsmitteln Dritter Beständigkeit zu verleihen, hat der Gesetzgeber mit dem 3. Rechtsbereinigungsgesetz und dem Planungsvereinfachungsgesetz das Institut der materiellen Präklusion in eine Reihe von Fachplanungsgesetzen eingeführt, so in das Allgemeine Eisenbahngesetz, das Luftverkehrsgesetz, das Atomgesetz, das Wasserstraßengesetz, das Flurbereinigungsgesetz, das Fernstraßengesetz oder das Personenbeförderungsgesetz.

e) der Erörterungstermin gem. § 73 VI i.V.m. § 68 VwVfG

Der Erörterungstermin ist **nach Zeit und Ort mindestens eine Woche vorher** ortsüblich bekanntzumachen. Er darf erst dann stattfinden, wenn den gegebenen Umständen nach eine ausreichend problembezogene Erörterung zu erwarten ist. Der Erörterungstermin ist nicht öffentlich. Er dient insbesondere

- der **Information der Einwender,**

- der **Sachaufklärung der Behörde** darüber, ob die Voraussetzungen der Planfeststellung vorliegen,

- der **vorverlagerten Rechtsschutzgewährung** für diejenigen Einwender, welche möglicherweise in ihren Rechten betroffen sein könnten,

- und nicht zuletzt **einer größeren Akzeptanz der Planung** im Gefolge einer umfassenden und die Objektivität wahrenden Erörterung sachlicher Probleme mit den Einwendern.

Die **Rechtspflicht** der Anhörungsbehörde **zur Erörterung** besteht

1. gegenüber dem **Träger des Vorhabens,**

2. gegenüber den **Behörden**, deren Aufgabenbereich durch das Vorhaben berührt wird,

3. gegenüber den **Betroffenen** und

4. ggf. auch gegenüber allen **Personen, welche Einwände erhoben haben.**

Das Anhörungsverfahren soll möglichst in einem Termin abgeschlossen sein, was jedoch bei entsprechend umfangreicher und komplizierter Sachlage nicht hindert, es über mehrere Tage zu erstrecken oder Termine für verschiedene Gruppen von Betroffenen und Einwendern abzuhalten. In jedem Fall aber muß ein solcher Termin den rechtsstaatlichen Erfordernissen **substantieller Anhörung** entsprechen.
Im Erörterungstermin fungiert stets **ein Bediensteter der Anhörungsbehörde** als **Versammlungsleiter.** Er hat die Verhandlung **zu eröffnen, zu leiten und zu schließen** und in jeder ihrer Phasen auf **die angemessene Erörterung** der zu verhandelnden Angelegenheit in tatsächlicher und rechtlicher Hinsicht hinzuwirken. **Ziel der Erörterung** muß zunächst die Feststellung des entscheidungserheblichen Sachverhalts sowie der tatsächlichen und rechtlichen Entscheidungsgrundlagen

sein. D.w. müssen die verschiedenen faktischen und rechtlichen Aspekte des in Rede stehenden Vorhabens sowie dessen Auswirkungen auf die Belange anderer und der Ausgleich für nachteilige Folgewirkungen ausreichend behandelt werden mit dem Ziel, einen rechtsstaats-, sozial- und umweltverträglichen Ausgleich der verschiedenen, insbesondere der widerstreitenden Belange und Interessen herbeizuführen. Über den Gang der Erörterung ist eine **Niederschrift** anzufertigen. Diese dient dazu, die wesentlichen Vorgänge der Erörterung zu beurkunden und die Prüfung der Gesetzmäßigkeit des Verfahrens zu erleichtern. Deren obligatorischer Mindestinhalt ergibt sich aus § 68 IV VwVfG.

Der Erörterungstermin ist **erst bei Erreichung seines gesetzlichen Zwecks** zu beenden. Ein vorzeitiger Abbruch würde eine Verkürzung des Rechts der Beteiligten auf rechtliches Gehör und damit einen wesentlichen Verfahrensfehler darstellen.

Gem. § 73 VI 6 kann das Anhörungsverfahren in zwei Fällen ausnahmsweise ohne Erörterungstermin durchgeführt werden:

- wenn der Antrag auf Planfeststellung **als Ganzes** in der Sache selbst aufgrund des Einverständnisses aller beteiligten Behörden, Betroffener und sonsten einwendungsbefugter Einwender auf einstimmige Akzeptanz stößt, so daß die Abhaltung einer Anhörung nur noch zeremoniellen Charakter trüge und

- die genannten Kreise **ausdrücklich** und **vorbehaltlos** auf die Erörterung **verzichten.**

4.1.1.2   Der Planfeststellungsbeschluß

Sieht die Planfeststellungsbehörde die materiellrechtlichen Voraussetzungen für den Erlaß eines Planfeststellungsbeschlusses als gegeben an, so **kann** sie im Rahmen der Planabwägung dem Planfeststellungsantrag stattgeben. Hält sie die Voraussetzungen für nicht vorliegend, weil dem Antrag von Rechts wegen zwingende Versagungsgründe entgegenstehen, so wird sie ihn ablehnen.

Festzustellen ist aber, daß, sofern sich aus Rechtsvorschriften nicht ein anderes ergibt, der Antragsteller **keinen allgemeinen Rechtsanspruch auf die beantragte Feststellung eines Planes** hat. Das jeweilige Fachplanungsrecht enthält grundsätzlich nur eine Ermächtigung zur Planfeststellung **nach Maßgabe eines sog. Planungsermessens,** welches die Rechtsprechung mit dem Begriff der **planerischen Gestaltungsfreiheit** umschreibt. Diese planerische Gestaltungsfreiheit hat sich auf **alle** planerischen Gesichtspunkte zu erstrecken, welche zu einer optimalen Verwirklichung der in den einzelnen Fachplanungsgesetzen gesetzlich vorgegebenen Planungsaufgaben von Bedeutung sind.

Dies schließt auch einen gerichtlich nicht voll überprüfbaren Gestaltungsspielraum hinsichtlich des Ob und Wie eines raumbezogenen Vorhabens ein. Angesichts dessen hat der Träger eines Vorhabens keinen unbeschränkten Rechtsanspruch auf die Planfeststellung als solche, selbst wenn wesentliche materiellrechtliche Kriterien hierfür erfüllt sein sollten, sondern nur **einen Anspruch auf fehlerfreie Betätigung des Planungsermessens** seitens der Planfeststellungsbehörde. Diese ist dem rechtsstaatlichen **Abwägungsgebot** zufolge lediglich verpflichtet,

1. die verschiedenen Belange und Interessen im Zusammenhang mit einem ihr unterbreiteten Vorhaben überhaupt abzuwägen,

2. in diese Abwägung alle mehr als nur geringfügigen Belange einzubeziehen, welche nach Lage der Dinge in sie einbezogen werden müssen und

3. weder die Bedeutung der betroffenen öffentlichen und privaten Belange zu verkennen, noch den Ausgleich zwischen ihnen in einer Weise vorzunehmen, welche zur objektiven Gewichtung der einzelnen Belange außer Verhältnis steht.

Ein formeller Planfeststellungsanspruch bestünde nur dann, wenn sich im Verlaufe des dergestaltigen Abwägungsprozesses die rechtliche Unbedenklichkeit des Vorhabens erwiese und dessen Nachteile bzw. nachteiligen Auswirkungen auf Rechte und andere schutzwürdige Belange Dritter durch entsprechende schadensverhindernde bzw. -begrenzende Maßnahmen ausgeglichen werden könnten.

Die Planfeststellungsbehörde kann einem Vorhaben auch **teilweise** stattgeben, sofern sie das Vorhaben in seinen wesentlichen Teilen für zulässig erachtet, der diesbezügliche Planfeststellungsbeschluß aber mit Nebenbestimmungen, namentlich Auflagen und Bedingungen verbunden bzw. inhaltlich beschränkt wird. Ebenso kann sie dem Vorhaben **vorbehaltlich einer abschließenden Entscheidung** stattgeben.
Dabei muß aber das Vorhaben insgesamt zweifelsfrei genehmigt werden und darf sich der Vorbehalt nur auf bestimmte Detailfragen beziehen. Eine **abschnittsweise Planfeststellung** ist nicht nur möglich, sondern auch in den Fällen angebracht, wenn es sich um ein umfassendes Vorhaben mit Streckenauswirkungen handelt (Eisenbahntrassen, Fernstraßen) und hier auch abtrennbare Planentscheidungen nach Lage der Dinge möglich sind.

a) Der Planfeststellungsbeschluß als Verwaltungsakt

Der Planfeststellungsbeschluß als **rechtsgestaltender Verwaltungsakt** hat sowohl in verfahrensrechtlicher als auch in materiellrechtlicher Hinsicht Bedeutung.

- In **verfahrensrechtlicher Hinsicht** wird das Planfeststellungsverfahren mit dem Planfeststellungsbeschluß **förmlich beendet**.

- In **materiellrechtlicher Hinsicht** ergeht der Planfeststellungsbeschluß mit seinen besonderen Rechtswirkungen gem. § 75 VwVfG aufgrund des Antrages des Vorhabensträgers, des Ergebnisses des Anhörungsverfahrens (einschließlich der Stellungnahme der angehörten Behörden) in planerischer Gestaltungsfreiheit und entscheidet über die **öffentlich-rechtliche** Zulässigkeit eines Vorhabens, seiner räumlichen Lage, Art und Ausführung einschließlich der erforderlichen Folgemaßnahmen, über zu beachtende Vorkehrungen und Anstalten sowie über die nicht erledigten Einwendungen in einer umfassenden und allseitigen Gesamtentscheidung unter Abwägung und Ausgleichung aller hiervon betroffenen öffentlichen und privaten Interessen.

Seinem materiellen Inhalt nach ist der Planfeststellungsbeschluß **öffentlich-rechtliche Genehmigung** und zugleich **Unbedenklichkeitsbescheinigung**. Indem hierdurch das Vorhaben für zulässig erklärt wird, wird zugleich festgestellt, daß der Ausführung des Plans mit dem genehmigten Inhalt keine öffentlich-rechtlichen Hindernisse oder Bedenken entgegenstehen.

Der Planfeststellungsbeschluß erzeugt indessen aufgrund seines Genehmigungscharakters für den Träger des Vorhabens keine Rechtspflicht zu dessen Ausführung. Er kann diese zeitlich verschieben oder gänzlich davon abstehen. Führt der Vorhabensträger seinen genehmigten Plan aus, so haben die Planbetroffenen einen **Planbefolgungsanspruch**, welcher seinem Wesen nach besagt, daß der Träger des genehmigten Vorhabens nicht zu ihren Lasten vom festgestellten Inhalt abweicht, sondern ihn so wie genehmigt ausführt. Weicht der Träger des Vorhabens wesentlich vom genehmigten Plan zu Lasten der Betroffenen ab und zeitigen diese Abweichungen nachteilige Auswirkungen auf deren Rechte und rechtlich geschützten Belange, so stehen ihnen dem Träger (u.U. auch der Planfeststellungsbehörde) gegenüber Ansprüche auf Unterlassung, Beseitigung oder Entschädigung zu.

Ein **Plangewährleistungsanspruch**, i.e. ein Rechtsanspruch des Vorhabensträgers auf Beibehaltung des genehmigten Planes gegenüber der Planfeststellungsbehörde, besteht lediglich im Rahmen der allgemeinen Regelungen betreffend den Schutz des Vertrauens auf den Bestand begünstigender Verwaltungsakte. Folglich ist auch bei Planfeststellungsbeschlüssen davon auszugehen, daß sie unter den gleichen Voraussetzungen wie jeder andere rechtmäßige oder rechtswidrige begünstigende Verwaltungsakt zurückgenommen bzw. widerrufen werden können. Auch ist unter den gleichen Voraussetzungen auf entsprechenden Antrag hin für erlittene Vermögensnachteile, welche durch das schutzwürdige Vertrauen auf den Bestand des Verwaltungsakt entstanden sind, eine Entschädigung zu leisten.

b) Der Inhalt des Planfeststellungsbeschlusses

Durch den Planfeststellungsbeschluß muß die Verwirklichung des Vorhabens eindeutig bestimmt sein; insbesondere müssen alle potentiell Betroffenen in der Lage sein, sich anhand seiner die möglichen Auswirkungen des Planvollzuges vergegenwärtigen zu können. Im Planfeststellungsbeschluß selbst sowie durch ausdrückliche und konkrete Bezugnahmen auf die Planunterlagen sind alle diejenigen Maßnahmen genau zu bezeichnen, welche im Zuge der Ausführung des Vorhabens notwendig zu ergreifen sind. Unmittelbar enteignend wirkende Eingriffe in Grundstücke müssen deutlich gemacht und genau gekennzeichnet werden.

So erstreckt sich die Planfeststellung einer neu anzulegenden Bundesfernstraße in aller Regel auf

- die Straßenbestandteile (i.S. § 1 IV Ziff. 1 FStrG Straßenkörper, Brücken, Tunnel, Dämme, Böschungen, Durchlässe, Stützmauern, Entwässerungsanlagen, Lärmschutzwälle etc.),

- das Höhenniveau (ebenerdige Straßenführung, Führung auf Dämmen oder in Einschnitten),

- das Zubehör (i.S. § 1 IV Ziff. 3 FStrG Bepflanzung o. Verkehrsanlagen),

- die Nebenanlagen (i.S. § 1 IV Ziff. 4 FStrG etwa Straßenmeistereien),

- Flächen, die für die Dauer der Bauzeit vorübergehend in Anspruch genommen werden sollen (Baustraßen, Lager- und Stellflächen),

- notwendige Folgemaßnahmen (Verlegung von Wegen und Gewässern, Über- und Unterführung von Straßen und Geländen.

Der Planfeststellungsbeschluß muß den für das Zustandekommen und die Wirksamkeit des Verwaltungsakts maßgeblichen Bestimmungen der §§ 35 ff. VwVfG entsprechen. Insbesondere ist er **schriftlich zu erlassen und zu begründen** und muß **inhaltlich hinreichend bestimmt** sein.

In der **Begründung** hat die Planfeststellungsbehörde **alle wesentlichen tatsächlichen und rechtlichen Gründe** mitzuteilen, aufgrund derer sie sich zu ihrer Entscheidung bewogen gesehen hat. Dies bezieht sich sowohl auf die Zulassung des Vorhabens insgesamt als auch auf die Standortentscheidung, die Dimensionierung des Vorhabens sowie mögliche Planungsalternativen. Dabei hat die Planfeststellungsbehörde auch die wesentlichen Gesichtspunkte der Erforderlichkeit des Vorhabens darzulegen und auch die Verwerfung anderer sich anbietender Planungsvarianten abwägend zu begründen (**Planrechtfertigung**).

Gem. § 74 IV VwVfG ist der Planfeststellungsbeschluß wie jeder andere Verwaltungsakt zuzustellen, u.zw. **dem Träger des Vorhabens, den behördlich bekannten Betroffenen sowie allen Personen, über deren Einwendungen entschieden worden ist.** Eine Ausfertigung des Beschlusses ist mit einer Rechtsbehelfsbelehrung und einer Ausfertigung des festgestellten Planes für einen Zeitraum von **zwei Wochen** in den betroffenen Gemeinden zur Einsichtnahme auszulegen, wobei Ort und Zeit der Auslegung **in ortsüblicher Weise** bekanntzumachen sind. In dieser Bekanntmachung ist darauf hinzuweisen, daß mit dem Ende der Auslegungsfrist der Beschluß gegenüber allen übrigen Betroffenen als zugestellt gilt.

Im Falle eines **Massenverfahrens** (d.h. wenn außer an den Träger des Vorhabens mehr als 300 Zustellungen vorzunehmen sind) kann gem. § 74 V VwVfG die Zustellung durch eine öffentliche Bekanntmachung ersetzt werden. Diese wird dergestalt bewirkt, daß der verfügende Teil des Planfeststellungsbeschlusses, die Rechtsbehelfsbelehrung sowie ein Hinweis auf die Auslegung gem. Abs.IV 2 im **amtlichen Veröffentlichungsblatt der Behörde** und darüber hinaus in denjenigen **örtlichen Tageszeitungen** bekanntgegeben wird, welche im Bereich, innerhalb dessen sich das Vorhaben auswirken wird, verbreitet werden. Mit dem Ende der Auslegungsfrist gilt der Beschluß den Betroffenen sowie den befugten Einwendern gegenüber als zugestellt. Hierauf ist in der Bekanntmachung hinzuweisen.

c) Die Rechtswirkungen des Planfeststellungsbeschlusses

Indem die Planfeststellung die Zulässigkeit eines Vorhabens im Hinblick auf alle von diesem berührten öffentlichen Belange feststellt (§ 75 I 1. HS VwVfG), kommt ihr eine **Gestattungswirkung** zu.
Zugleich ist ihr eine **Konzentrationswirkung** eigen, wonach neben der Planfeststellung andere behördliche Entscheidungen, insbesondere öffentlich-rechtliche Genehmigungen, Verleihungen, Erlaubnisse, Bewilligungen, Zustimmungen und Planfeststellungen nicht erforderlich sind (§ 75 I 2. HS VwVfG). Dergestalt beinhaltet die Konzentrationswirkung eine

- **Entscheidungskonzentration,** welche darin besteht, daß bei Verlust der Entscheidungsbefugnisse der gem. § 73 II VwVfG zur Stellungnahme berechtigten Behörden über das Vorhaben von nur einer Behörde (der Planfeststellungsbehörde) in einem Verfahren mit umfassender rechtsgestaltender Wirkung entschieden wird und **neben** der Planfeststellung **keine** gesonderten behördlichen Gestattungen mehr ausgesprochen werden müssen, **sofern das Gesetz nicht ein anderes vorsieht.**

(So umfaßt gem. § 9 I 3 LuftVG die Planfeststellung **nicht die baurechtliche Genehmigung**. Ebenso erstreckt sich die atomrechtliche Planfeststellung nicht auf die Zulässigkeit des Vorhabens nach den Vorschriften des Berg- und Tiefenspeicherrechts; hierüber entscheidet gem. § 9b V AtG die zuständige Behörde.)

- Zuständigkeitskonzentration (in den Händen der Planfeststellungsbehörde)

und

- Verfahrenskonzentration, d.h., es findet nur **ein Verfahren** statt, welches sich auch im Hinblick auf die ersetzten behördlichen Entscheidungen lediglich nach den betreffenden Fachplanungsgesetzen bzw. subsidiär nach den §§ 72 ff. VwVfG richtet. Durch die Verfahrenskonzentration ist die Planfeststellungsbehörde von der Beachtung rein verfahrensrechtlicher Vorschriften der außerhalb des primären Planfeststellungsrechts belegenen Rechtsbereiche im Interesse einer zügig und rationell gestalteten Verwaltungsarbeit befreit.

Die Planfeststellung wirkt d. w. **rechtsgestaltend**. Kraft dieser **Gestaltungswirkung** regelt sie **alle öffentlich-rechtlichen Beziehungen** zwischen **dem Träger** des Vorhabens einerseits **und den durch den Plan Betroffenen, den Einwendern und den gem. §73 II VwVfG am Verfahren zu beteiligenden Behörden** andererseits. **Die Gestaltungswirkung begründet Rechte und Pflichten im Hinblick auf alle von dem Vorhaben berührten öffentlichen Belange.** So sind auch die Kommunen gehalten, einen Planfeststellungsbeschluß gem. §§ 5 VI, 9 VI BauGB in ihre Bauleitplanung einzubeziehen. Zugleich ist mit ihr eine **Eingriffswirkung in private Rechte** verbunden, da durch eine rechtmäßige Planfeststellung die notwendigen Voraussetzungen für Eingriffe in individuelle Rechtspositionen und auch eine **Vorwirkung auf mögliche Enteignungen** geschaffen werden. Die Planfeststellung selbst führt **keine unmittelbaren Änderungen der privatrechtlichen Lage** herbei. Eine Enteignung wäre **ein rechtlich selbständiger Vorgang**, welcher **neben** dem Planfeststellungsbeschluß grundsätzlich ein weiteres Verfahren erfordert. Dabei muß es sich keineswegs in jedem Falle um eine Vollenteignung handeln, vor allem dann nicht, wenn dem Vorhabenszweck durch eine Belastung eines Grundstücks mit einem Sachenrecht oder der Änderung des Inhalts einer Dienstbarkeit Genüge getan werden kann. Die Einzelheiten eines solchen Verfahrens richten sich dabei nach den landesrechtlichen Enteignungsgesetzen.

Im Verhältnis zum Träger des Vorhabens besteht die **positive Gestaltungswirkung** des Planfeststellungsbeschlusses darin, daß die Planfeststellung nunmehr die alleinige und ausreichende Rechtsgrundlage für die von ihr erfaßten Tathandlungen und deren öffentlich-rechtliche Zulässigkeit ist, so daß die mit dem Vorhaben im Zusammenhang stehenden öffentlich-rechtlichen Rechte entsprechend begründet, geändert und aufgehoben werden.

Die negative, den Vorhabensträger belastende **Gestaltungswirkung** äußert sich darin, daß derselbe an den Inhalt des festgestellten Plans nebst den dazugehörigen Unterlagen und die zusätzlichen Schutzanordnungen gebunden ist und Abweichungen unzulässig sind. Die Planfeststellung entfaltet ihre Wirkungen d.w. gegenüber **allen objektiv Betroffenen**, darin eingeschlossen auch jene, welche nicht am Planfeststellungsverfahren beteiligt waren. Diese können sich bis zur Unanfechtbarkeit des Planfeststellungsbeschlusses mit öffentlich-rechtlichen Mitteln gegen grundsätzliche Festlegungen oder Details des Planfeststellungsbeschlusses zur Wehr setzen.

Soweit und sobald der Planfeststellungsbeschluß **unanfechtbar** geworden ist, erwächst aus ihm eine **Duldungswirkung bzw. Ausschlußwirkung** (§ 75 II 1 VwVfG). Hiernach sind gesetzliche Ansprüche auf Unterlassung des Vorhabens oder auf Beseitigung oder Änderung der festgestellten Anlagen bzw. Unterlassung ihrer Benutzung ausgeschlossen. Die Duldungswirkung erstreckt sich zum einen auf **öffentlich-rechtliche Ansprüche** und bindet Planbetroffene und gem. § 73 II VwVfG einzubeziehende Behörden. Zum anderen erfaßt sie auch privatrechtliche Unterlassungs- und Beseitigungsansprüche, insbes. gem. §§ 861 ff., 903 ff. und 1004 BGB (**privatrechtsgestaltende Duldungswirkung**).

Mit dem Planfeststellungsbeschluß sind schließlich auch **Ausgleichswirkungen** verbunden (§ 75 II Se. 2-5 VwVfG). Diese stellen eine Ausnahme von der Duldungswirkung dar und sollen die Härte der Bestandskraft des Planfeststellungsbeschlusses und das Risiko nachträglich veränderter bzw. sich ändernder Umstände zu Lasten der Betroffenen mildern und sie prinzipiell so stellen, als sei die im Zeitpunkt der Planfeststellung übersehene bzw. nicht vorhersehbare und erst später eingetretene Auswirkung des Vorhabens bereits da vorhergesehen worden. Treten **nicht voraussehbare Wirkungen** des Vorhabens oder der dem festgestellten Plan entsprechenden Anlagen auf das Recht eines anderen **erst nach der Unanfechtbarkeit** des Planes auf, so kann der Betroffene das Vorhaben zwar nicht post festum „kippen", besitzt jedoch einen **Anspruch auf Vorkehrungen oder die Errichtung von Anlagen, welche diese nachteiligen Wirkungen ausschließen.** Diese sind dem Träger des Vorhabens durch **die Planfeststellungsbehörde** aufzuerlegen. Stellen sich allerdings solche Vorkehrungen oder Anlagen als untunlich oder mit dem Vorhaben als unvereinbar heraus, kann nur noch ein **Anspruch auf angemessene Entschädigung in Geld** erhoben werden.

Anträge, mittels derer Ansprüche auf derartige Vorkehrungen oder die Errichtung von Anlagen bzw. auf Entschädigung geltend gemacht werden, sind **schriftlich** an **die Planfeststellungsbehörde** zu richten. Sie sind nur innerhalb von **drei Jahren nach dem Zeitpunkt** zulässig, zu welchem der Betroffene von den nachteiligen Wirkungen des dem unanfechtbar festgestellten Planes entsprechenden Vorhabens oder der Anlage **Kenntnis erhalten hat**. Generell ausgeschlossen sind diese Ansprüche, wenn seit der Herstellung des dem Plan entsprechenden Zustandes **dreißig Jahre** verstrichen sind.

4.2   Die Genehmigung

Vorhaben, deren Gestattung **nicht** aufgrund entsprechender Fachplanungsgesetze zu erfolgen hat, **sind zu genehmigen**. Die **Genehmigung** ist ein **begünstigender Verwaltungsakt,** welcher entweder in einem **förmlichen Verwaltungsverfahren** (§§ 63-71 VwVfG) oder im **einfachen allgemeinen (oder auch nichtförmlichen) Verwaltungsverfahren** (§§ 9 ff. VwVfG) ergeht. Dabei stellt das förmliche Verwaltungsverfahren keine abschließend geregelte eigene Verfahrensart dar, sondern ist als besondere Gestaltungsart des allgemeinen Verwaltungsverfahrens nach den in den §§ 9-32 VwVfG enthaltenen Verfahrensgrundsätzen aufgebaut. Durch eine Reihe besonderer Bestimmungen ist das förmliche Verwaltungsverfahren jedoch - nicht unähnlich dem Planfeststellungsverfahren - im Sinne einer **Stärkung der Rechtsstellung der Beteiligten** und der **Bindung der Verwaltung an einen dem gerichtlichen Prozeß nahekommenden Verfahrensablauf** ausgestaltet worden. Dies äußert sich v.a. in der **Formbindung der verfahrensleitenden Anträge** (§ 64 VwVfG), **der Mitwirkungspflicht von Zeugen und Sachverständigen** (§ 65 VwVfG), **den erweiterten Mitwirkungsrechten der Beteiligten** (§ 66 VwVfG), der **Durchführung einer mündlichen Verhandlung** (§§ 67, 68 VwVfG) und schließlich der **Schriftform der Entscheidung, ihrer Begründungs- und Zustellungsbedürftigkeit** (§69 VwVfG). Voraussetzung der Geltung der §§ 63 ff. VwVfG in einem Verwaltungsverfahren ist, daß die Durchführung des förmlichen Verwaltungsverfahrens durch eine Rechtsvorschrift **ausdrücklich angeordnet** ist (§ 63 I VwVfG).

Bei Genehmigungen von Anlagen handelt es sich in der Regel um **Realkonzessionen o.a. dingliche Gestattungen,** d.h., sie werden für eine konkrete Anlage erteilt, sind an diese, so wie sie aufgrund der Genehmigung errichtet und betrieben wird, gebunden und bleiben auch dann bestehen, wenn der Anlagenbetreiber wechselt. Folglich lassen Eigentümer- bzw. Besitzerwechsel den Bestand der Genehmigung unberührt. Dieses Wesen der Realkonzession wird durch § 21 I Ziff. 3 der 9. BImSchV auf den Punkt gebracht, welcher Bestimmung zufolge der Genehmigungsbescheid „die genaue Bezeichnung des Gegenstandes der Genehmigung einschließlich des Standortes der Anlage", nicht aber den Namen dessen zu enthalten hat, der zum Betrieb der Anlage berechtigt ist.

Hiervon sind **an die Person des Antragstellers** gebundene Gestattungen o.a. **Personalkonzessionen** zu unterscheiden. Der häufigste Fall ihres Auftretens ist die im Gewerberecht heimische **raum- bzw. sachgebundene Personalerlaubnis**, im Falle welcher die Erlaubnis einem namentlich bestimmten Gewerbetreibenden für bestimmte Räume, Anlagen oder Gerätschaften erteilt wird. Ein Wechsel in der Person des Gewerbetreibenden sowie ein Wechsel oder eine wesentliche Änderung der betrieblichen Räumlichkeiten oder Einrichtungen begründet eine erneute Erlaubnispflicht. Eine **reine Personalkonzession** wird z.B. bei der Zulassung zum selbständigen Betrieb eines Handwerks erteilt.

Klassisches Beispiel der Realkonzession im Umweltverwaltungsrecht ist die Anlagengenehmigung gem. § 4. BImSchG. Im Gentechnik- oder Atomrecht begegnen wir ebenfalls der Anlagengenehmigung, welche hier allerdings mit Elementen der Personalkonzession angereichert erscheint.

So statuieren § 6 II Ziff. 1 AtG und § 13 I Ziff. 1 GenTG die Zuverlässigkeit des Betreibers sowie die erforderliche Fachkunde des von ihm an der Anlage beschäftigten Personals als wesentliche Voraussetzung für die Genehmigung der von ihm künftig zu betreibenden Anlage.

Im Bereich des Umweltrechts findet sich das förmliche Verwaltungsverfahren v.a. im **Immissionsschutzrecht** (§§ 10 ff. i.V.m. 9. BImSchV), im **Atomrecht** (§§ 7 ff. AtG i.V.m. AtVfV) und im **Gentechnikrecht** (§§ 11, 13,14 ff., 17 ff. GenTG).

So unterfallen z.B. gem. § 4 BImSchG der Genehmigungspflicht **generell**

„ die Errichtung oder der Betrieb von Anlagen, die aufgrund ihrer Beschaffenheit oder ihres Betriebes in besonderem Maße geeignet sind, schädliche Umwelteinwirkungen hervorzurufen oder in anderer Weise die Allgemeinheit oder die Nachbarschaft zu gefährden, erheblich zu benachteiligen oder erheblich zu belästigen, sowie von ortsfesten Abfallentsorgungsanlagen zur Lagerung oder Behandlung von Abfällen ... .“

Durch die 4. BImSchV werden in einem abschließenden Charakter tragenden zweispaltigen Katalog die zu genehmigenden Anlagen aufgeführt, wobei das anzuwendende Genehmigungsverfahren im Falle von in Spalte I aufgeführten Anlagen bzw. von aus Anlagen der Spalte I und II bestehenden Anlagen gem. § 2 I Ziff. 1 der 4. BImSchV sich nach § 10 i.V.m. der 9. BImSchV richtet (förmliches Genehmigungsverfahren) und Anlagen der Spalte II gem. § 19 BImSchG im vereinfachten Verfahren zu genehmigen sind. Die Zuordnung einer Anlage zu Spalte I oder II der 4. BImschV richtet sich nach der Intensität der Umweltauswirkungen, welche - in Abhängigkeit von ihrer Größe, Kapazität und Art der Anlagentätigkeit - im Zusammenhang mit ihrem Betrieb zu erwarten sind.

Zu erwähnen ist an dieser Stelle auch die **wasserrechtliche Genehmigung**, welche sich allerdings nicht auf Gewässerbenutzungen selbst bezieht (diese werden durch die weiter unten zu behandelnden Erlaubnisse und Bewilligungen geregelt), sondern auf **Anlagen**, nämlich Rohrleitungsanlagen zum Befördern wassergefährdender Stoffe gem. § 19a WHG.

4.2.1   Das förmliche Genehmigungsverfahren

Literaturhinweise : Verwaltungsverfahrensgesetz - Kommentar (1993). München: C.H. Beck, S.1367 ff.

Dem förmlichen Genehmigungsverfahren gem. § 10 BImSchG i.V.m. der 9. BImSchV unterliegen z.B.: Kraftwerke, Heizkraftwerke und Heizwerke mit Feuerungsanlagen für den Einsatz von festen, flüssigen oder gasförmigen Brennstoffen, soweit die Feuerungswärmeleistung 50 Megawatt übersteigt, Gasturbinenanlagen zum Antrieb von Generatoren oder Arbeitsmaschinen mit einer Feuerungswärmeleistung von 50 Megawatt oder mehr, ausgenommen Gasturbinen mit geschlossenem Kreislauf, Kühltürme mit einem Kühlwasserdurchsatz von 10 000 Kubikmetern oder mehr je Stunde, Anlagen zur Herstellung von Zementklinker oder Zementen, Anlagen zur Gewinnung, Bearbeitung oder Verarbeitung von Asbest, Anlagen zum Schmelzen mineralischer Stoffe, Eisen-, Temperoder Stahlgießereien, Ölraffinerien, Anlagen zur Zellstoffgewinnung, Mühlen für Nahrungs- oder Futtermittel mit einer Produktionsleistung von 500 Tonnen je Tag oder mehr etc.

Wenn ein förmliches Verfahren einen Antrag voraussetzt, so ist dieser **schriftlich** oder **zur Niederschrift** bei der Behörde zu stellen (§ 64 VwVfG). Ein **formwidriger,** insbesondere nicht schriftlich oder zur Niederschrift gestellter Antrag ist **unwirksam,** d.h., er erzeugt für die Behörde keine Pflicht, ein entsprechendes Verwaltungsverfahren einzuleiten. Es ist zwar unproblematisch, den Antrag in der erforderlichen Form **nachzuholen,** jedoch werden etwaige **Fristversäumnisse,** die wegen der unwirksamen Antragstellung eingetreten sind, dadurch **nicht geheilt.**
Dem Antragsteller steht es **frei,** zwischen den gesetzlich vorgesehenen Möglichkeiten der Antragstellung **zu wählen.** Die Behörde ist gem. § 24 III i.V.m. § 64 VwVfG **verpflichtet,** Anträge in beiden zugelassenen Formen entgegenzunehmen. Der Antrag ist nur dann zu begründen und durch bestimmte Unterlagen zu ergänzen, wenn dies durch die betreffende Rechtsvorschrift eigens so vorgesehen ist.

So sind einem Antrag auf Genehmigung einer Anlage im förmlichen Genehmigungsverfahren **gem. § 10 BImSchG** Zeichnungen, Erläuterungen und sonstige Unterlagen beizufügen, welche erforderlich sind, um das Vorliegen der Genehmigungsvoraussetzungen gem. § 6 BImSchG zu überprüfen. Diese Unterlagen hat der Antragsteller im Falle ihrer Unzulänglichkeit auf Verlangen der Behörde innerhalb einer angemessenen Frist zu ergänzen. Tut er dies nicht, ist die Genehmigungsbehörde berechtigt, seinen Antrag ohne weiteres abzulehnen.

Der Antrag selbst muß z.B. gem. **§ 3 der 9. BImSchV** enthalten :

1. die Angabe des Namens und des Wohnsitzes oder des Sitzes des Antragstellers,

2. die Angabe, ob eine Genehmigung oder ein Vorbescheid beantragt wird, und im Falle eines Antrags auf Genehmigung, ob es sich um eine Änderungsgenehmigung handelt, ob eine Teilgenehmigung oder ob eine Zulassung des vorzeitigen Beginns beantragt wird,

3. die Angabe des Standorts der Anlage, bei ortsveränderlichen Anlagen die Angabe der vorgesehenen Standorte,

4. Angaben über Art und Umfang der Anlage, hierzu gehören im einzelnen Angaben zu:

- Anlagenteilen, Verfahrensschritten und Nebeneinrichtungen, auf die sich das Genehmigungserfordernis entsprechend der Verordnung über genehmigungsbedürftige Anlagen erstreckt,

- dem Bedarf an Grund und Boden,

- dem vorgesehenen Verfahren einschließlich der erforderlichen Daten zur Kennzeichnung des Verfahrens, wie Angaben zu Art, Menge und Beschaffenheit

a) der Einsatzstoffe,

b) der Zwischen-, Neben- und Endprodukte,

c) der anfallenden Reststoffe und,

soweit ein Stoff für Forschungs- und Entwicklungszwecke hergestellt wird,

d) die Identitätsmerkmale des Stoffes,

e) die Menge des Stoffes, die jährlich hergestellt oder gewonnen werden soll,

f) die beabsichtigte Verwendung des Stoffes,

g) die durchgeführten Prüfungen der physikalischen, chemischen und physikalisch-chemischen Eigenschaften des Stoffes,

h) die vorliegenden Prüfnachweise über toxikologische und ökotoxikologische Eigenschaften sowie des Abbauverhaltens,

- entstehende Wärme bei Anlagen, die in einer Rechtsverordnung gem. § 5 II BImSchG aufgeführt sind,

- mögliche nicht beabsichtigte Freisetzungen oder Reaktionen von Stoffen bei Störungen im Verfahrensablauf,

- Art, Menge und Gefährlichkeit der Emissionen, die voraussichtlich von der Anlage ausgehen werden, die Art, Lage und Abmessungen der Emissionsquellen, die räumliche und zeitliche Verteilung der Emissionen sowie über die Austrittsbedingungen,

- die vorgesehenen Maßnahmen zur Erfüllung der Pflichten für die Zeit nach einer Betriebseinstellung,

- die vorgesehenen Maßnahmen zum Arbeitsschutz.

In den einschlägigen Verwaltungsvorschriften der Länder zum Genehmigungsverfahren können noch weitere Details bezüglich der einzureichenden Unterlagen vorgesehen sein, so

- topographische Karten,

- Bauvorlagen,

- schematische Darstellungen der Anlagen,

- Maschinenaufstellungspläne,

- Anlagen- und Betriebsbeschreibungen im Hinblick auf Arbeits- und Immissionsschutz,

- Immissionsprognosen,

- Pläne zur Behandlung von Reststoffen und zur Nutzung der Abwärme,

5. die Angabe, zu welchem Zeitpunkt die Anlage in Betrieb genommen werden soll.

Gem. **§ 11 II GenTG** sind in einem Antrag auf Genehmigung einer gentechnischen Anlage folgende Angaben nötig:

1. die Lage der gentechnischen Anlage sowie Namen und Anschrift des Betreibers,

2. der Name des Projektleiters und der Nachweis zu dessen erforderlicher Sachkunde,

3. der Name (die Namen) des oder der Beauftragten für die Biologische Sicherheit und der Nachweis der erforderlichen Sachkunde,

4. eine Beschreibung der bestehenden oder der geplanten gentechnischen Anlage und ihres Betriebs, insbesondere der für die Sicherheit bedeutsamen Einrichtungen,

5. die Risikobewertung nach § 6 I und eine Beschreibung der vorgesehenen gentechnischen Arbeiten, aus der sich die Eigenschaften der verwendeten Spender- und Empfängerorganismen, der Vektoren und des gentechnisch veränderten Organismus im Hinblick auf die erforderliche Sicherheitsstufe sowie ihre möglichen sicherheitsrelevanten Auswirkungen auf die durch § 1 Ziff.1 GenTG bezeichneten Rechtsgüter und die vorgesehenen Vorkehrungen ergeben,

6. eine Beschreibung der verfügbaren Techniken zur Erfassung, Identifizierung und Überwachung des gentechnisch veränderten Organismus,

7. im Bereich gentechnischer Arbeiten zu gewerblichen Zwecken zusätzlich Angaben über Zahl und Ausbildung des Personals, Angaben über Reststoffverwertung, Notfallpläne und Angaben über Unfallverhütungsmaßnahmen.

Weitere Details der Anforderungen an die für die Genehmigung gentechnischer Anlagen einzureichenden Unterlagen ergeben sich aus § 4 Gentechnik-Verfahrensverordnung i.V.m. deren Anlage 1 Tle. I-IV.

Soweit gesetzlich vorgesehen (§ 10 II BImSchG), sind Unterlagen, welche Geschäfts- oder Betriebsgeheimnisse enthalten, zu kennzeichnen und getrennt vorzulegen. Deren Inhalt muß, soweit es ohne Preisgabe des Geheimnisses geschehen kann, so ausführlich dargestellt sein, daß es Dritten ermöglicht wird, zu beurteilen, ob und in welchem Umfange sie von den Auswirkungen der Anlage betroffen werden können.

Die Genehmigungsbehörde entscheidet im förmlichen Verwaltungsverfahren i.d.R. nach **mündlicher Verhandlung** (§ 68 I 1 VwVfG). Zu dieser sind die Verfahrensbeteiligten **schriftlich zu laden.** Die Ladung wird in der Regel dann erfolgen, wenn die erforderlichen Unterlagen einschließlich des den Formerfordernissen genügenden Antrags vollständig vorliegen. Zur Ladung reicht grundsätzlich ein **einfacher Brief** aus; eine förmliche Zustellung der Ladung ist jedoch aus Nachweisgründen zweckmäßig. Vorschriften über im Zusammenhang mit der Ladung einzuhaltende Mindestfristen (analog etwa § 102 I 1 VwGO oder § 217 ZPO) existieren nicht. Die Angemessenheit der Frist ergibt sich im Einzelfall aus den Anforderungen, welche die Angelegenheit an eine sachgerechte Vorbereitung der Verhandlung durch die Verfahrensbeteiligten stellt. In der Regel dürfte jedoch ein Zeitraum von einem Monat zwischen der Ladung und der mündlichen Verhandlung als angemessen zu betrachten sein.
Eine gesetzliche Pflicht, in der Verhandlung zu erscheinen, besteht **nicht.** Allerdings kann in diesem Falle - so der gem. § 67 I 3 VwVfG obligatorische Hinweis in der Ladung - ohne den ausgebliebenen Verfahrensbeteiligten verhandelt werden. Der säumige Verfahrensbeteiligte hat damit in diesem Verfahren sein Recht auf rechtliches Gehör verwirkt; er kann es nicht anderweitig mehr geltend machen. Als Erleichterung für den Fall sog. **Massenverfahren** legt § 67 I Se. 4-6 VwVfG fest, daß die Ladung durch **öffentliche Bekanntmachung** dann erfolgen kann, wenn **mehr als 300 Ladungen** zuzustellen wären.

Abweichend hiervon nähert § 10 III BImSchG i.V.m. §§ 8 ff. der 9.BImSchV das förmliche Genehmigungsverfahren für die entsprechenden Anlagen gem. 4. BImSchV dem Planfeststellungsverfahren an. Hiernach hat die Genehmigungsbehörde das Vorhaben sowohl in ihrem amtlichen Veröffentlichungsblatt als auch in den örtlichen Tageszeitungen, die im Bereich des Standortes der zu genehmigenden Anlage verbreitet sind, **öffentlich bekanntzumachen**. Antrag und dazugehörige Unterlagen sind ferner bei der Genehmigungsbehörde und erforderlichenfalls bei einer geeigneten Stelle in der Nähe des Standorts der zu genehmigenden Anlage auszulegen. Ebenso sind spätestens gleichzeitig mit der öffentlichen Bekanntmachung die in ihrem Aufgabenbereich vom zu genehmigenden Vorhaben berührten Behörden aufzufordern, für ihren Zuständigkeitsbereich eine entsprechende Stellungnahme abzugeben. Die mündliche Verhandlung findet hier in Gestalt des **Erörterungstermins** wie im Planfeststellungsverfahren statt. In diesem Erörterungstermin werden alle **rechtzeitig** erhobenen Einwendungen behandelt. **Nicht behandelt werden neben den verfristeten diejenigen Einwendungen, welche auf besonderen privatrechtlichen Titeln beruhen.** Diese sind durch **schriftlichen Bescheid** auf den Rechtsweg **vor den ordentlichen Gerichten** zu verweisen (§ 15 der 9. BImSchV, § 7 Gentechnik-Anhörungsverordnung).

Die mündliche Verhandlung im förmlichen Verwaltungsverfahren ist, entsprechend des im Verwaltungsverfahren allgemein geltenden Grundsatzes der Nichtöffentlichkeit, **nicht öffentlich** (§ 68 I 1 VwVfG). Dies gilt auch dann, wenn die mündliche Verhandlung als Erörterungstermin stattfindet. Die Verhandlung wird durch den **Verhandlungsleiter** geleitet, welcher in der Regel ein Bediensteter der Genehmigungsbehörde ist. Ihm obliegt die Eröffnung, die Leitung und Schließung der Verhandlung sowie die Ausübung der Sitzungspolizei. Er hat die Sache mit den Beteiligten zu erörtern. Gleich dem Richter im gerichtlichen Verfahren hat er darauf hinzuwirken, daß unklare Anträge erläutert, sachdienliche Anträge gestellt, ungenügende Angaben ergänzt sowie alle für die Feststellung des Sachverhalts wesentlichen Erklärungen abgegeben werden (§ 68 II VwVfG). Er trägt auch die Verantwortung für die Erstellung einer ordnungsgemäßen Verhandlungsniederschrift.

Im förmlichen Verfahren muß den Beteiligten Gelegenheit gegeben werden, **sich vor der Entscheidung sowohl im Rahmen des mündlichen Verfahrens als auch außerhalb desselben zu äußern**. Sie sind insbesondere berechtigt, an Beweiserhebungen teilzunehmen und hierbei sachdienliche Fragen zu stellen. Schriftlich vorliegende Gutachten sind ihnen zugänglich zu machen (§ 68 VwVfG). Eine unterlassene oder fehlerhafte Anhörung stellt einen Verfahrensfehler dar, welcher jedoch gem. § 45 I Ziff. 3 VwVfG durch Nachholung der Anhörung geheilt werden kann.

Zeugen sind zur Aussage und Sachverständige zur Erstattung von Gutachten verpflichtet. Die Vorschriften der Zivilprozeßordnung über die Pflicht, als Zeuge auszusagen oder als Sachverständiger ein Gutachten zu erstatten, über die Ablehnung von Sachverständigen sowie über die Vernehmung von Angehörigen des öffentlichen Dienstes als Zeugen oder Sachverständige gelten entsprechend (§ 65 I VwVfG).

Die Entscheidung der Behörde ergeht unter **Würdigung des Gesamtergebnisses** des Verfahrens (§ 69 I VwVfG). Dabei ist die Behörde insbesondere nicht auf die Ergebnisse der mündlichen Verhandlung beschränkt, sondern hat auch die außerhalb derselben gewonnen Erkenntnisse zu berücksichtigen (schriftliches Vorbringen von Beteiligten bzw. Ergebnisse von außerhalb der mündlichen Verhandlung stattgefundenen Beweisaufnahmen etc.). Ergibt diese Würdigung das **Vorliegen der Genehmigungsvoraussetzungen**, so steht - anders als im Planfeststellungsverfahren - der Behörde **in der Regel kein Versagungsermessen** mehr zu.

So legt **§ 6 BImSchG** fest, daß die Genehmigung einer genehmigungsbedürftigen Anlage dann zu erteilen ist, wenn

1. sichergestellt ist, daß die Betreiberpflichten gem. § 5 BImSchG und diejenigen Pflichten, welche sich aus Rechtsverordnungen über Anforderungen an genehmigungsbedürftige Anlagen gem. § 7 BImSchG ergeben, erfüllt werden, und

2. andere öffentlich-rechtliche Vorschriften und Belange des Arbeitsschutzes der Errichtung und dem Betrieb der Anlage nicht entgegenstehen.

Gem. **§ 13 GenTG** ist die Genehmigung zur Errichtung und zum Betrieb einer gentechnischen Anlage nach § 8 I 2 oder IV GenTG zu erteilen, wenn

1. keine Tatsachen vorliegen, aus denen sich Bedenken gegen die Zuverlässigkeit des Betreibers und der für die Errichtung sowie für die Leitung und die Beaufsichtigung des Betriebs der Anlage verantwortlichen Personen ergeben,

2. gewährleistet ist, daß der Projektleiter sowie der oder die Beauftragten für die biologische Sicherheit die für ihre Aufgabe erforderliche Sachkunde besitzen und die ihnen obliegenden Verpflichtungen ständig erfüllen können,

3. sichergestellt ist, daß vom Antragsteller die sich aus § 6 I und II und den Rechtsverordnungen nach § 30 II Ziff. 2, 4, 5, 6 und 9 ergebenden Pflichten für die Durchführung der vorgesehenen gentechnischen Arbeiten erfüllt werden,

4. gewährleistet ist, daß für die erforderliche Sicherheitsstufe die nach dem Stand der Wissenschaft und Technik notwendigen Vorkehrungen getroffen sind und deshalb schädliche Einwirkungen auf die in § 1 Ziff.1 bezeichneten Rechtsgüter (Leben und Gesundheit von Menschen, Tiere, Pflanzen sowie die sonstige Umwelt in ihrem Wirkungsgefüge und Sachgüter) nicht zu erwarten sind,

5. keine Tatsachen vorliegen, denen die Verbote des Art. 2 des Gesetzes vom 21. Februar 1983 zu dem Übereinkommen vom 10. April 1972 über das Verbot der Entwicklung, Herstellung und Lagerung bakteriologischer (biologischer) Waffen und Toxinwaffen sowie über die Vernichtung solcher Waffen und die Bestimmungen zum Verbot von chemischen und biologischen Waffen im Ausführungsgesetz zu Art. 26 II (Kriegswaffenkontrollgesetz) entgegenstehen und

6. andere öffentlich-rechtliche Vorschriften der Errichtung und dem Betrieb der gentechnischen Anlage nicht entgegenstehen.

Auch wenn nicht ausdrücklich im § 69 erwähnt, gilt hierbei der Grundsatz der **freien Beweiswürdigung. D.h.,** keinem Beweismittel kommt ein von vornherein feststehender Beweiswert zu; eine Urkunde ist nicht a priori beweiskräftiger als etwa eine Zeugenaussage oder eine Augenscheinseinnahme. Die Behörde steht es gleich einem Gericht frei, sich unter Beachtung der Gesetze des folgerichtigen logischen Denkens und der nötigenfalls durch gesicherte wissenschaftliche Tatsachenvorträge ergänzten Erfahrungssätze anhand der Beweislage ein Urteil über den betreffenden Sachverhalt zu bilden.

Die Entscheidung hat **innerhalb der gesetzlich festgelegten Fristen** zu ergehen. Sie beträgt gem. § 10 VI a BImSchG sieben Monate und gem. § 11 VI GenTG drei Monate. Diese Fristen können erforderlichenfalls um drei weitere Monate verlängert werden.

In Abweichung von der Formlosigkeit des Verwaltungsaktes gem. § 37 II VwVfG hat der das förmliche Verwaltungsverfahren abschließende Verwaltungsakt **schriftlich** zu ergehen. Er ist - gleichfalls in Abweichung von der für das allgemeine Verwaltungsverfahren geltenden Bestimmung des § 41 VwVfG - den Verfahrensbeteiligten **zuzustellen** (§ 69 II 1 VwVfG). Im Falle von **Massenverfahren** (d.h., wenn mehr als 300 Zustellungen vorzunehmen wären) wird die Zustellung durch die **öffentliche Bekanntmachung** ersetzt.

Der **Inhalt eines** im förmlichen Verwaltungsverfahren zu erlassenden **Genehmigungsbescheides** ist **gesetzlich vorgeschrieben.** Ein diesen Maßgaben nicht genügender Bescheid ist in jedem Falle mangelhaft, bei besonders schwerwiegenden Verstößen (etwa wenn kein Adressat oder derselbe nicht klar erkennbar aus dem Bescheid hervorgeht) sogar nichtig. Gem. § 21 der 9. BImSchV muß ein Genehmigungsbescheid enthalten:

1. die Angabe des Namens und des Wohnsitzes oder Sitzes des Antragstellers,

2. die Angabe, daß eine Genehmigung, eine Teilgenehmigung oder eine Änderungsgenehmigung erteilt wird,

3. die genaue Bezeichnung des Gegenstandes der Genehmigung einschließlich des Standortes der Anlage,

4. die Nebenbestimmungen zur Genehmigung,

5. die Begründung, aus der die wesentlichen tatsächlichen und rechtlichen Gründe, die die Behörde zu ihrer Entscheidung bewogen haben, und die Behandlung der Einwendungen hervorgehen sollen.

Darüber hinaus soll der Genehmigungsbescheid enthalten

1. den Hinweis, daß der Genehmigungsbescheid unbeschadet der behördlichen Entscheidungen ergeht, die nach § 13 BImSchG nicht von der Genehmigung eingeschlossen werden, und

2. die Rechtsbehelfsbelehrung.

Analog sind die Inhaltserfordernisse des nach dem GenTG zu erlassenden Genehmigungsbescheides in § 11 der Gentechnik-Verfahrensverordnung (GenTVfV) geregelt.

Den Genehmigungsverfahren nach dem BImSchG kommt Konzentrationswirkung zu, d.h., auch hier findet nur ein Genehmigungsverfahren vor einer Behörde statt. Andere Fachbehörden sind durch Abgabe ihrer verwaltungsinternen Stellungnahmen hieran beteiligt.

So umfaßt die immissionsschutzrechtliche Genehmigung Baugenehmigungen, gewerberechtliche Erlaubnisse, Erlaubnisse und Ausnahmebewilligungen des Natur- und Denkmalschutzrechts, eine Genehmigung von Waldrodungen, die luftverkehrsrechtliche Genehmigung der Errichtung eines Schornsteins oder einer Pipeline sowie Erlaubnisse und Bewilligungen nach §§ 7 und 8 WHG oder aufgrund atomrechtlicher Vorschriften zu erteilende Genehmigungen (§ 13 BImSchG).
Auch der Anlagengenehmigung gem. § 8 GenTG wohnt eine Konzentrationswirkung inne, welche sämtliche andere auf die gentechnische Anlage bezogenen behördlichen Genehmigungen erfaßt, wobei die aufgrund atomrechtlicher Vorschriften zu erlassenden ausgenommen bleiben (§ 22 GenTG).
Dagegen hat eine Genehmigung gem. § 7 AtG keine Konzentrationswirkung; die Errichtung und der Betrieb eines KKW ist neben der rein atomrechtlichen Genehmigung von anderen separat einzuholenden behördlichen Gestattungen, etwa Baugenehmigungen, abhängig.

Der das förmliche Verfahren beendende Verwaltungsakt ist **unmittelbar mit der Verwaltungsklage** anzufechten. Der Grund für diese von § 68 VwGO abweichende Bestimmung liegt darin, daß die besondere Ausgestaltung des förmlichen Verwaltungsverfahrens dem Betroffenen eine umfassende Geltendmachung seiner Rechte ermöglicht und damit eine erhöhte Gewähr für die Rechtmäßigkeit und Zweckmäßigkeit des hierin ergehenden Verwaltungsaktes bietet, welche dessen Nachprüfung in einem Vorverfahren prinzipiell unnötig macht. Der **Widerspuch** als Rechtsbehelf gegen einen solchen Verwaltungsakt **ist damit unstatthaft**.

4.2.2   Das vereinfachte Verfahren

Literaturhinweise : Verwaltungsverfahrensgesetz - Kommentar (1993). 4. Aufl. München: C.H. Beck, S.283 ff.

Das vereinfachte Genehmigungsverfahren vollzieht sich nach den Regelungen der §§ 9 ff. VwVfG. Es findet in bezug auf alle Angelegenheiten statt, für welche kein förmliches Verfahren vorgeschrieben ist. Einem solchen Verfahren unterfallen z.B. gem. § 19 BImSchG i.V.m. der 4. BImSchV Anlagen, welche in dem Katalog der Spalte II des Anhangs zur 4. BImSchV aufgeführt sind.

Darunter fallen z.B. Steinbrüche, in denen Sprengstoffe oder Flammstrahler verwendet werden, Anlagen zur thermischen Aufbereitung von Hüttenstäuben für die Gewinnung von Metallen oder Metallverbindungen im Drehrohr oder in einer Wirbelschicht, Anlagen zum Zerkleinern von Schrott durch Rotormühlen mit einer Nennleistung des Rotorantriebs von 100 Kilowatt bis weniger als 500 Kilowatt, Anlagen zum Schlachten von 500 bis weniger als 5000 kg Lebendgewicht Geflügel oder 8000 bis weniger als 40 000 kg Lebendgewicht sonstiger Tiere je Woche, Anlagen zur Kompostierung mit einer Durchsatzleistung von 0,75 Tonnen bis weniger als 10 Tonnen pro Stunde.

Im vereinfachten Verfahren entfallen insbesondere

- die Öffentlichkeitsbeteiligung im Verfahren auf Erteilung einer Genehmigung oder eines Vorbescheids (§ 10 II-IV, VI u.IX BImSchG),

(d.h., es findet keine öffentliche Bekanntmachung des Vorhabens, keine Auslegung seiner Unterlagen und kein Erörterungstermin statt; es entfällt demzufolge auch die Präklusionsfrist für die Erhebung von Einwendungen)

- die privatrechtsgestaltende Wirkung der Genehmigung durch den Ausschluß privatrechtlicher Abwehransprüche (§ 14 BImSchG),

(d.h., in diesem Falle braucht ein durch den Anlagenbetrieb in der Ausübung seiner Rechte beeinträchtigter Nachbar sich nicht in jedem Falle mit die benachteiligenden Wirkungen minimierenden Vorkehrungen oder - wenn sich deren Undurchführbarkeit herausstellt - mit Schadensersatz abspeisen zu lassen. Er kann ggf. sogar die Einstellung des Anlagenbetriebs verlangen)

- die Präklusionswirkung bei Teilgenehmigung oder Vorbescheid (§ 11 BImSchG),

(d.h., Dritte können auch nach Eintritt der Unanfechtbarkeit dieser Verwaltungsakte im weiteren Verfahren zur Genehmigung der Errichtung oder des Betriebs einer Anlage diejenigen Einwendungen nochmals erheben, welche sie im vorhergehenden Verfahren bereits vorgebracht haben).

Auch eine im vereinfachten Verfahren ergangene Genehmigung hat jedoch Konzentrationswirkung, d.h., die in ihrem Zuständigkeitsbereich tangierten Fachbehörden sind zu hören, wobei u.U. das gesetzlich vorgesehene Einvernehmen zu den von der Konzentrationswirkung mitumfaßten Genehmigung einzuholen ist.

4.3   Das UVP-Verfahren

Literaturhinweise: Bender, B.; Sparwasser, R.; Engel, R. (1995): Umweltrecht-Grundzüge des öffentlichen Umweltrechts. Heidelberg: C.F. Müller, S. 41 ff.; **Hoppe, W.** (1995): UVPG - Kommentar. Berlin: Carl Heymanns; **Verwaltungsverfahrensgesetz -Kommentar** (1993). München: C.H. Beck, S.1367 ff., 1430 ff.

Das Verfahren zur Umweltverträglichkeitsprüfung von Vorhaben nach dem **UVP-Gesetz vom 12. Februar 1990**[1] ist dessen § 2 I zufolge ein **unselbständiger Teil** verwaltungsbehördlicher Verfahren, die der Entscheidung über die Zulässigkeit von Vorhaben dienen. D.h., die Umweltverträglichkeitsprüfung wird nicht von einer besonderen Behörde vorgenommen, sondern **ist in die bestehenden Verfahren** nach dem BImSchG, WHG, AtG etc. **integriert.**

Die Umweltverträglichkeitsprüfung umfaßt die Ermittlung, Beschreibung und Bewertung der Auswirkungen eines Vorhabens auf

1. Menschen, Tiere und Pflanzen, Boden, Wasser, Luft, Klima und Landschaft, einschließlich der jeweiligen Wechselwirkungen,

2. Kultur- und sonstige Sachgüter.

UVP-pflichtig sind all jene Verfahren, welche auf eine Genehmigung, Bewilligung, Planfeststellung etc. über die Zulässigkeit solcher Vorhaben abzielen, die in der Anlage zum UVP-Gesetz aufgeführt sind, also alle Planfeststellungsverfahren sowie Genehmigungsverfahren für Vorhaben, bei denen die Einbeziehung der Öffentlichkeit vorgesehen ist.

Dazu gehören z.B.:

- die Errichtung und der Betrieb einer Deponie sowie die wesentliche Änderung einer solchen Anlage oder ihres Betriebes, die der Planfeststellung nach § 31 II des KrW-/AbfG bedürfen;

---

[1] BGBl. 1990 Tl. I S.205, zul. geänd. dch. G. v. 23.11.1994, BGBl. I S.3486.

- bergbauliche Vorhaben, die der Planfeststellung nach dem Bundesberggesetz bedürfen;

- Bau und Änderung von Anlagen einer Eisenbahn des Bundes, die einer Planfeststellung nach dem Allgemeinen Eisenbahngesetz bedürfen;

- Errichtung und Betrieb einer Anlage zur Sicherstellung und zur Endlagerung radioaktiver Abfälle sowie die wesentliche Änderung einer solchen Anlage oder ihres Betriebes, die einer Planfeststellung gem. § 9b des Atomgesetzes bedürfen;

- Errichtung, Betrieb, Stillegung, der sichere Einschluß oder der Abbau einer ortsfesten kerntechnischen Anlage sowie die wesentliche Änderung der Anlage oder ihres Betriebes, die der Genehmigung in einem Verfahren unter Einbeziehung der Öffentlichkeit nach § 7 des Atomgesetzes bedürfen;

- Bau und Änderung einer Bundesfernstraße, die der Planfeststellung nach § 17 des Bundesfernstraßengesetzes oder eines Bebauungsplanes nach § 9 des Baugesetzbuches bedürfen;

- Bau und Änderung einer Straßenbahn, die der Planfeststellung nach § 28 des Personenbeförderungsgesetzes oder eines Bebauungsplanes nach § 9 des Baugesetzbuches bedürfen;

- Anlage und Änderung eines Flugplatzes, die der Planfeststellung nach § 8 des Luftverkehrsgesetzes bedürfen;

- Errichtung und Betrieb einer Rohrleitungsanlage für den Ferntransport von Öl oder Gas sowie die wesentliche Änderung der Anlage oder ihres Betriebes, die der Genehmigung nach § 19a des Wasserhaushaltsgesetzes bedürfen;

- Errichtung und Betrieb einer Anlage, die der Genehmigung in einem Verfahren unter Einbeziehung der Öffentlichkeit nach § 4 des Bundesimmissionsschutzgesetzes bedarf, sowie die wesentliche Änderung der Lage, Beschaffenheit oder des Betriebs einer solchen Anlage, wenn von der Einbeziehung der Öffentlichkeit nach § 15 II des Bundesimmissionsschutzgesetzes nicht abgesehen wird und die Änderung erhebliche nachteilige Auswirkungen auf die in § 2 I 2 genannten Schutzgüter haben kann.

Bezüglich des letztgenannten Punktes enthält das UVP-Gesetz einen Anhang, welcher 27 derartige Vorhaben auflistet (metallurgische Betriebe, Schiffswerften, Erdölraffinerien, Brikettieranlagen, Kraft- und Heizwerke etc.).

Die UVP zerfällt in **sechs wesentliche Verfahrensschritte:**

1. Der Träger des Vorhabens unterrichtet die zuständige Behörde über das von ihm genannte Vorhaben. Die Behörde erörtert vor dem Eintritt in das förmliche Verwaltungsverfahren den voraussichtlichen Untersuchungsrahmen (also Gegenstand, Methode und Umfang der UVP) mit dem Träger des Vorhabens. Hierzu können andere Behörden, Sachverständige und Dritte (betroffene Gemeinden, Umweltverbände, Bürgerinitiativen) hinzugezogen werden. Die zuständige Behörde soll den Vorhabensträger über den voraussichtlichen Untersuchungsrahmen der UVP sowie über Art und Umfang der nach § 6 UVP-Gesetz voraussichtlich beizubringenden Unterlagen gebührend unterrichten und ihm in dieser letzteren Hinsicht diejenigen zweckdienlichen Informationen zur Verfügung stellen, über die sie verfügt (§ 5 UVPG).

Die Abstimmung des Untersuchungsrahmens der UVP (sog. **scoping-Verfahren**) ist von wesentlicher Bedeutung für deren Akzeptanz und damit auch des gesamten Verfahrensergebnisses auf seiten aller Beteiligten.

2. Mit der Einreichung seines Antrags auf Genehmigung bzw. Planfeststellung seines Vorhabens hat der Vorhabensträger die entscheidungserheblichen Unterlagen über dessen Umweltauswirkungen vorzulegen (§ 6 I UVPG). Deren Inhalt und Umfang bestimmen sich nach den für die Entscheidung über die Zulässigkeit des Vorhabens maßgeblichen Rechtsvorschriften (BImSchG, WHG, LuftVG, AEG etc.). Finden sich in derartigen Rechtsvorschriften keine Einzelheiten zu der Beschaffenheit der Unterlagen, so gelten die diesbezüglichen Bestimmungen der Abse. III und IV des § 6 UVPG.

Hiernach müssen sie zunächst mindestens folgende Angaben enthalten:

- Beschreibung des Vorhabens **mit Angaben über Standort, Art und Umfang sowie Bedarf an Grund und Boden,**

- Beschreibung von **Art und Menge der zu erwartenden Emissionen und Reststoffe,** insbesondere der Luftverunreinigungen, **der Abfälle und des Anfalls von Abwasser** sowie sonstige Angaben, die erforderlich sind, um erhebliche Beeinträchtigungen durch das Vorhaben feststellen und beurteilen zu können,

- Beschreibungen der **Maßnahmen, mit denen erhebliche Beeinträchtigungen der Umwelt vermieden, vermindert oder soweit möglich ausgeglichen werden,** sowie der **Ersatzmaßnahmen** bei nicht ausgleichbaren, aber vorrangigen Eingriffen in Natur und Landschaft,

- Beschreibung der zu erwartenden **erheblichen Auswirkungen** des Vorhabens auf die Umwelt unter Berücksichtigung des allgemeinen Kenntnisstandes und der allgemein anerkannten Prüfungsmethoden.

Des weiteren hat der Träger des Vorhabens, sofern ihm dies zumutbar ist, weitere für dessen Umweltverträglichkeitsprüfung notwendige Angaben beizubringen, welche umfassen:

- Beschreibung der wichtigsten Merkmale der verwendeten technischen Verfahren,

- Beschreibung der Umwelt und ihrer Bestandteile unter Berücksichtigung des allgemeinen Kenntnisstandes und der allgemein anerkannten Prüfungsmethoden, soweit dies zur Feststellung und Beurteilung aller sonstigen für die Zulässigkeit des Vorhabens erheblichen Auswirkungen des Vorhabens auf die Umwelt erforderlich ist,

- Übersicht über die wichtigsten, vom Träger des Vorhabens geprüften Vorhabensalternativen und Angabe der wesentlichen Auswahlgründe unter besonderer Berücksichtigung der Umweltauswirkungen des Vorhabens,

- Hinweise auf Schwierigkeiten, die bei der Zusammenstellung der Angaben aufgetreten sind, z.B. technische Lücken oder fehlende Kenntnisse.

3. Die für die Durchführung der UVP zuständige Behörde hat, sobald die Unterlagen in gehöriger Form und inhaltlich ausreichend vorliegen, die Stellungnahmen der (nationalen) Behörden einzuholen, deren Aufgabenbereich durch das Vorhaben tangiert wird (§ 7 UVPG). Besteht hinreichender Grund zu der Annahme, das zur Prüfung anstehende Vorhaben könnte erhebliche Auswirkungen auf Menschen, Tiere und Pflanzen, Boden, Wasser, Luft, Klima und Landschaft, einschließlich der jeweiligen Wechselwirkungen oder Kultur- und sonstige Sachgüter **in einem anderen Mitgliedstaat der Europäischen Gemeinschaften** zeitigen, so sind dessen zuständige bzw. von ihm benannte Behörden (ggf. dessen oberste Umweltbehörde) **zum gleichen Zeitpunkt und im gleichen Umfang** über das Vorhaben wie die stellungnahmeberechtigten nationalen Behörden zu unterrichten (§ 8 UVPG).

Die Einbeziehung der Öffentlichkeit erfolgt in entsprechender Anwendung der Rechtsvorschriften über das Planfeststellungsverfahren (§ 9 I 2 i.V.m. § 73 III - VII VwVfG). Dabei ist zu unterscheiden zwischen der Unterrichtung der allgemeinen (nicht auf den Kreis der Betroffenen beschränkten) Öffentlichkeit und der Anhörung der aktuell Betroffenen. **Die Einsichtnahme ist** - im Hinblick auf die UVP-Richtlinie der EG - **nicht auf den in seinen Belangen vom Vorhaben berührten Personenkreis beschränkt, sondern steht jedermann zu.** Durch diese Stärkung des demokratischen Elements in einem Verfahren wie der UVP wird nicht nur eine am Rechtsstaatsprinzip orientierte Verbesserung der Informationsbasis der entscheidenden Behörde erreicht, sondern auch die Transparenz des Entscheidungsverfahrens erweitert und die Akzeptanz der nachmaligen Entscheidung in der Öffentlichkeit erhöht. In Abweichung von den Festlegungen des VwVfG können die gem. § 6 UVPG erforderlichen Unterlagen **während eines angemessenen Zeitraums** eingesehen werden, welcher - in Abhängigkeit vom Umfang des Vorhabens und dessen mutmaßlichen Umweltauswirkungen - durchaus die übliche Frist von einem Monat überschreiten kann. Über den Kreis der vom Vorhaben

Betroffenen und sonst Einwendungsberechtigten hinaus steht der Öffentlichkeit ein Recht auf Gelegenheit zur Äußerung zum Vorhaben und auf Unterrichtung über die behördliche Entscheidung zu. **Rechtsansprüche werden durch die Öffentlichkeitsbeteiligung** nach dem UVPG **nicht begründet**; ein Nichtbetroffener oder nicht Einwendungsberechtigter kann z.B. eine behördliche Entscheidung nicht anfechten.

4. Mit der zusammenfassenden Darstellung der Umweltauswirkungen auf die in § 2 I genannten Schutzgüter gem. § 11 UVPG beginnt die Entscheidungsphase als der zentrale Bestandteil der UVP. Sie wird von der Behörde auf der Grundlage der vom Vorhabensträger beigebrachten Unterlagen (§ 6 UVPG), der Stellungnahmen der anderen in- und ausländischen Behörden gem. §§ 7, 8 UVPG und der Äußerungen der Öffentlichkeit gem. § 9 UVPG sowie eigener behördlicher Ermittlungen erarbeitet. Diese Darstellung muß - zum Nachteil der Transparenz des UVP-Verfahrens - in keinem eigenen UVP-Dokument enthalten sein, sondern kann in die Begründung der Zulassungsentscheidung einfließen. Im Verfahren zur Aufstellung von Bauleitplänen (§ 17 UVPG) muß keine zusammenfassende Darstellung erfolgen; sie entfällt auch bei bergbaulichen Vorhaben, im Falle derer die UVP im Rahmen des Planfeststellungsverfahrens nach den Bundesberggesetz durchgeführt wird (§ 18 UVPG).

5. Die in der zusammenfassenden Darstellung aufgeführten Umweltauswirkungen werden nunmehr **bewertet**. Eine Abwägung ökologischer mit anderen Belangen erfolgt auf dieser Stufe noch nicht, so daß die Bewertung hier weitgehend ausschließlich auf der Grundlage ökologischer Maßstäbe zu erfolgen hat, welche vorhabensbezogen in diesem Verfahren entwickelt wurden. Die Behörde hat diese Bewertung bei der Entscheidung über die Zulässigkeit des Vorhabens im Hinblick auf eine wirksame Umweltvorsorge nach Maßgabe der geltenden Gesetze zu **berücksichtigen**.

6. Das UVP-Verfahren endet, indem die Bewertung der Umweltauswirkungen im Zuge der behördlichen Entscheidungsfindung zu einem Vorhaben berücksichtigt wird. Berücksichtigung bedeutet, daß sich die Behörde mit dem Inhalt dieser Bewertung sachlich auseinanderzusetzen und ihre entscheidungserheblichen Erwägungen im Lichte der dort aufgeführten Gesichtspunkte einsichtig zu rechtfertigen hat. Sind in parallelen Verfahren mehrere Zulassungen zu erteilen, so hat jede zuständige Behörde im Rahmen ihrer Kompetenz gesondert zu entscheiden, welche Konsequenzen aus der Bewertung zu ziehen sind.

Zu beachten bleibt noch, daß das UVP-Gesetz auch auf die UVP-pflichtigen Vorhaben **keine uneingeschränkte Anwendung** findet, sondern diese nur insoweit Platz greift, als die Rechtsvorschriften des Bundes und der Länder zur Prüfung der

Umweltverträglichkeit keine näheren Bestimmungen enthalten oder in ihren Anforderungen diesem Gesetz entsprechen. Falls also Fachgesetze nur teilweise den Anforderungen des UVPG genügen bzw. weitergehende Anforderungen enthalten, aber in anderen Belangen hinter ihm zurückbleiben, finden die Regelungen des UVPG ergänzend Anwendung. Zudem bleiben Rechtsvorschriften mit weitergehenden Anforderungen unberührt (§ 4 UVPG, sog. **Subsidiaritätsklausel**).

4.4   Erlaubnis und Bewilligung

Literaturhinweise: Bender, B.; Sparwasser, R.; Engel, R. (1995): Umweltrecht - Grundzüge des öffentlichen Umweltrechts. Heidelberg: C.F. Müller, S.219 ff.; **Hoppe, W.; Beckmann, M.** (1989): Umweltrecht - Juristisches Kurzlehrbuch für Studium und Praxis. München: C.H. Beck, S. 347 ff.; **Kloepfer, M.** (1989): Umweltrecht. München: C.H. Beck, S. 617 ff.; **Prümm, H. P.** (1989): Umweltschutzrecht - Eine systematische Einführung. Frankfurt a.M.: Alfred Metzner, S. 208 ff.; **Ketteler, G.; Kippels, K.** (1988): Umweltrecht. Köln: W. Kohlhammer, S. 105 ff.

Die Benutzung von oberirdischen Gewässern erfolgt entweder aufgrund einer **Erlaubnis** oder einer **Bewilligung**. Diesen unterschiedlichen Formen behördlicher Gestattungen begegnet man außer im öffentlichen Gewässerschutzrecht auch im Bergrecht[1].

Der Erlaubnis oder Bewilligung bedürfen gem. § 3 I Wasserhaushaltsgesetz folgende Tätigkeiten:

1. Entnehmen und Ableiten von Wasser aus oberirdischen Gewässern,

2. Aufstauen und Absenken von oberirdischen Gewässern,

3. Entnehmen fester Stoffe aus oberirdischen Gewässern, soweit dies auf den Zustand des Gewässers oder den Wasserabfluß einwirkt,

4. Einbringen und Einleiten von Stoffen in oberirdische Gewässer,

4a. Einbringen und Einleiten von Stoffen in Küstengewässer,

5. Einleiten von Stoffen in das Grundwasser,

6. Entnehmen, Zutagefördern, Zutageleiten und Ableiten von Grundwasser.

Als Benutzungen gelten ferner gem. § 3 II WHG

---

[1] s. §§ 7, 8 des Bundesberggesetzes.

- Aufstauen, Absenken und Umleiten von Grundwasser durch Anlagen, die hierzu bestimmt oder hierfür geeignet sind,

- Maßnahmen, die geeignet sind, dauernd oder in einem nicht nur unerheblichen Ausmaß schädliche Veränderungen der physikalischen, chemischen oder biologischen Beschaffenheit des Wassers herbeizuführen.

Die Erteilung von Erlaubnissen oder Bewilligungen steht **im Ermessen der Behörde**; das WHG räumt **einen Rechtsanspruch** auf die Erteilung dieser Gestattungen **auch dann nicht** ein, wenn einem entsprechenden Antrag keine Versagungsgründe wegen Beeinträchtigung des Wohls der Allgemeinheit, insbesondere eine Gefährdung der öffentlichen Wasserversorgung, entgegenstehen. Auch geben sie dem Benutzer kein durchsetzbares Recht auf Zufluß von Wasser bestimmter Menge und Beschaffenheit.

Einer Erlaubnis oder Bewilligung bedarf **auch der Eigentümer eines Gewässers**, wenn die von ihm beabsichtigte Benutzung über den Gemeingebrauch (§ 23 WHG), den Eigentümergebrauch (§ 24 I WHG) oder die erlaubnisfreie Benutzung der Küstengewässer (§ 32a WHG) bzw. des Grundwassers (§ 33 WHG) hinausgeht.

4.4.1   Gemeinsamkeiten von Erlaubnis und Bewilligung

Grundsätzlich sind alle Benutzungen von Gewässern, unbeschadet ihrer Art und ihres Umfangs sowohl aufgrund einer Erlaubnis als auch einer Bewilligung möglich. Dem Gewässerbenutzer ist freigestellt, welche dieser öffentlich-rechtlichen Gestattungen er beantragen will. Welche davon seitens der zuständigen Behörde erteilt wird, steht in ihrem in Übereinstimmung mit den relevanten Bestimmungen des Wasserhaushaltsgesetzes ausgeübten Bewirtschaftungsermessen hinsichtlich der ihr unterstehenden Gewässer. Eine Bewilligung ist dabei **zwingend ausgeschlossen** für das Einleiten oder Einbringen von Stoffen in ein Gewässer sowie für Benutzungen i.S. des oben zitierten § 3 II WHG. Mit deren Beschränkung auf die widerruflich zu gewährende Erlaubnis soll ggf. eine schnelle und umfassende Sanierung von hierdurch verunreinigten oder sonst nachteilig veränderten Gewässern ermöglicht werden.

Beide Gestattungen werden dem Gewässerbenutzer **nur auf** seinen **Antrag** hin erteilt. Sie verleihen ihm einen **subjektiv-öffentlichen Anspruch, ein Gewässer** zu einem bestimmten Benutzungszweck nach Maßgabe des von dem gestattenden Verwaltungsakt umschriebenen Inhalts **zu benutzen**. Die Bewilligung - und je nach geltendem Landesrecht auch z.T. die Erlaubnis - wirken **privatrechtsgestaltend**. Die Gewässereigentümer sind aufgrund der geltenden Landeswassergesetze verpflichtet, die Benutzung ihres Gewässers durch den Inhaber der Bewilligung bzw. Erlaubnis zu dulden. Der Benutzungsanspruch erstreckt sich dabei nur auf das Gewässer selbst, nicht aber auf einem anderen gehörende Gegenstände oder im Besitz eines anderen stehende Grundstücke oder Anlagen in dem bzw. am fraglichen Gewässer.

Erforderlich ist, daß **die Gewässerbenutzung** sowohl in der Erlaubnis als auch in der Bewilligung **hinreichend bestimmt**, d.h. der behördliche Wille für alle Beteiligten des Verwaltungsverfahrens aus dem Bescheid unzweideutig zu entnehmen ist.

Schon aus diesem Grunde müssen beide **schriftlich** erteilt werden. Die jeweilige Gestattung muß v.a. alle Angaben enthalten, die wegen der Folgen der Benutzung, namentlich im Hinblick auf das Wohl der Allgemeinheit von Bedeutung sind.

Dazu gehören insbes. Ort, Art, Ausmaß, Dauer und Zweck der zugelassenen Benutzung, einschließlich der für die Gewährleistung einer umwelt- und gemeinwohlverträglichen Gewässerbenutzung erforderlichen Auflagen und Nutzungsbedingungen. **Genau zu bezeichnen ist das zu benutzende Gewässer.** Bei großflächigeren und mehrfach benutzten Gewässern sowie beim Grundwasser ist darüber hinaus die Stelle anzugeben, an welcher die Benutzung stattfinden soll. Dies kann auch für die Form der Einleitung erforderlich sein (etwa Verteilung auf mehrere Austrittsstellen, Kaskaden etc.). Ebenso kann die Benutzung auf bestimmten Gewässerstrecken gewährt werden (etwa im Falle der Entnahme von Wasser für die Feldberegnung mittels mobiler Pumpanlagen oder der Einleitung von Bilgenwasser durch Bilgenentölungsboote).

An die Bezeichnung des mit der Gewässerbenutzung verfolgten **wirtschaftlichen Zwecks** sind keine übertriebenen Anforderungen zu stellen. Wenn die Angabe den unkontrollierten Übergang zu Benutzungen hinreichend ausschließt, welche im Hinblick auf eine umwelt- und gemeinwohlverträgliche Bewirtschaftung des benutzten Gewässers nicht tolerierbar sein können, so ist den Bestimmtheitserfordernissen durchaus Genüge getan. Angaben wie „Entnahme von Wasser für die Versorgung mit Trink- oder Brauchwasser" oder das Aufstauen eines Gewässers „zum Zwecke der Bewässerung" oder „zum Betrieb von Fischteichen" bzw. „zum Betrieb einer Wasserkraftanlage" etc. sind im allgemeinen als ausreichend anzusehen. Wenn es allerdings die Erfüllung des in § 1a I WHG festgelegten Bewirtschaftungsauftrages im Einzelfall erfordert, kann eine genauere Definition des Benutzungszwecks geboten sein, etwa die Bindung der Einleitungserlaubnis für die Abwässer einer Chemieanlage an ein bestimmtes Produktionsverfahren, um die Kontrolle über derartige Einleitungen angesichts wechselnder Herstellungsverfahren oder Produkte nicht zu verlieren.
Art und Maß der Benutzung sind in quantitativer wie auch in qualitativer Hinsicht zu bestimmen, sofern dies nicht im Einzelfall entbehrlich ist. So können Angaben über die Höchstmenge des im Rahmen der Benutzung aus einem Gewässer zu entnehmenden nutzbaren Wassers bzw. in dieses einzuleitenden Abwassers erforderlich sein. So begrenzt z.B. eine Einleitungserlaubnis sämtliche Inhaltsstoffe des Abwassers, die wegen ihrer Schmutzfracht und spezifischen Gewässerschädlichkeit von Bedeutung sind. Hierzu

werden sowohl Summenparameter (absetzbare Stoffe, BSB, CSB und Fischgiftigkeit), aber auch besonders schädliche Einzelsubstanzen (gelöste Schwermetalle, organische Halogen-, Phosphor- oder Zinnverbindungen) aufgeführt, deren kanzerogene Wirkung im bzw. mittels des Wassers außer Zweifel steht. Ebenso können ein Mindestsauerstoffgehalt, pH-Wert oder eine bestimmte Höchsttemperatur einzuleitender Wässer, die Art des Einleiteverfahrens (unter Verwendung eines Pumpwerkes oder des natürlichen Gefälles) festgelegt werden. Bei der Gestattung von Aufstauungen von Gewässern kann die Festlegung von Mindest- wie auch Maximalstauhöhen in Betracht kommen.

Sowohl die Bewilligung als auch die Erlaubnis **wirken dinglich (Realkonzession)**, d.h. sind nicht an die Person des ursprünglich begünstigten Gewässernutzers gebunden, sondern können auch auf dessen Rechtsnachfolger (etwa im Falle der Veräußerung oder Erbschaft) übergehen. Sie gewähren zwar eine von ihnen im einzelnen umschriebene Befugnis zur Benutzung eines Gewässers, **nicht jedoch ein Recht auf Zufluß von Wasser bestimmter Menge und Beschaffenheit.**

Beide Gestattungen sind **zu versagen, „soweit von der beabsichtigten Benutzung eine Beeinträchtigung des Wohls der Allgemeinheit, insbesondere eine Gefährdung der öffentlichen Wasserversorgung zu erwarten ist, die nicht durch Auflagen oder durch Maßnahmen einer Körperschaft des öffentlichen Rechts (§ 4 Abs. 2 Nr.3) verhütet oder ausgeglichen wird."**
Sie stehen schließlich gem. § 5 WHG gleichermaßen unter dem Vorbehalt, daß **nachträglich**

- zusätzliche Anforderungen an die Beschaffenheit einzubringender oder einzuleitender Stoffe gestellt,

(Eine derartige zusätzliche Anforderung darf nicht gestellt werden, wenn der mit ihrer Erfüllung verbundene Aufwand außer Verhältnis zu dem mittels ihrer erstrebten Erfolg steht. Diese erhöhten Anforderungen können die physikalische, chemische und biologische Beschaffenheit des Wassers insgesamt betreffen, also ggf. nicht nur seine Reinheit, sondern auch seine Temperatur. Bei der Festlegung derartiger Anforderungen sind insbesondere Art, Menge und Gefährlichkeit der einzubringenden bzw. einzuleitenden Stoffe sowie die Nutzungsdauer und technischen Besonderheiten der diesbezüglichen Anlage zu beachten. Insbesondere dürfen die Anforderungen gem. § 7a WHG nicht unterschritten werden.)

- Maßnahmen gem. §§ 4, II Ziff. 2, 2a und 3, 21a II WHG angeordnet,

(Dies betrifft die Bestellung verantwortlicher Betriebsbeauftragter, Maßnahmen zum Ausgleich einer auf die Benutzung zurückzuführenden Beeinträchtigung der biologischen, chemischen und physikalischen Beschaffenheit des Wassers, die Leistung angemessener Beiträge durch den begünstigten Unternehmer zu den Kosten von Maßnahmen einer Körperschaft des öffentlichen Rechts, durch welche eine mit seiner Gewässernutzung verbundene Beeinträchtigung des Wohls der Allgemeinheit verhütet oder ausgeglichen werden sollen sowie die behördliche Anordnung, einen oder mehrere Gewässerschutzbeauftragte zu bestellen.)

- Maßnahmen für die Beobachtung der Wasserbenutzung und ihrer Folgen angeordnet,

(Hierbei kann es sich z.B. um Anforderungen an die anzuwendenden Meßmethoden oder die Häufigkeit von Probenahmen und Analysen des Oberflächenwassers für die Trinkwassergewinnung zum Vollzug der EG-Oberflächenwasser-Richtlinie handeln. Anstelle dieser Maßnahmen kann aber auch angeordnet werden, daß der Gewässerbenutzer einen angemessenen Anteil an den mit solchen Maßnahmen verbundenen Kosten zu tragen hat, falls deren Ausführung tunlicherweise einer entsprechend spezialisierten Einrichtung übertragen worden ist.)

- Maßnahmen für eine mit Rücksicht auf den Wasserhaushalt gebotene sparsame Verwendung des Wassers angeordnet

(Diese müssen im Falle der Bewilligung wirtschaftlich gerechtfertigt und mit der Benutzung vereinbar sein, also die erteilte Bewilligung nicht in des Wortes buchstäblicher Bedeutung „leerlaufen" lassen. Auch darf die Anordnung solcher Einsparungsmaßnahmen nur im Hinblick auf den Wasserhaushalt als Ganzes und damit weder zugunsten eines privaten Interesses noch in Wahrnehmung eines nicht den Wasserhaushalt betreffenden öffentlichen Interesses erfolgen.)

werden können.

Bewilligungen sind in die gem. § 37 WHG für alle Gewässer zu führenden **Wasserbücher** einzutragen, Erlaubnisse nur dann, wenn sie nicht lediglich vorübergehenden Zwecken dienen.
Deutlich zu unterscheiden sind die von beiden Gestattungen eingeräumten **Rechtspositionen** der Gewässerbenutzer.

4.4.2   Die wasserrechtliche Bewilligung

Im Gegensatz zur Erlaubnis verleiht die Bewilligung dem Benutzer eine **gesicherte Rechtsposition** (Bestands- und Ausübungsgarantie) sowohl gegenüber dem Staat als auch gegenüber Privaten. Sie gewährt **das Recht**, ein Gewässer in einer nach Art und Maß bestimmten Weise zu nutzen (§ 8 I WHG). Ihre Erteilung ist daher auch eher die Ausnahme. Sie darf gem. § 8 II WHG nur erteilt werden, wenn

1. dem Unternehmer die Durchführung seines Vorhabens **ohne eine gesicherte Rechtsstellung nicht zugemutet werden kann** und

(Die Zumutbarkeit ist lediglich dann nicht als gegeben anzusehen, wenn, so das OVG Münster, „der Unternehmer ohne eine gesicherte Rechtsstellung ein Risiko eingeht, das ihn bei vernünftiger Würdigung seiner wirtschaftlichen Lage dazu bestimmen müßte, von der Durchführung seines Vorhabens abzusehen."
Ob dies der Fall ist, wird im Einzelfalle aufgrund der wirtschaftlichen Verhältnisse innerhalb des Unternehmens zu entscheiden sein. Ein Vergleich mit dem Durchschnitt der wirtschaftlichen Verhältnisse von Betrieben der jeweiligen Branche wird dabei nicht angestellt. Dabei kommt es nicht nur auf die Kosten der Gewässerbenutzung selbst bzw. der hierfür erforderlichen Anlagen an, sondern auf die **Gesamtkosten** des von der Gewässerbenutzung abhängigen Vorhabens (etwa des auf Kühlwasser angewiesenen Stahlwerkes oder Kraftwerkes). Diese sind in Beziehung zur **wirtschaftlichen Leistungsfähigkeit** des Unternehmens zu setzen. Dabei wird es als erheblich anzusehen sein, ob das Vorhaben aus Eigen- oder Fremdmitteln finanziert wird und innerhalb welchen Zeitraumes die Aufwendungen abgeschrieben bzw. aus den Erträgen getilgt werden können.)

2. die Benutzung einem **bestimmten Zweck** dient, der nach einem **bestimmten Plan** verfolgt wird.

Die **Bestandsgarantie** kommt darin zum Ausdruck, daß die einmal erteilte Bewilligung vor Ablauf der Frist, für welche sie erteilt wurde (§ 8 V WHG), **grundsätzlich** nicht wieder entzogen oder eingeschränkt werden kann. Die Behörden haben die Ausübung der bewilligten Benutzung mit den durch das öffentliche Recht gewährten Mitteln (verwaltungszwangsbewehrte Untersagung) gegen Beeinträchtigungen durch andere zu schützen. Die **Ausübungsgarantie** gegenüber privaten Dritten besteht gem. § 11 WHG darin, daß wegen nachteiliger Wirkungen einer bewilligten Nutzung der hiervon Betroffene gegen den Inhaber **der Bewilligung keine Ansprüche geltend machen kann, die auf Unterlassung** der **Benutzung,** auf die **Herstellung von Schutzeinrichtungen** oder auf **Schadensersatz** gerichtet sind (privatrechtsgestaltende Wirkung der Bewilligung). Schadensersatzansprüche sind unter diesen Bedingungen nur in den Fällen möglich, in denen ein Schadenseintritt darauf zurückzuführen ist, daß der Inhaber der Bewilligung angeordnete Auflagen nicht erfüllt hat.
Voraussetzung für diesen Ausschluß privatrechtlicher Ansprüche ist allerdings, daß **ein Bewilligungsverfahren durchgeführt wurde,** in welchem die möglicherweise Betroffenen ihre Einwendungen rechtswahrend geltend machen konnten (§ 8 III, 9 WHG). Voraussetzung für die Zulässigkeit einer solchen Einwendung ist hiernach, **„daß die Benutzung auf das Recht eines anderen nachteilig einwirkt,...".**

Dies betrifft v.a. die Rechte von Grundstückseigentümern, wenn ihnen durch die Gewässerbenutzung Nachteile oberhalb der Grenze erwachsen, die § 906 I BGB als Inhalt des

Eigentumsrechts bestimmt. Ebenso gilt dies auch für die Inhaber von dem Eigentumsrecht vergleichbaren Rechten (Grund- oder persönliche Dienstbarkeit), das Recht von Betroffenen am eingerichteten und ausgeübten Gewerbebetrieb, für Fischereirechte oder das Bergwerkseigentum.

Die Landeswassergesetze legen darüber hinaus gem. **§ 8 IV WHG** verschiedentliche Details zu den beim Bewilligungsverfahren zu berücksichtigenden Einwendungen des Personenkreises fest, welcher, **ohne daß dabei ein Recht beeinträchtigt wird**, von der bewilligten Gewässernutzung Nachteile zu erwarten hat. So kann gem. § 12 I Wassergesetz des Landes Schleswig-Holstein gegen die Erteilung einer Bewilligung auch Einwendungen erheben, „wer, ohne daß ein Recht beeinträchtigt wird, Nachteile zu erwarten hat, weil durch die Benutzung

1. der Wasserabfluß verändert oder das Wasser verunreinigt oder in seinen Eigenschaften sonst verändert,

2. der Wasserstand verändert,

3. die bisherige Nutzung seines Grundstücks beeinträchtigt,

4. seiner Wassergewinnungsanlage das Wasser entzogen oder geschmälert oder

5. die ihm obliegende Unterhaltung der Gewässer erschwert

wird."

Eine wortgleiche Bestimmung findet sich in § 27 des Wassergesetzes für das Land Nordrhein-Westfalen.

Der Ausschluß tritt ein, sobald die Bewilligung dem nachteilig Betroffenen gegenüber **unanfechtbar** geworden bzw. die **sofortige Vollziehung** des Bewilligungsbescheides angeordnet worden ist. Er betrifft jedoch nur diejenigen Ansprüche, die auf die nachteiligen Auswirkungen der bewilligten Nutzung selbst zurückzuführen sind, nicht aber diejenigen, die z.B. mit der Verwendung des Wassers im Betrieb des Bewilligungsinhabers oder mit anderen nachteiligen Auswirkungen seiner betrieblichen Tätigkeit zusammenhängen.

Die dem Antragsteller erteilte Bewilligung ist rechtswidrig, wenn die gewässerrechtlichen materiellen und formellen Voraussetzungen ihrer Erteilung nicht vorliegen oder die zuständige Wasserbehörde ihr Ermessen fehlerhaft gebraucht hat. Für die Rücknahme eines solchen Verwaltungsaktes gilt § 48 VwVfG.

Der vollständige oder teilweise **Widerruf einer rechtmäßig erteilten Bewilligung** hingegen ist nur zulässig, entweder

- **gegen Entschädigung,** „wenn von der uneingeschränkten Fortsetzung der Benutzung eine erhebliche Beeinträchtigung des Wohls der Allgemeinheit, insbesondere der öffentlichen Wasserversorgung zu erwarten ist" (§ 12 I WHG) oder

- **ohne Entschädigung,** wenn der begünstigte Unternehmer

1. die **Benutzung innerhalb einer** ihm gesetzten **angemessenen Frist nicht begonnen** oder drei Jahre ununterbrochen **nicht ausgeübt** oder ihrem Umfange nach **erheblich unterschritten** hat,

(Damit soll verhindert werden, daß eine optimale Bewirtschaftung der Gewässer durch nicht genutzte, wenn auch rechtmäßig erteilte Bewilligungen sinnlos blockiert wird. In einem solchen Falle ist die Wasserbehörde berechtigt, davon auszugehen, daß der begünstigte Unternehmer seine durch die Bewilligung geschützte Rechtsposition aufgeben will.)

2. der Zweck der Benutzung sich so geändert hat, **daß er nicht mehr mit dem Plan** (§ 8 II 2 Ziff. 2) übereinstimmt,

3. trotz einer **mit der Androhung des Widerrufs verbundenen Warnung** wiederholt die Benutzung über den Rahmen der Bewilligung hinaus **erheblich ausgedehnt** oder die **Benutzungsbedingungen oder Auflagen nicht erfüllt** hat.

Eine Ausdehnung der Benutzung kann darin bestehen, daß das Gewässer auf **andere Art** und in **vermehrtem Maße** genutzt wird, wobei die Änderung der Benutzungsart stets als erhebliche Ausdehnung anzusehen sein wird. Bei diesen Verstößen hat die Wasserbehörde außerdem zu prüfen, ob andere Verwaltungszwangsmaßnahmen (Ordnungsgeld, Zwangsgeld, Ersatzvornahme) nach Lage der Dinge zur Wiederherstellung eines rechtmäßigen Zustandes ausreichend sind (Grundsatz der Verhältnismäßigkeit).

Die **Bewilligung** der Benutzung eines Oberflächengewässers bzw. des Grundwassers **ist kraft Gesetzes** außer im Falle der Unvereinbarkeit mit dem Gemeinwohl (§ 6 WHG) des ferneren **zu versagen,** wenn

- dem Antragsteller die Durchführung seines Vorhabens **ohne eine gesicherte Rechtsposition** zugemutet werden kann (§ 8 II WHG),

- die Benutzung **nicht einem bestimmten Zweck dient,** welcher nach einem bestimmten Plan verfolgt wird (§ 8 II WHG),

- **die Benutzung sich auf das Recht eines anderen nachteilig auswirkt,** dieser andere im Bewilligungsverfahren **Einwendungen erhoben** hat und **die nachteiligen Auswirkungen** durch entsprechende Auflagen **weder verhütet noch aus-**

geglichen werden können; wenn das Wohl der Allgemeinheit die Bewilligungserteilung dennoch rechtfertigt, ist der Betroffene entsprechend zu entschädigen (§ 8 III WHG),

(Zu beachten ist hierbei, daß die einem Betroffenen im Rahmen des Gemeingebrauchs gem. § 23 WHG sowie i.d.R. auch aufgrund einer wasserrechtlichen Erlaubnis zustehenden Befugnisse keine Rechte i.S. § 8 III WHG sind.)

- der Antragsteller das **Einbringen oder Einleiten von Stoffen** in ein Gewässer bezweckt oder seine beantragte Nutzung den „unechten Benutzungstatbestand" der Gewässergefährdung i.S. § 3 II Ziff. 2 WHG erfüllt. Davon ausgenommen ist das reine Wiedereinleiten von nicht nachteilig verändertem Triebwasser bei Ausleitungskraftwerken (§ 8 II 3 WHG).

Gem. § 4 WHG kann die Bewilligung mit **Benutzungsbedingungen** und **Auflagen** versehen werden. Bei diesen Benutzungsbedingungen handelt es sich jedoch nicht um Bedingungen im rechtstechnischen Sinne, also aufschiebende oder auflösende Bedingungen gem. § 36 II Ziff. 2 VwVfG. Vielmehr sind sie Teil der Bewilligung und bestimmen unmittelbar den Inhalt des mit der Bewilligung verliehenen subjektiv-öffentlichen Rechts auf Gewässerbenutzung.
Die Auflagen stellen zum „Kerninhalt" der Bewilligung hinzutretende Handlungsgebote gegenüber dem Inhaber der Bewilligung dar, welche ihm ein Tun, Dulden oder Unterlassen auferlegen. Dies kann sich auf die Instandhaltung der die Wasserbenutzung ermöglichenden Anlagen oder auf die Verhütung bzw. den Ausgleich nachteiliger Wirkungen für andere beziehen. Durch Auflagen können ferner gem. § 4 II WHG **insbesondere**

- Maßnahmen zur Beobachtung oder zur Feststellung des Zustandes vor der Benutzung und von Beeinträchtigungen und nachteiligen Wirkungen durch die Benutzung angeordnet werden,

- die Bestellung verantwortlicher Betriebsbeauftragter vorgeschrieben werden, soweit nicht die Bestellung eines Gewässerschutzbeauftragten nach § 21a WHG vorgeschrieben ist bzw. angeordnet werden kann,

- Maßnahmen angeordnet werden, die zum Ausgleich einer auf die Benutzung zurückzuführenden Beeinträchtigung der physikalischen, chemischen oder biologischen Beschaffenheit des Wassers erforderlich sind,

- dem Unternehmer angemessene Beiträge zu den Kosten von Maßnahmen auferlegt werden, die eine Körperschaft des öffentlichen Rechts trifft oder treffen wird, um eine mit der Benutzung verbundene Beeinträchtigung des Wohls der Allgemeinheit zu verhüten oder auszugleichen.

Aus der Formulierung des § 4 WHG, insbesondere der Verwendung des Wortes „insbesondere", geht hervor, daß die dort enthaltene Aufzählung der Beauflagungsmöglichkeiten **keinen abschließenden Charakter trägt,** sondern die Wasserbehörden im Rahmen ihres Bewirtschaftungsermessens und ihrer Umweltvorsorge- und Schutzpflichten **jedwede sachlich gerechtfertigte Verhaltensanforderung** als Auflage aussprechen können.

Die Bewilligung ist gem. § 8 V WHG **stets zu befristen,** um die wasserwirtschaftliche Entwicklung nicht durch unbefristete Rechte ungebührlich zu blockieren. Die Bewilligung soll unter Berücksichtigung der Umstände des konkreten Falles für eine angemessene Frist erteilt werden, welche nur in besonderen Fällen die grundsätzlich geltende **Höchstgrenze von 30 Jahren** überschreiten darf. Nach Ablauf dieser Frist erlischt die Befugnis zur Gewässerbenutzung ohne weiteres, d.h., es bedarf dieserhalb keines besonderen Verwaltungsaktes der zuständigen Wasserbehörde. Die Fortsetzung der Benutzung über die in der Bewilligung ausgesprochene Frist hinaus ist sowohl in formeller als auch materieller Hinsicht illegal und erfüllt den durch § 41 I Ziff. 1 WHG normierten Ordnungswidrigkeitstatbestand. Will der Unternehmer die Gewässerbenutzung fortsetzen, so muß er - den meisten Landeswassergesetzen gemäß - eine neue Bewilligung beantragen.

4.4.3   Die wasserrechtliche Erlaubnis

Im Gegensatz zur wasserrechtlichen Bewilligung gewährt die Erlaubnis lediglich eine **widerrufliche Befugnis** zur Benutzung eines Gewässers. Auch sie ergeht - wie die Bewilligung - meist befristet, kann jedoch im Unterschied zu dieser **jederzeit** widerrufen werden. Ihr Unterschied zur Bewilligung liegt nicht in Art und Umfang der durch sie gestatteten Gewässerbenutzung, sondern **in der schwächeren,** weil weniger gesicherten **Rechtsposition** des Inhabers der (frei widerruflichen) Erlaubnis gegenüber der des Inhabers der (nur unter eng definierten Voraussetzungen widerrufbaren) Bewilligung.

Die Erlaubnis kommt an Stelle einer Bewilligung dann in Betracht, wenn es dem Antragsteller zuzumuten ist, das Gewässer auch ohne gesicherte Rechtsstellung zu benutzen und die Nutzung nicht einem nach einem feststehenden Plan verfolgten (aber nichtsdestoweniger hinreichend bestimmten) Zweck dient. Sie besitzt in der Regel **keine privatrechtsgestaltende Wirkung,** d.h., die aufgrund einer Erlaubnis erfolgende Benutzung eines Gewässers kann, sobald sie in die Rechte anderer Nutzer eingreift oder sich anders nachteilig auf sonstige Dritte auswirkt, von diesen notfalls im Wege der zivilen Klage (auf Unterlassung der Benutzung, Beseitigung von Störungen, Herstellung von Schutzeinrichtungen oder auf Schadensersatz) unterbunden bzw. an Bedingungen geknüpft werden.

Somit handelt es sich bei der dem Gewässerbenutzer **keinerlei Rechte** verleihenden Erlaubnis im Grunde nur um eine Art „konstitutiver Unbedenklichkeitserklärung" **unter Vorbehalt von Rechten Dritter**. Ihre Erteilung erfolgt im Zuge eines jeweils landesrechtlich normierten Verfahrens, welches nicht selten den bundesrechtlichen Anforderungen an das Verfahren zur Erteilung von Bewilligungen gem. § 9 WHG entspricht.

In den meisten Landeswassergesetzen begegnet man der **gehobenen o.a. qualifizierten Erlaubnis**, welche in ihrer Rechtsqualität zwischen der Bewilligung und der (schlichten) Erlaubnis steht. So kann gem. § 25a des Wassergesetzes für das Land Nordrhein-Westfalen oder § 30 des Brandenburgischen Wassergesetzes die Erlaubnis auf Antrag als gehobene Erlaubnis erteilt werden, wenn dafür ein öffentliches Interesse oder ein berechtigtes Interesse des Unternehmers besteht. Eine solche Erlaubnis **darf erst nach Durchführung eines förmlichen Verfahrens** erteilt werden, wobei die Bestimmungen des VwVfG (§§ 72 ff.) über das Planfeststellungsverfahren für anwendbar erklärt werden. Wie die Bewilligung ist sie **für das Einbringen und das Einleiten von Stoffen in ein Gewässer sowie für Benutzungen i.S. § 3 II Ziff.2 WHG nicht zu erteilen**.

Auch kann wegen der nachteiligen Wirkung einer Benutzung, für welche eine gehobene Erlaubnis erteilt worden ist, der Betroffene gegen den Inhaber der Erlaubnis **prinzipiell keine Ansprüche geltend machen, die auf Unterlassung der Benutzung gerichtet sind**. Vertragliche Ansprüche sowie Ansprüche auf die Herstellung von Schutzeinrichtungen bleiben allerdings unberührt (§ 30 II Brandenburgisches Wassergesetz). Ansonsten bleibt auch die gehobene Erlaubnis eine **Erlaubnis i.S. des § 7 WHG**, d.h. sie gewährt nicht mehr als eine frei durch die Behörde **widerrufbare Befugnis**, „ein Gewässer zu einem bestimmten Zweck in einer nach Art und Maß bestimmten Weise zu benutzen."

Abkürzungsverzeichnis

Abl.	Amtsblatt
AbfAG	Abfall- und Altlastengesetz
AbwAG	Abwasserabgabengesetz
AEG	Allgemeines Eisenbahngesetz
AO	Abgabenordnung
AtG	Atomgesetz
ATV	Abwassertechnische Vereinigung
AtVfV	Atomrechtliche Verfahrensverordnung
BauGB	Baugesetzbuch
BBauG	Bundesbaugesetz
BGB	Bürgerliches Gesetzbuch
BGBl.	Bundesgesetzblatt
BImSchG	Bundesimmissionsschutzgesetz
BImSchV	Bundesimmissionsschutzverordnung
BNatSchG	Bundesnaturschutzgesetz
BSHG	Bundessozialhilfegesetz
BWaldG	Bundeswaldgesetz
ChemG	Chemikaliengesetz
ChemVerbotsV	Chemikalienverbotsverordnung
DIN	Deutsches Institut für Normung
DRiG	Deutsches Richtergesetz
DVGW	Deutsche Vereinigung des Gas- und Wasserfachs
EGAB	Erstes Gesetz zur Abfallwirtschaft und zum Bodenschutz im Freistaat Sachsen
EG	Europäische Gemeinschaften
EINECS	European Inventory of Existing Chemical Substances
EU	Europäische Union
EuGH	Europäischer Gerichtshof
EURATOM	Europäische Atomgemeinschaft
EWG	Europäische Wirtschaftsgemeinschaft
EWR	Europäischer Wirtschaftsraum
FFH-Richtlinie	Flora-Fauna-Habitat-Richtlinie der EU
FStrG	Bundesfernstraßengesetz
G	Gesetz
GAU	Größter anzunehmender (Nuklear-) Unfall
GefStoffV	Gefahrstoffverordnung
GenTAnhV	Gentechnikanhörungsverordnung
GenTAufzV	Gentechnikaufzeichnungsverordnung
GenTBetV	Gentechnikbeteiligungsverordnung

GenTG	Gentechnikgesetz
GenTSV	Gentechniksicherheitsverordnung
GenTVfV	Gentechnikverfahrensverordnung
GG	Grundgesetz
GVBl.	Gesetz- und Verordnungsblatt (auch GVOBl.)
GewO	Gewerbeordnung
ISO	Internationale Organisation für Standardisierung
KrW-/AbfG	Kreislaufwirtschafts- und Abfallgesetz
KSZE	Konferenz über Sicherheit und Zusammenarbeit in Europa, jetzt Organisation für Sicherheit und Zusammenarbeit in Europa (OSZE)
KTA	Kerntechnischer Ausschuß
LAbfG	Landesabfallgesetz
LMBG	Lebensmittel- und Bedarfsgegenständegesetz
LuftVG	Luftverkehrsgesetz
PflSchG	Pflanzenschutzgesetz
SGB	Sozialgesetzbuch
StGB	Strafgesetzbuch
StVG	Straßenverkehrsgesetz
StrVG	Strahlenschutzvorsorgegesetz
TA Lärm	Technische Anleitung zum Schutz gegen Lärm
TA Luft	Technische Anleitung zur Reinhaltung der Luft
UmweltHG	Umwelthaftungsgesetz
UNO	United Nations Organization
UVP	Umweltverträglichkeitsprüfung
UVPG	Gesetz über die Umweltverträglichkeitsprüfung
V	Verordnung (auch VO)
VDI	Verein Deutscher Ingenieure
VDE	Verband Deutscher Elektrotechniker
VwGO	Verwaltungsgerichtsordnung
VwVfG	Verwaltungsverfahrensgesetz des Bundes
WHG	Wasserhaushaltsgesetz
ZKBS	Zentrale Kommission für Biologische Sicherheit
ZPO	Zivilprozeßordnung

Sachwortverzeichnis

Brammer/Bahadir/
Collins/Hanert/
Koch (Hrsg.)
**Rückbau von
Siedlungsabfall-
deponien**

Herausgegeben von
Dipl.-Ing. **Friedericke Brammer**
Prof. Dr. **Müfit Bahadir**
Prof. Dr. **Hans-Jürgen Collins**
Prof. Dr. **Helmut Hanert**
und Prof. Dr. **Eckart Koch**
Technische Universität
Braunschweig

1997. 227 Seiten mit 61 Bildern.
16,2 x 22,9 cm.
(Teubner-Reihe UMWELT)
Kart. DM 49,80
ÖS 364,– / SFr 45,–
ISBN 3-8154-3531-5

Der Deponierückbau hat unter
dem Aspekt der Deponieraumge-
winnung bzw. Standortgewinnung
für eine andere Nutzung erhebliche
Bedeutung erlangt. In diesem Buch
werden die Möglichkeiten und Er-
folge unterschiedlicher Rückbauva-
rianten für verschiedene Deponien
dargestellt und im Hinblick auf
Volumenbedarf, Toxizitäten und
Emissionen ganzheitlich im Vergleich bilanziert. Völlig neu ist die
juristische Beurteilung der Vorge-
hensweise im Hinblick auf die gesetzlichen Vorschriften, wie z. B.
die Planfeststellung. Durch die
Kombination naturwissenschaft-
licher, technischer und juristischer
Aspekte gibt das Buch wertvolle
Entscheidungshilfen zum Rückbau
von Abfalldeponien.

Preisänderungen vorbehalten.

B. G. Teubner Stuttgart · Leipzig